FANTAISIES

SCIENTIFIQUES

DE SAM

DEUXIÈME SÉRIE

PARIS. — IMP. SIMON RAÇON ET COMP., RUE D'ERFURTH, 1.

FANTAISIES

SCIENTIFIQUES

DE SAM

PAR

S. HENRY BERTHOUD

DEUXIÈME ÉDITION

REVUE PAR L'AUTEUR

DEUXIÈME SÉRIE

REPTILES — MAMMIFÈRES

OISEAUX

PHYSIQUE — CHIMIE — INDUSTRIE

PARIS

GARNIER FRÈRES, LIBRAIRES-ÉDITEURS

6, RUE DES SAINTS-PÈRES, ET PALAIS-ROYAL, 215

1867

REPTILES

LE COLLIER VIVANT

I

LE MARCHÉ AUX ESCLAVES

Depuis deux heures au moins, le soleil dorait de ses feux le dôme du temple de Castor, lorsque deux jeunes gens se rencontrèrent devant le portique de ce temple. Le plus jeune avait passé la nuit à s'enivrer, comme l'attestaient ses vêtements en désordre et la fatigue qu'on lisait sur son front pâle. Son laticlave flottait au hasard, sa robe mal attachée traînait sur la voie publique, et des débris de fleurs fanées restaient encore mêlés aux anneaux de sa chevelure imprégnée de parfums.

« Salut au descendant de l'illustre Pilumnus, lui dit son ami en l'abordant. Tu te montres digne de ton aïeul

Lucius, et tu consacres utilement tes veilles au service
de Rome. Le vieux Pilumnus a inventé le pilon à broyer
le blé ; toi, tu balayes le pavé avec un magnifique manteau de pourpre. »

Le jeune débauché sourit en s'appuyant sur le bras de
son compagnon, car les fumées de l'ivresse le faisaient
trébucher à chaque pas.

« Par Jupiter ! dit-il, je n'ai pu encore t'égaler, quoique j'y travaille avec ardeur, Quintus Ovilius. A la troisième amphore de falerne, j'ai beau couronner mon
front de fleurs fraîches, mes idées se confondent et les
objets commencent à tournoyer devant moi. J'ai passé la
nuit chez Marcus Lentulus, qui nous a donné une fête
charmante ; enfin il s'est dégagé de la routine vulgaire :
on n'a servi sur sa table ni murènes de Tartessia, ni tur-
bot de Ravenne, ni hérissons de Misène.

« Je me suis vu délivré de ces éternels lieux communs
culinaires qui se reproduisent chaque jour sur nos tables,
qu'on apprête toujours de la même façon et qu'il suffit
de payer pour se les procurer chez le premier approvi-
sionneur venu. Marcus Lentulus a mieux fait les choses
que cela ; chacun des plats qui composaient le menu de
son banquet était de création nouvelle. J'ai remarqué
surtout des loirs à la confiture de pavots, qui placent
désormais cet animal parmi les merveilles les plus ex-
quises de la gastronomie. Il ne faut pas oublier un foie
de truie que le cuisinier de Lentulus a trouvé moyen de
faire gonfler, comme on le fait pour les oies ! Afin d'obtenir une production d'une si grande nouveauté et d'une
telle délicatesse, on a pendant huit mois nourri l'animal

avec des figues sèches, tandis qu'on l'abreuvait de vin miellé.

« Au second service, un surmulet vivant a été apporté dans un bassin de verre d'un travail merveilleux et qui, dit-on, ne coûte pas moins de cent mille sesterces. Lentulus à lui-même jeté dans ce vase quelques gouttes d'une saumure faite de chair de divers poissons. Le surmulet nageait d'abord plein de vie et de force. Peu à peu les reflets d'or qui se jouaient sur son dos ont pâli pour passer tour à tour des tons mâts de l'argent aux chatoiements de l'azur et à l'éclat de la pourpre. Le beau poisson a soulevé douloureusement la tête hors de l'eau ; il s'est débattu, puis tout à coup on ne l'a plus vu remuer. Alors Lentulus a donné l'ordre à ses esclaves de servir des tranches de ce mets divin à tous les convives.

— En effet, interrompit Quintus Ovilius, les hardiesses et les innovations dont tu me parles ne me paraissent point manquer de bon goût. Toutefois je veux te traiter demain et prendre dans ton estime la place que tu y accordes à Lentulus. J'espère bien le vaincre en originalité et en inventions piquantes.

— Attends, interrompit Lucius Pilumnus, je ne t'ai pas encore raconté le chef-d'œuvre véritable du banquet. Huit belles esclaves grecques vinrent nous offrir leurs longues chevelures pour essuyer nos mains, après que huit négrillons nous eurent donné à laver dans des aiguières de verre qu'ils brisèrent ensuite à un signe de leur maître. Alors on entendit une musique de flûtes et de lyres, et tout à coup la salle du festin, tournant avec rapidité sur un pivot caché, nous transporta, sur nos lits, devant une

autre table d'une munificence digne des temps glorieux
où Lucullus créait pour l'art de la gueule une ère sublime
et sans exemple. Des pâtés de cervelles d'autruches se
trouvaient en regard de saucissons venus des Gaules et
fabriqués avec de la chair d'ânon. On éventre la mère
quelquesjours avant qu'elle ne mette bas et on se procure
de la sorte une viande d'une délicatesse inouïe. On avait
donné à des chevreaux d'Ambracie la forme et le goût
d'esturgeons de Rhodes. En échange, un lupus parfumé
de truffes fut mangé par les convives pour un paon de
Samos.

— Est-ce tout ? reprit nonchalemment Pilumnus.

— Je n'ai point encore parlé des danses qui eurent lieu
pendant le repas et d'un bouffon merveilleux qui imite le
chant des oiseaux et sait faire des grimaces d'une laideur
tellement repoussante, qu'on ne peut les voir sans éclater de rire.

— Viens chez moi demain, et tu diras que Lentulus
n'est qu'un gargotier qui traite ses hôtes comme dans un
cabaret hanté par des esclaves.

— J'accepte, mon cher Quintus Ovilius.

— Qu'est-ce donc que cette foule qui se rassemble là
devant le temple de Castor ?

— C'est le marché aux esclaves qui va s'ouvrir. Les
maquignons commencent à dresser leurs tréteaux et à
préparer leurs marchandises humaines.

— Par les dieux immortels ! je suis curieux de voir ce
spectacle ; jamais je n'en ai été témoin. Je possède cinq
cents esclaves, mais je serais fort embarrassé s'il me fallait dire comment on fait acquisition d'une pareille den-

rée. Mon intendant seul a jusqu'à présent été chargé de mes emplettes de ce genre. Allons, Quintus Ovilius, viens! La vivacité de l'air du matin débarrasse mon cerveau des vapeurs de l'ivresse. Je sens mes idées devenir plus nettes, mes jambes se raffermissent. Des effets du vin que j'ai bu, il me reste seulement de la joie au cœur et de la gaieté dans l'esprit. »

Malgré cette protestation, ce fut encore en chancelant que le jeune Pilumnus, après avoir rejeté sur ses épaules les plis de son manteau, se dirigea vers le marché aux esclaves.

Ce marché avait lieu sur le Forum romain, à quelque distance du temple de Castor, devant deux ou trois tavernes d'assez mauvaise physionomie. Comme l'avait remarqué tout à l'heure Pilumnus, des esclaves s'occupaient à dresser des tréteaux sur divers points de cette partie du Forum, tandis que des maquignons, d'une allure grossière, faisaient monter avec brutalité sur ces échafaudages des hommes, des femmes et des enfants. C'était un triste spectacle que de voir ces pauvres créatures, la plupart victimes de la guerre et arrachées à leur patrie pour être vendues au loin comme des bêtes de somme.

Ces idées de compassion ne paraissaient guère préoccuper les personnes qui se trouvaient rassemblées autour des tréteaux. Elles allaient et venaient autour des esclaves exposés en vente, les dépouillaient de leurs vêtements, s'assuraient qu'ils étaient exempts d'infirmités ; leur ouvraient la bouche pour voir s'il leur manquait des dents, et les frappaient sur le dos afin de les entendre tousser et de connaître, par le son de cette toux, la nature plus ou moins solide de leur constitution. Pendant ce temps, les maquignons ne cessaient de répéter d'une voix glapissante et enrouée :

« Allons, voyez, examinez, demandez, achetez ; voulez-vous des coiffeuses ? des baigneuses ? des gladiateurs? des ornatrices ? Voulez-vous des grammairiens ? des musiciens? des découpeurs à table ? voulez-vous des danseuses ? »

En ce moment, un sifflement léger se fit entendre, et on vit, dans un des trous dont le temps avait lézardé le vieux mur de la taverne, apparaître la tête d'or d'un serpent. Un des maquignons s'élança avec rage vers l'animal pour l'écraser de son bâton. Ls serpent rentra aussitôt la tête et la ressortit avec précaution, dès que son ennemi se fut éloigné. Alors il fit entendre de nouveau son sifflement.

Une jeune fille exposée en vente sur les tréteaux tourna la tête vers le serpent et laissa tomber une larme.

« Que les Euménides maudissent la sorcière et son serpent ! s'écria le maquignon ; depuis que j'ai acheté cette chétive créature à des pirates, ce serpent me suit partout et ne cesse de faire entendre à mes oreilles ses sifflements horribles et ses menaces. »

La foule se mit à rire et à regarder le serpent qui semblait narguer le maquignon. Celui-ci, tout en guettant de l'œil et du bâton le malin reptile, recommença l'énumération de sa marchandise.

« Voici un cuisinier ! Il a servi déjà plusieurs riches citoyens de Rome.

— Pourquoi ceux-ci ne l'ont-ils point gardé ? quel défaut a-t-il donc ? » demanda quelqu'un.

Le maquignon montra du doigt un écriteau attaché au cou de l'esclave.

« J'ai la vue basse et je ne puis point lire. »

« Il est sujet à de violents accès de colère, et il faut employer pour le réduire à l'obéissance le fouet et le carcan. Mais, citoyen romain, ce n'est point là un défaut bien redoutable. Quand il ne s'agit que de battre pour être servi, la chose ne me parait pas difficile. Tenez, regardez ! Lève-toi, dit-il au malheureux ; ouvre la bouche qu'on voie tes dents ! ôte ta tunique, qu'on voie sur ton dos les cicatrices que te vaut ton humeur violente ! Allons ! allons ! obéis plus vite que cela, drôle ! »

Et le maquignon déchira à coups de fouet le corps de l'esclave.

Celui-ci ne jeta pas un cri, mais la jeune fille qui se trouvait exposée en vente à côté de lui tomba sans connaissance.

« Voilà une belle bien sensible ! dit en riant le maquignon. Attendez, citoyens, vous allez voir de quelle façon je traite les vapeurs, et comment je rappelle à la vie les jeunes filles qui s'évanouissent. »

Il leva le bras, brandit son fouet, et s'apprêtait à frapper la pauvre enfant, quand un des spectateurs l'arrêta.

« Ne la frappez point, » dit-il.

Le maquignon se retourna brutalement, tout prêt à répondre par quelque injure à celui qui s'interposait ainsi entre le bourreau et la victime. Il se tut neanmoins, car il se trouva face à face avec un homme d'une physio-

nomie pleine de noblesse, et dont les maniéres annonçaient un personnage de distinction.

« Est-ce que vous voulez acheter cette esclave? demanda le vendeur d'hommes d'un ton où se mêlait à la
colère d'être interrompu dans ses actes de brutalité la
crainte de mécontenter un chaland.

— Peut-être ! répondit avec calme celui à qui s'adressaient ces paroles. De quel pays arrive cette jeune fille?

— La couronne qu'elle porte sur sa tête ne vous ap-
prend-elle pas que c'est une prisonnière faite à la guerre?
Ses pieds barbouillés de gypse n'indiquent-ils pas qu'elle
arrive d'outre-mer? Enfin, n'ai-je pas satisfait à l'ordre
des édiles curules qui ordonne aux maquignons d'esclaves
de pendre, au cou de chaque pièce de ce bétail, un écriteau relatant d'une manière très-lisible ses maladies ou
ses vices. Il faut dire si c'est un fugitif ou un vagabond,
s'il est novice ou s'il a déjà servi, enfin quelles qualités
domestiques il possède et à quoi il est propre. L'écriteau
placé au cou de cette jeune fille est laissé en blanc. Je ne
sais rien d'autre de cette esclave, sinon qu'elle vient
d'outre-mer. Un centurion qui arrivait de Numidie et à
qui j'ai acheté vingt esclaves me l'a donnée avec cinq ou
six autres enfants, comme appoint de notre marché. Je
lui ai mis une couronne, et j'ai marqué ses pieds au
gypse. J'ai satisfait à l'édit. Voyons, voulez-vous ou ne
voulez-vous point acheter cette esclave? J'ai déjà dépensé
à son sujet plus de paroles qu'elle ne vaut. Faisons marché, je ne la vendrai point cher. »

Tandis qu'il s'exprimait de la sorte, celui à qui s'adressaient ces paroles baignait d'eau fraiche les tempes de la

jeune fille, qui ne tarda pas à ouvrir les yeux. Elle souleva la tête, porta autour d'elle des regards douloureux et prononça dans une langue étrangère quelques mots qui firent tressaillir celui qui lui donnait des soins.

« Combien voulez-vous de cette esclave? demanda-t-il au maquignon.

— Pas grand' chose : cent sesterces. »

L'inconnu tira une bourse de son sein et s'apprêta à compter la somme au maquignon. En voyant l'empressement que mettait l'acheteur à conclure le marché, le vendeur de chair humaine regretta de n'avoir point demandé un prix plus élevé. Aussi, quand il reçut les cent sesterces, il les compta une à une et dit :

« Vous ne m'avez donné que cent sesterces.

— N'est-ce point là le prix dont nous sommes convenus?

— J'ai dit deux cents sesterces, reprit le maquignon avec d'autant plus d'impudence qu'il se sentait encouragé par les rires de Pilumnus et de son ami Quintus Ovilius, témoins de cette scène. J'en prends à témoin ces deux chevaliers, ajouta-t-il en se tournant vers eux.

L'inconnu jeta sur la jeune fille un regard de douleur et de pitié. Après une courte hésitation il tira de sa bourse cent autres sesterces, les remit au maquignon et s'avança vers l'esclave.

« Quel prix si grand cet homme peut-il attacher à la possession d'une créature chétive? demanda tout bas Quintus Ovilius à Lucius Pilumnus. Vois, elle est pâle, malade et d'une faiblesse extrême. Avant trois mois elle aura succombé aux atteintes du mal du pays. On lit les symptômes de cette fièvre sur son visage.

— Par Hippócrate! quel habile médecin tu fais, Quintus Ovilius! Laisse-moi te faire observer seulement que tu t'entends mieux à pronostiquer sur la santé d'une femme qu'à juger de sa beauté. Regarde comme cette jeune fille conserve une attitude pleine de pudeur et de noblesse sous les haillons qui la couvrent; ces traits amaigris par les souffrances sont d'une régularité remarquable, et l'éclat de son regard oriental brillerait du plus doux éclat, s'il n'était point obscurci par la douleur. Cet homme est un connaiseur habile.

— Il s'y connaît si peu qu'il ne voit point qu'on a frotté de térébenthine les membres de cette jeune fille, pour dilater les pores de sa peau et dissimuler sa maigreur.

— Par mon aïeul, Pilumnus, je veux écraser ton entêtement sous le pilon de l'évidence. Holà! hé! maquignon, le marché n'est pas encore conclu : je te donne trois cents sesterces de cette petite esclave. »

Le maquignon fit un geste de joie.

« Vous l'entendez, dit-il à l'inconnu, qui s'apprêtait à emmener la jeune fille ; reprenez vos deux cents sesterces. Vous avez oublié de me frapper dans la main ; le marché n'est pas irrévocable.

— Vous êtes un homme de mauvaise foi, et je saurai faire respecter mon droit. Voici précisément un édile qui passe. »

L'édile s'avança gravement sur la demande des spectateurs, écouta la plainte de l'inconnu et rendit le jugement en ces termes :

« Vous n'avez point frappé dans la main du marchand. Le marché manque du caractère que la loi exige. Seulement, à prix égal, vous avez le droit de l'emporter sur votre concurrent.

— Voici donc quatre cents sesterces, dit l'inconnu.

— Un instant ! un instant ! s'écria Pilumnus, que cette scène amusait beaucoup. Un instant ! je donne mille sesterces. »

La petite esclave portait autour d'elle des regards pleins de terreur. Elle tomba aux pieds de l'inconnu et le supplia de ne point l'abandonner. Elle joignit les instances du geste aux prières ; puis elle porta sa main à son front, à sa poitrine, la plaça sur l'une et l'autre de ses épaules, et répéta un mot qui faisait incliner l'inconnu chaque fois qu'il l'entendait.

« Je donne quinze cents sesterces.

— Et moi, deux mille.

— Moi, trois mille, dit à son tour Quintus Ovilius.

— Quatre mille.

— Six mille.

— Dix mille.

— Vingt mille, s'écria Pilumnus en riant aux éclats. »

L'inconnu semblait consterné ; la jeune fille pleurait. L'inconnu s'avança vers Pilumnus.

« Chevalier, lui dit-il, cette enfant est malade et ne peut vivre longtemps.

— Que m'importe !

— Quel si grand prix attachez-vous à la posséder ?

— Celui que vous y attachez vous-même. L'envie que vous témoignez d'en devenir le maître a passé dans mon âme, voilà tout.

— Eh bien ! si vous voulez l'accepter, je vais vous proposer un marché avantageux. En échange de cette jeune fille, voulez-vous accepter un homme dans la force de l'âge, dévoué, qui sait parler le grec et que vous revendrez cent mille sesterces, si vous ne le voulez point garder à votre service ?

— Où se trouve cet esclave ?

— Il est sous vos yeux.

— Vous ! homme libre, vous consentez à perdre votre liberté pour devenir le maître de cette jeune fille ?

— Je veux la rendre à la liberté.

— Vous connaissez donc sa famille ? Elle est donc votre fille ou votre sœur ?

— Je ne la connais point ; je viens de la voir tout à l'heure pour la première fois de ma vie.

— Vous en êtes donc tombé éperdument amoureux ? »

Un sourire plein de noblesse et de dédain entr'ouvrit les lèvres de l'inconnu.

« Et c'est pour une femme que vous n'aimez point, qui ne fait point partie de votre famille, que vous n'avez jamais vue, que vous, homme libre, homme intelligent, vous voulez vendre votre liberté et vous ravaler à la vile condition d'esclave ?...

— C'est pour complaire à mon maître !

— Vous avez déjà un maître et vous proposez de vendre votre liberté !

— Je suis citoyen romain et homme libre.

— Par Jupiter, je suis curieux, en ce cas, de savoir si vous dites vrai ! L'énigme vaut la peine d'être débrouillée. Je me suis mis ce matin en quête d'aventures curieuses, et je ne saurais en voir une plus extraordinaire qu'un homme libre ayant un maître, et qu'un citoyen de Rome échangeant sa liberté pour affranchir une esclave étrangère, qu'il voit, dit-il, pour la première fois de sa vie. J'accepte le marché que vous me proposez. A vous cette esclave; à moi votre liberté. »

L'inconnu répondit par un signe d'assentiment.

Pilumnus le regarda fixement et avec stupéfaction.

« Je ne vous demande qu'une heure pour emmener cette jeune fille et la conduire dans un asile sûr. Ensuite je vous appartiendrai en toute propriété.

— Je vous accorde cette heure, soit! Vous viendrez me trouver à mon palais qui s'élève sur la Voie-Triomphale derrière le théâtre Marcellus. »

Il tira des tablettes de son sein et écrivit quelques lignes à l'aide d'un petit stylet d'or sur la couche légère de cire que recouvrait les deux minces lames d'ivoire.

« Holà hé! maquignon, dit-il, voici un mot pour aller recevoir de mon intendant les vingt mille sesterces, prix de cette esclave. Avance ici, jeune fille! »

La pauvre enfant, qui se livrait au plus grand désespoir, vint, au geste de Pilumnus, s'agenouiller devant son acquéreur.

Pilumnus prit à la main un as, petite pièce de monnaie romaine, et prononça la formule suivante :

« Je dis que cette jeune fille, d'après les lois quirites, est à moi et que je l'ai achetée avec cette monnaie et cette balance. »

Il fit sonner la pièce de cuivre dans la balance du maquignon. Cette formalité remplie, il se tourna vers l'inconnu.

« Je vous vends mon esclave quatre as, voulez-vous me
l'acheter? »

La foule rassemblée autour de Pilumnus battit des
mains à cette question qu'elle regardait comme une nouvelle extravagance du jeune fou. L'inconnu sourit dédaigneusement.

« Vous verrez qu'il ne voudra pas pour quatre as une
esclave que j'ai payée vingt mille sesterces. »

Il se pencha vers l'inconnu et lui dit rapidement en
langue grecque :

« Prêtez-vous à cette folie ; si quelqu'un parmi cette
canaille soupçonnait que la jeune fille est chrétienne, on
la mettrait en pièces.

— J'accepte votre marché, dit aussitôt celui à qui s'a-
dressaient ces paroles.

— Donnez-moi quatre as, ajouta Pilumnus.

— Les voici, chevalier.

— Remplissez maintenant les formalités d'acquisition. »

L'inconnu fit trébucher une pièce de cuivre dans la
balance et prononça les paroles sacramentelles.

« Elle est à vous, » dit Pilumnus.

L'inconnu prit la jeune esclave par la main, et, suivi
de la foule, curieuse de connaître le dénouement de cette
scène, il se dirigea aussitôt vers le tribunal d'un préteur.
Là il posa la main sur la tête de l'esclave et prononça ces
paroles :

« Moi, citoyen romain, je veux que cette femme soit
libre et jouisse des droits de cité romaine. »

Et il laissa retomber sa main. Le licteur du magistrat
toucha trois fois avec ses faisceaux de verges la tête de la

jeune fille; l'inconnu la prit par le bras, la fit tourner sur ses talons et lui donna un léger coup sur la joue.

« Tu es libre et affranchie, dit le préteur et tu es en possession de droit de cité romaine. Va, jeune fille ! »

Quand il eut dit ces paroles et que le préteur lui eut délivré l'acte authentique de l'affranchissement de la jeune fille, il la prit par la main et quitta le Forum avec elle.

Pilumnus, dès qu'il les eut vu s'éloigner, tira de son sein un sifflet d'argent, et en produisit deux ou trois sons aigus. Aussitôt un nain difforme sembla sortir de dessous terre, tant il apparut rapidement et d'une manière brusque près du chevalier. De longs cheveux crépus couvraient de leur toison sa grosse tête et son front que ceignait un étroit bandeau d'argent; des boucles d'oreille de même métal retombaient jusque sur ses épaules; un large carcan, également en argent, entourait son cou, et par sa blancheur formait un contraste étrange avec une peau d'un noir d'ébène. Il ne portait d'autre vêtement qu'une tunique de pourpre, que rattachait autour de ses flancs une ceinture de métal; cette tunique laissait à nu des jambes torses, chargées d'anneaux. Il semblait le génie du mal, à voir sa face déprimée, sa large bouche, et ses yeux qui s'agitaient sinistrement dans leurs orbites.

Pilumnus lui fit un signe et lui montra l'inconnu qui s'éloignait avec l'affranchie. Le noir jeta sur son maître un regard plein d'intelligence, poussa une sorte de murmure rauque et s'élança sur les traces de ceux que le chevalier venait de lui désigner.

« Maintenant, mon cher Quintus Ovilius, dit Pilumnus à son compagnon, maintenant nous pouvons rentrer chacun dans nos palais, la nuit a été bonne et la matinée meilleure encore ! »

Les deux jeunes gens se saluèrent de la tête et se séparèrent.

Pilumnus, lorsque Quintus Ovilius le quitta, se trouvait près de son palais. Dès qu'il approcha, un esclave enchaîné sous le vestibule se hâta d'ouvrir la porte, avant que son maître eût eu le temps d'agiter la sonnette d'argent suspendue, à l'aide d'une chaine de même métal, au-dessus de la cage qui lui servait d'habitation ou plutôt de niche ; c'était l'*ostarius* qui, de commun avec un énorme chien, venu à grand frais des Pyrénées, nuit et jour veillait à l'entrée du logis. On choisissait d'ordinaire pour cet office un esclave robuste et capable de repousser par la force et à l'aide d'un long fouet les visiteurs importuns, les parasites et les créanciers. Depuis quinze ans, l'osta-rius de Pilumnus n'avait pas vu se détacher la chaîne qui, longue de six pieds, le tenait captif sous le vestibule.

Pilumnus traversa plusieurs pièces de la maison et se rendit dans un salon dont les fenêtres s'ouvraient sur un vaste jardin. Il s'étendit ou plutôt il se laissa tomber sur un lit de térébinthe, garni de coussins de plume, recouvert de draps de soie, et garni d'une large fourrure en peaux de taupes. Un petit esclave se hâta d'apporter au chevalier un dactyliothèque pour que celui-ci pût délivrer ses doigts des anneaux pesants et nombreux qui les sur-chargeaient, suivant la mode de l'époque. Après les fati-gues de la nuit et sa promenade de la matinée, le jeune Romain devait éprouver un besoin impérieux de repos. Aussi ne tarda-t-il point à sentir ses paupières s'appesantir et ses yeux se fermer. Aussitôt les esclaves qui se tenaient dans l'antichambre du *Cubiculum* donnèrent le signal d'un silence profond dans tout le logis, afin que rien ne pût troubler le sommeil du maître.

Tout à coup le repos du jeune voluptueux fut interrompu par les hurlements du molosse qui gardait la porte et par le claquement du fouet de l'Ostarius. Éveillé en sursaut, Pilumnus entendit des menaces et des cris éclater sous son vestibule. Plein de colère, il se leva et accourut sur le lieu du tapage. Il y vit l'inconnu du matin, assis paisiblement sur le seuil de sa maison, tandis que l'Ostarius, secondé par le molosse son compagnon et par plusieurs esclaves accourus à son aide, cherchaient à le faire éloigner.

« J'ai promis d'être dans votre palais une heure après vous avoir quitté, dit-il en voyant arriver le chevalier. Ces esclaves et ce chien veulent m'empêcher d'arriver jusqu'à vous, et même de vous attendre ici.

— Tu entreras, dit Pilumnus, que son brusque réveil avait mis de mauvaise humeur ; tu entreras, car tu es mon esclave. Mais, comme un esclave ne doit point troubler le sommeil de son maître, tu commenceras par faire connaissance avec la fourche. Allez, qu'on m'obéisse, vous autres ! »

Il rentra dans son *cubiculum,* et les esclaves se disposèrent à se jeter sur leur nouveau compagnon pour remplir les ordres de leur maître.

« Il n'est pas besoin d'employer la violence, leur dit-il, je vais vous suivre. »

Il les accompagna en effet avec le plus grand calme,

se dépouilla de ses vêtements et se prêta sans une plainte,
sans une hésitation, aux préparatifs de son supplice. Le
châtiment de la fourche consistait en une pièce de bois
fixée sur la poitrine et aux épaules du patient; elle s'étendait jusqu'aux extrémités des deux bras qu'on attachait
par les poignets.

Ces préparatifs terminés, on fixa le pied de la fourche
dans un trou creusé à cet usage dans la cour, et on laissa
là le supplicié.

Pilumnus resta endormi profondément tant que dura
la grande ardeur du soleil. Lorsque les ombres commencèrent à s'allonger et l'air à se rafraîchir un peu, il s'é-
veilla, étira ses bras et frappa dans ses mains. Aussitôt
cinq ou six esclaves accoururent avec empressement;
néanmoins ils s'étudiaient à marcher avec tant de légèreté,
qu'on n'entendait point le bruit de leurs pas sur le parquet de cèdre. Parmi eux se trouvait le nain que Pilumnus avait chargé de suivre l'inconnu. Il se plaça devant
son maître de manière à ce que les regards de ce dernier
l'aperçussent, mais il ne proféra pas un son et il ne fit
pas le moindre geste pour rappeler la mission qu'il lui
avait confiée et lui apprendre qu'il s'en était acquitté. Un
esclave ne pouvait, à Rome, sous peine de châtiment,
adressser le premier la parole à son maitre. Le jeune
chevalier ne parut point prendre garde à lui.

« Qu'on me mène au bain, » dit-il nonchalamment.

II

L'ESCLAVE

A peine Pilumnus eut-il donné l'ordre de le conduire
au bain, qu'un esclave jeta sur les épaules du jeune
homme un léger manteau de lin. Soutenu par deux autres esclaves gaulois d'une grande beauté, le chevalier se
dirigea vers une petite cour pavée en mosaïque et entourée d'un péristyle. Il entra de là dans une salle où les
esclaves lui ôtèrent ton manteau et sa tunique. Cette salle
portait le nom d'*apoditerium*, c'est-à-dire de lieu où l'on
quitte ses vêtements. Quand on eut achevé de le désha-
biller, il se rendit dans le *frigidarium*; mais il passa sans
s'arrêter devant la cuve de marbre blanc qui sert aux
bains froids et qu'entouraient des statues d'un travail précieux. On leva une riche portière faite d'une étoffe de
pourpre et d'or, et il se trouva dans le *sudatorium*; là, un
réservoir d'eau bouillante coulait comme une source véritable, et jetait autour d'elle des tourbillons de vapeur
qui montaient en nuages impétueux jusqu'à la voûte contre laquelle ils se brisaient. Ils retombaient ensuite en
tiède rosée, à moins qu'un esclave n'entr'ouvrit une soupape ménagée au milieu du plafond, pour donner issue à
la fumée liquide lorsqu'elle prenait trop de densité. Pilumnus s'étendit sur un lit en crin, recouvert en peau de

dromadaire, tannée avec un art merveilleux, et qui réunissait à la souplesse la plus accomplie une extrème égalité et une douceur de tissu sans égale. Après avoir subi pendant cinq ou six minutes la chaleur violente du sudatorium, il se fit massér, et se livra, dans une salle voisine. d'une température moins élevée, aux soins du *strigile*, qui frotta sa peau avec un grattoir d'ivoire, et qui détacha toutes les impuretés amassées sur l'épiderme par la transpiration et par le contact des vêtements de laine que portaient exclusivement les Romains. L'*alipile*, le *parfumeur*, s'acquittèrent ensuite de leurs fonctions, et le chevalier sortit du bain délassé des fatigues que lui avaient laissées une nuit de débauche. On aurait dit qu'il venait de recevoir une nouvelle existence. Son regard était brillant, ses membres éprouvaient un bien-être indicible et se mouvaient avec prestesse; sa poitrine respirait largement, et la main de fer de la lassitude n'étreignait plus son front alourdi.

Pour se rendre dans l'*exedre*, il traversa la cour dans laquelle son nouvel esclave subissait le supplice de la fourche; mais il passa près de lui sans lui adresser une parole. Il jeta néanmoins sur cet homme un regard furtif. Une résignation profonde se lisait dans les traits souffrants du malheureux. Ce n'était ni de l'ostentation, ni de la bravade; jamais Pilumnus n'avait vu tant d'énergie réunie à tant de patience.

L'*exedre* était une vaste galerie qui faisait partie des habitations des riches Romains, et qui, plus longue que large, servait à recevoir les visiteurs de haut rang. La disposition de cette pièce permettait de s'y promener en causant; des siéges de marbre, recouverts de coussins de pourpre, donnáient les moyens de se reposer à ceux que la marche avait fatigués.

Pilumnus parcourut cinq à six fois l'exedre dans toute sa longueur, il semblait profondément préoccupé ; tout à coup il s'arrêta et frappa des mains ; l'esclave noir parut et vint s'agenouiller devant son maître. Celui-ci s'assit dans un des fauteuils de marbre, et interrogea le nègre par un signe de tête. L'Africain tira de son sein un sac rempli de poudre blanche, le répandit en couches légères sur les dalles de l'exedre, et se mit à tracer, à l'aide d'une longue baguette, des caractères grecs, qu'il effaçait à mesure que son maître les lisait. Parfois, il s'interrompait pour suppléer, par une pantomime animée et d'une vive expression, à la lenteur de l'écriture.

Quand il eut fini, son maître lui ordonna de sortir, et il obéit avec la rapidité de singe qui le caractérisait.

Pilumnus réfléchit quelques instants encore ; il semblait agité par le doute et par l'irrésolution.

A la fin il parut prendre une décision et ordonna qu'on lui amenât l'esclave attaché aux fourches.

Ce dernier ne tarda point à entrer : les membres meurtris, il fallait qu'on le soutînt, car il ne lui restait plus la force de marcher. Pilumnus fit signe qu'on le laissât seul avec lui.

Les esclaves se retirèrent.

Il considéra quelques instants en silence l'inconnu.

« Tu maudis ton maître de t'avoir châtié comme il l'a fait, n'est-ce-pas ? demanda-t-il au malheureux. »

Celui-ci répondit :

« Je ne maudis jamais personne.

—Écoute-moi : reprit Pilumnus, tu as subi un assez
rude noviciat de l'esclavage pour désirer la liberté. Dis-
moi quel motif t'a fait perdre ton titre d'homme libre et
quels liens t'attachent à cette jeune fille pour laquelle tu
t'es dévoué.

— Ce secret n'est pas le mien ; je dois le taire.

—Tu ne sais donc pas, interrompit violemment Pilumnus, qu'il y a pour punir les esclaves désobéissants
le fouet, la meule et la croix ?

— Je le sais et suis prêt à subir vos supplices.

—Je connais de ton secret tout ce que j'en voulais
savoir. »

Le visage de l'esclave exprima l'anxiété et la douleur.

« Écoute-moi bien ! En me quittant tu as affranchi la
jeune fille que je t'ai vendue. Ensuite, ton embarras a été
grand, car elle ne savait pas la langue romaine et tu ne
comprenais rien aux paroles qu'elle te disait dans un
idiome étranger. Tu l'as prise par la main et tu l'as me-
née dans une petite maison du *Forum boarium*. Là se
trouvait une femme âgée nommée Mamurtia ; tu lui as
présenté la jeune fille qu'elle a embrassée tendrement
et dont elle t'a promis de devenir la mère. Alors tu as pris
un rouleau de papier de papyrus, et tu l'as déployé jusqu'au moment où tu as trouvé sur le livre cette phrase
écrite à la fois en sept ou huit langues : *Femme celui-ci
est désormais votre fils* et tu l'as montré à la jeune fille.
Ensuite, la douleur de Mamurtia a été extrême, car tu
lui as appris que tu avais vendu ta liberté en échange
de celle de l'esclave. Tu as répondu en montrant le ciel,

et tu t'es hâté de quitter cette maison ; le courage allait
te manquer et des larmes coulaient déjà de tes yeux :
Marmutia était ta mère. »

A ce nom, l'esclave ne put réprimer un mouvement de
douleur.

« Eh bien, sais-je la vérité ? Ces détails sont-ils exacts ?
veux-tu plus encore ? Veux-tu que je te dise les motifs de
ton dévouement pour la jeune étrangère : c'est qu'elle
est chrétienne ! toi-même tu appartiens à cette secte ! »

—Vous savez tout, j'en fais aveu. Si je vous ai caché la
vérité, c'est que je craignais pour ma vieille mère les
souffrances du martyre, qui sont au-dessus de ses forces.
Prenez pitié d'elle et de cette jeune fille que j'ai arrachée
à l'esclavage et à l'infamie ; faites de moi ce que vous
voudrez.

— Tu sais que tout chrétien est condamné à mort par
les lois de l'empire...

— Je mourrai avec joie pour mon divin Maître.

—Écoute, Caius Catulus... Ah ! tu tressailles et tu t'é-
tonnes que je te connaisse sous un nom que tu ne portes
plus depuis quatre ans ; tu as quitté ce nom, que tu as
illustré dans les Gaules, où l'on te citait dans les armées
romaines, comme le plus brave de leurs centurions.
Écoute, Caius Catulus, je veux te rendre à la liberté ; je
veux garder le secret duquel dépend la vie de ta mère ;
mais c'est à cette condition : quand je t'appellerai près
de moi, n'importe en quels lieux, n'importe à quelle
heure, tu accourras aussitôt. J'aurai droit de vie et de
mort sur toi, comme si tu étais encore mon esclave. Tu
vas me le promettre par ton Dieu !

— J'accepte ce pacte, répondit Caius Catulus, tu trouveras toujours en moi un esclave fidèle, prêt à exécuter tes ordres, même au péril de sa vie, pourvu que tu ne m'ordonnes rien contre ma foi et contre ma conscience.

— Soit ! Va retrouver ta mère. Quand j'aurai des ordres à te transmettre, je te ferai représenter cette bague et tu suivras aussitôt celui à qui je l'aurai confiée. Va maintenant. »

Catulus salua en s'inclinant jusqu'à terre ; cependant il conserva dans cet acte de servilité une noblesse et une fierté qui n'échappèrent point à Pilumnus.

Avec de tels hommes on peut tout entreprendre et tout couronner de succès, pensa le jeune homme.

Il siffla ; le nain africain parut.

« Tu m'as rapporté des renseignements fidèles sur la famille de Catulus. Maintenant, marche sur les traces de cet homme, et viens la nuit me rapporter ce que tu auras vu. »

Le noir disparut avec sa promptitude d'allure et son étrangeté de mouvement ordinaire.

Tandis que Catulus s'éloignait du palais de Pilumnus et se dirigeait vers le quartier solitaire et pauvre qu'habitait sa mère, celle-ci, le cœur quoique brisé du départ de son fils, n'en donnait pas moins à l'étrangère les soins les plus affectueux. Elle substitua à la robe d'esclave qui laissait nus les bras et la poitrine de la jeune fille, et qu'on appelait *linteolum cœlicium* une tunique de lin à manches larges, dont les longs plis retombaient jusqu'à terre et qu'on désignait sous le nom d'*impluviata*. Elle baigna ensuite d'eau fraîche les pieds de son enfant adoptif, lui donna pour chaussure des cothurnes de pourpre, peigna ses longs cheveux blonds, les noua en nattes et les releva sur sa tête en forme de couronne.

Tout en s'acquittant de ces soins, Mamurtia ne pouvait retenir les larmes qui s'échappaient de ses yeux au souvenir de son fils. La jeune fille s'efforçait de la consoler par ses caresses. Elle montrait la croix attachée dans l'appartement, et levait vers le ciel sa main brune et mignonne, avec un geste d'espérance.

La beauté de l'étrangère, sous les vêtements simples et chastes qu'elle venait de revêtir, prit un caractère de grâce et de candeur qui répandait sur toute sa personne le charme le plus touchant. Elle suppléait à l'ignorance absolue dans laquelle elle était de la langue romaine, par une pantomime vive et pleine d'expression. Elle mit à remplir avec Mamurtia les devoirs domestiques du logis, un empressement et une intelligence qui montraient à la veuve combien elle cherchait à lui complaire et à lui prouver sa reconnaissance. Assise ensuite devant un métier à tisser de la toile, elle fit rapidement courir la navette entre les fils, et, par des procédés inconnus à la vieille expérience de Mamurtia, elle parvint à tisser avant la nuit une palme d'étoffe d'une finesse et d'une régularité admirables.

Quand le soir apparut et commença à jeter ses ombres sur la maison de Mamurtia, la matrone alluma une lampe de cuivre, dans laquelle brûlait de l'huile d'olive, et servit, sur une table, un modeste repas, composé de fruits secs et de pain sans levain. Elle s'efforça de prendre sa part de ces mets, pour engager l'étrangère à l'imiter. Ni l'une ni l'autre ne put manger. La faim de la jeune fille disparaissait devant les larmes de la pauvre mère. Après avoir prié en commun, elles se retirèrent ensuite dans une pièce voisine, où se trouvaient étendus des peaux d'agneaux et de grands morceaux d'étoffe de laine, sur lesquels elles se couchèrent pour dormir. La jeunesse de l'étrangère, la fatigue et les émotions de la journée ne tardèrent point à clore ses yeux ; il n'en fut pas de même de Mamurtia qui donna un libre cours à ses larmes.

« Mon Dieu ! dit-elle, mon Dieu ! que votre sainte volonté s'accomplisse ! Vous avez inspiré à mon fils de vendre sa liberté pour racheter de l'esclavage et sauver de l'infamie une chrétienne ; il ne m'appartient pas de murmurer contre l'œuvre sainte, et contre le dévouement de Catulus. Je bénis vos décrets ; mais comme votre mère divine au pied de la croix, je ne puis étouffer dans mon cœur la voix de la nature et du sang ! »

En ce moment un bruit de pas se fit entendre dans la rue ; elle releva la tête avec émotion.

« Lui ! c'est lui ! s'écria-t-elle, c'est Catulus, c'est mon fils ! »

Elle s'élança vers la porte, dénoua rapidement les nœuds de cuir qui servaient de serrure et se jeta dans les bras de son fils. Une profonde émotion altéra un moment la voix de Catulus et l'empêcha de répondre à la joie de sa mère, autrement que par des mots entrecoupés. Peu d'instants néanmoins lui suffirent pour maîtriser ce trouble et il conduisit Mamurtia dans l'intérieur de la maison. Là, elle l'embrassa de nouveau.

« Je n'espérais plus te revoir ! lui dit-elle.

«—Je reviens près de vous, ma mère, non pour toujours, mais pour longtemps, je l'espère. Mon maître, après avoir éprouvé ma force et ma résignation, m'a renvoyé en liberté, sous la condition toutefois d'obéir à ses ordres, dès qu'il me les ferait transmettre. Mais voici l'heure sainte qui approche, veuillez, ma mère, éveiller votre fille adoptive.»

Mamurtia ne pouvait se lasser de regarder son fils et de presser ses mains dans les siennes.

Tout à coup elle jeta un cri de douleur.

« Catulus, mon enfant, demanda-t-elle, d'où vient que tes mains sont enflées et que tes poignets sont meurtris? Je lis sur ton front les traces de la fatigue et de la souffrance.

— Ce n'est rien ; mon maître m'a fait subir le supplice des fourches, pendant quelques heures. Demain, j'en suis sûr, il n'y paraîtra plus. Ma mère, l'heure avance, hâtez-vous. »

Mamurtia ne tarda point à reparaître, accompagnée de l'étrangère. Celle-ci se prosterna devant Catulus qui se hâta de la relever et lui montra le crucifix.

« Il ne faut remercier que Dieu seul, dit-il. J'ai été l'humble instrument qui a opéré votre délivrance, rien de plus. »

Elle parut comprendre le sens de ces mots par l'expression des traits de Catulus et par les gestes dont il les accompagna. Elle répondit en plaçant la main sur son cœur et en levant les yeux au ciel.

Cependant Mamurtia s'était enveloppée d'un long voile de laine et en avait jeté un semblable sur les épaules et sur la tête de la jeune fille. Catulus les fit sortir par une porte secrète, et se mit à marcher devant elles avec précaution. Après des détours nombreux, il les guida à travers les quartiers les plus solitaires de Rome. Quand un bruit de pas venait à se faire entendre, aussitôt il se prosternait à terre, de façon à éviter les regards ; les deux femmes l'imitaient et ne se relevaient qu'après avoir entendu le silence régner de nouveau autour d'elles. Ils arrivèrent enfin dans une vaste plaine, interrompue de distance en distance par des amas de rochers. Catulus, après s'être assuré de nouveau que personne ne pouvait les apercevoir, fit tourner un rocher sur un pivot caché et ouvrit ainsi l'entrée d'une grotte obscure. Mamurtia y descendit sans hésiter. La jeune fille ne put réprimer un léger frisson de crainte et se rapprocha instinctivement de Catulus, qui lui présenta le bras pour qu'elle pût s'y appuyer. Ils marchèrent longtemps sur une longue pente assez rapide et qui faisait de nombreux détours. De temps à autre, de grosses pierres fermaient toute issue ; des mains invisibles les faisaient rentrer dans l'épaisseur du roc dès que Catulus avait frappé dessus d'une certaine façon. Après un quart d'heure environ de marche, ils entrevirent au loin une faible lueur qui devint de plus en plus distincte, à mesure qu'ils avançaient.

Ils finirent par se trouver dans une vaste salle souterraine au milieu de laquelle s'élevait un tombeau. De tous côtés arrivait, par de nombreuses issues, une foule considérable ; les hommes en entrant se donnaient le baiser de paix, et les femmes échangeaient entre elles, en se pressant la main, les noms de Jésus et de Marie. Tout à

coup, un silence profond et solennel régna dans la crypte.
Un vieillard, accompagné de deux jeunes hommes vêtus
de longues robes blanches, se dirigea vers le tombeau et
au milieu de tous les fidèles prosternés commença la cé-
lébration des redoutables mystères de l'eucharistie. Les
lévites prirent ensuite le pain et le vin consacrés, pour les
distribuer aux chrétiens rassemblés. Après que cette solennité simple et touchante eut été accomplie en silence,
le prêtre, debout sur les marches du tombeau qui servait
d'autel, adressa une courte allocution aux fidèles qui
l'entouraient; il leur enseigna l'obéissance à l'empereur,
le détachement de la vie et la résignation au martyre !

« La persécution peut se ranimer d'un moment à l'autre, dit-il en terminant; songez, mes frères, que la persécution ouvre les portes du ciel et donne la palme du
martyre. »

Il bénit la foule qui s'écoula aussitôt en silence. Bientôt
il ne resta plus dans la crypte que Mamurtia, Catulus et
et la jeune fille avec le vieux prêtre et ses deux diacres.

« Mon père, dit Catulus en présentant l'étrangère au
prêtre, voici une jeune fille chrétienne que j'ai rachetée
hier de l'esclavage. J'ignore de quel pays elle vient et
quelle langue elle parle ; ni le maquignon qui me l'a vendue, ni aucune des personnes qui l'entouraient n'ont pu
la comprendre. J'ai fait la guerre dans les Gaules et en
Judée, elle ne vient d'aucun de ces deux pays. »

Le prêtre fit signe à l'étrangère d'avancer; elle obéit et
se tint modestement, les yeux baissés, devant le vieillard.
Il lui adressa la parole en plusieurs langues, sans qu'elle
parût le comprendre. À la fin elle souleva le voile qui

couvrait son visage et se mit à réciter l'Oraison domini-
cale dans son idiome natal.

Un des diacres s'inclina vers le prêtre :

« Mon père, dit-il, cette jeune fille s'exprime dans un
des dialectes particuliers à la Numidie ; si vous voulez me
permettre de l'interroger, peut-être parviendrai-je à la
comprendre et à m'en faire comprendre ; je ne sais le
numidien que d'une façon incomplète. »

Sur un signe d'assentiment que lui adressa le prêtre,
le diacre interrogea l'étrangère ; quoiqu'ils se compris-
sent difficilement, la jeune fille néanmoins donna des
renseignements sur son pays, sur sa naissance et sur la
catastrophe qui l'avait amenée à Rome. Elle se nommait
Leucothoée ; elle avait pour père Caius Opilius et pour
mère Calpurnia. Née en Afrique, dans une petite bour-
gade située au bord de la mer et fondée par quelques
familles chrétiennes qui étaient venues demander au
désert un asile contre les persécutions romaines, elle ne
comptait encore que trois ans lorsque son père, parti
pour la chasse, disparut tout à coup, sans qu'on pût découvrir quelle avait été sa destinée.

La veuve d'Opilius se dévoua à l'éducation chrétienne
de sa fille, et quoique inconsolable de la mort de son
époux, elle n'eut jamais un murmure ni contre l'isolement dans lequel elle vivait, ni contre la pauvreté qui la
soumettait au travail et à de rudes épreuves. Treize années
s'écoulèrent de la sorte. Une nuit, la mère et la fille furent éveillées en sursaut par des cris de désespoir : le feu
dévorait le village ; des soldats pillaient, incendiaient et
massacraient tout, en proférant d'horribles blasphèmes.

Une troupe de ces hommes, sans pitié, s'élança dans la maison de Calpurnia et de sa fille, les enchaîna et les entraîna vers le vaisseau. Malgré les larmes des deux infortunées, on sépara la mère et la fille. Le navire sur lequel se trouvait Leucothoée fit voile pour l'Italie. Arrivés à Rome, les pirates qui l'avaient faite prisonnière la vendirent à un marchand d'esclaves qui la revendit à un maquignon. Ce dernier l'exposa ensuite sur les tréteaux du Forum, où Catulus l'avait soustraite aux fers et à l'opprobre.

Le prêtre écouta en silence le récit de Leucothoée que lui traduisait le diacre.

« Ma fille, dit-il ensuite, en employant de son côté le diacre comme interprète, Dieu s'est montré envers vous plein de miséricorde ; je le prierai pour votre mère, et je lui demanderai qu'il daigne vous rendre à son amour. Si telle n'était point, du reste, la volonté divine, songez que vous retrouverez un jour vos parents dans le ciel, pour ne plus jamais vous en séparer. Adieu, ma fille ! »

Mamurtia et Leucothoée, guidées par Catulus, rentrèrent dans les détours des catacombes, en sortirent par une autre ouverture que celle qui leur avait livré passage, et ne tardèrent point à rentrer dans leur maison. Plusieurs fois Catulus s'était arrêté avec inquiétude : il avait cru voir, au loin, une personne obstinément attachée à leurs pas et qui les suivait avec persévérance. Quand il eut ramené chez lui sa mère et Leucothoée, il alla faire une reconnaissance pour chercher à découvrir quel était cet espion : il n'en put retrouver aucune trace. Si en effet quelqu'un les avait suivis, il avait disparu.

Il était environ la dixième heure de la nuit quand Catulus et les deux femmes commencèrent à se livrer au
sommeil. Lorsqu'ils s'éveillèrent, le soleil brillait dans
sa splendeur, et répandait partout une chaleur vivifiante. Mamurtia et Leucothoée, après avoir récité la
prière en commun avec Catulus, se rendirent, pour déjeuner, sous une tente dans le petit jardin qui entourait
la maison et que protégeaient des murs élevés. Mamurtia,
secondée par Leucothoée, disposa tout sur la table et
Catulus approcha des bancs, car les chrétiens avaient,
comme plus séant, adopté l'usage de substituer, pendant
le repas, des siéges aux lits dont les idolâtres se servaient.

La matrone jeta tout à coup un cri de terreur et laissa
échapper de sa main l'amphore qu'elle apportait. Un
serpent avait enlacé de ses nœuds d'émeraude et d'or
une des colonnettes de la tente. Comme personne n'avait
pris d'abord garde à lui, il sifflait doucement pour attirer l'attention. Déjà Catulus s'apprêtait à le frapper,
lorsque Leucothoée arrêta le bras du jeune homme et
s'élança vers la couleuvre qu'elle couvrit de baisers.
L'animal semblait partager la joie de la jeune fille ; il
faisait entendre un léger et doux sifflement, caressait
de sa longue langue les bras de la jeune fille, et s'était
noué autour de son cou comme un collier vivant. Des
larmes de joie brillaient dans les yeux de Leucothoée.

Quand l'émotion de celle-ci et la surprise de Mamurtia
se furent un peu calmées, l'étrangère fit un signe et le
serpent déroula les anneaux étincelants dont il entourait
le cou de sa maîtresse pour venir ramper aux pieds de
Cutulus et de sa mère.

Alors Catulus reconnut le serpent qu'il avait vu la veille au marché des esclaves, et qui avait causé tant d'indignation et de colère à un maquignon.

Cependant Leucothoée, les mains jointes, dans une attitude suppliante et par une pantomime expressive, sollicitait de Mamurtia et de son fils la faveur de garder près d'elle la couleuvre bien-aimée. Elle lui présenta un de ses doigts pour faire comprendre qu'elle n'avait rien de venimeux, et ce fut avec une joie extrême qu'elle vit Mamurtia cesser de regarder avec terreur le bel animal et même s'enhardir à passer doucement sa main sur les anneaux du reptile. Celui-ci semblait comprendre qu'il avait besoin de gagner les bonnes grâces de la matrone ; il déploya les longs plis de son corps souple, fit miroiter au soleil les riches couleurs de sa robe et répéta le doux sifflement par lequel il avait déjà salué Leucothoée.

« Deviens donc aussi l'hôte de la maison ! dit Mamurtia en souriant. Je ne pensais guère hier matin que j'aurais pour fille adoptive une Africaine et pour animal domestique un serpent ! »

Leucothoée baisa avec reconnaissance les mains de Mamurtia. Le serpent vint reprendre sa place favorite autour du cou de sa maîtresse et se cacha sous les plis de l'*impluviata*.

Au moment où les trois chrétiens terminaient leur repas, un grand bruit se fit entendre dans la rue. Leucothoée s'élança avec curiosité vers la voie publique, Mamurtia l'arrêta et lui montra la croix.

« Il ne faut pas qu'une jeune fille assiste aux fêtes des adorateurs des faux dieux, » dit-elle.

Leucothoée, quoiqu'elle ne comprît que vaguement
les paroles de la matrone, rentra sans regret et sans
hésitation.

Le cortége qui passait devant la porte de Catulus, méritait du reste, par sa magnificence, d'exciter la curiosité. C'étaient les sénateurs qui se rendaient en cortége
au Capitole, pour l'installation du nouveau consul ; car
on était arrivé aux kalendes de janvier. Une foule immense entourait le temple de Jupiter, dans lequel on
avait disposé une enceinte réservée pour les chevaliers
et pour les sénateurs : les nouveaux consuls se placèrent
debout devant leurs prédécesseurs assis sur des chaises
curules, reçurent de leurs mains la toge de pourpre, in-
signe de leur dignité, et répétèrent après eux le serment que ceux-ci leur dictèrent.

« Nous jurons d'observer fidèlement les lois, et nous
nous vouons, nous et notre famille, à la colère des dieux
infernaux, s'il nous arrive de manquer volontairement
à cette promesse. »

A peine eurent-ils prononcé la formule, que cent jeunes
taureaux, purs du contact du joug, tombèrent sous le
couteau des sacrificateurs, tandis que les feux sacrés s'al-
lumaient sur les autels et faisaient resplendir leurs flammes jusqu'à la voûte ouverte du temple. Des augures
consultèrent les entrailles des victimes et proclamèrent qu'ils y trouvaient d'heureux présages pour l'année
pendant laquelle allaient gouverner les consuls. Ces derniers sortirent alors du temple, montèrent sur les rostres,
et là, en présence du peuple assemblé, étendirent la main,
jurèrent de nouveau fidélité aux lois et cédèrent la place

à leurs prédécesseurs, qui vinrent rendre compte de leur administration.

La foule se dispersa ensuite dans la ville, soit pour aller à la double chapelle du dieu Janus et lui offrir des gâteaux crus, de la fleur de la farine et d'anciennes monnaies de cuivre à l'effigie des deux faces du dieu, soit pour courir au palais de l'empereur et lui présenter des étrennes. L'empereur, assis dans l'atrium de son palais, saluait chacun des innombrables citoyens qui passaient devant lui et qui déposaient à ses pieds de petits dons, la plupart sans valeur.

En sortant du temple de Janus et du palais impérial, on se rendait, les uns chez les autres, pour se faire mutuellement des visites, échanger des vœux et s'offrir des présents qui se nommaient *strena*. On choisissait ordinairement des objets regardés comme de favorables présages. Ces objets étaient le plus souvent des rayons de miel, des figues sèches et des *stipes*, petites pièces de monnaie en cuivre, la plupart du temps recouvertes d'une légère feuille d'or.

Les chrétiens ne célébraient point entre eux la solennité des kalendes de janvier, quoiqu'elle n'eût rien de superstitieux. Ils regardaient, comme frivole et comme inutile, un usage qui n'avait d'autre but que de rappeler une coutume fondée par le roi Latius. Catulus, sa mère et Leucothoée, enfermés dans la petite maison du mont Aventin, travaillaient donc paisiblement, lorsque tout à coup le marteau d'airain, suspendu à la porte, retentit précipitamment.

Mamurtia se couvrit le visage d'un voile et alla ouvrir.

elle-même ; car la mère de Catulus n'avait ni serviteur ni esclave.

C'était un jeune homme en costume de chevalier romain.

« Je désire parler à l'instant à votre fils, » dit-il.

III

LA MÈRE ET LA FILLE

Mamurtia introduisit le visiteur dans l'atrium ou Caius Catalus transcrivait le livre des Évangiles afin d'en distribuer des exemplaires aux chétiens trop pauvres pour acheter le livre divin. Il se servait de *carta* en papyrus ; c'étaient des lames très-minces détachées des feuilles d'un roseau égyptien et lissées sur une table arrosée d'eau du Nil. Cette eau déposait son léger limon sur la carta et lui servait d'encollage. On faisait subir une pression à la préparationa et on la mettait sécher au soleil. On unissait ensuite les feuilles les unes aux autres, et on en façonnait des rouleaux de quinze à vingt feuilles. Le livre des Évangiles pouvait se trouver contenu dans un seul rouleau.

Catulus employait pour écrire un roseau fendu par le bout et qu'il trempait dans une gomme liquide et noire. Les Romains le désignaient par le nom d'*atramentum*.

L'atramentum se trouvait contenu dans une petite urne de forme cylindrique avec une anse.

« Tu m'as fait une promesse, je viens en réclamer l'exécution, dit le chevalier romain.

—Ordonne, j'obéirai, répliqua Catulus en renfermant avec calme dans son *scrinium* le papyrus, les plumes de roseau et l'urne contenant l'atramentum.

—Tu vas te rendre au palais impérial avec Mamurtia et Leucothoée ; tu prendras rang parmi ceux qui présenteront à l'empereur leurs dons, et tu lui feras remettre ce coffret par la jeune Numidienne.

—J'obéirai, comme je le dois, à tes ordres ; mais ma mère et sa fille adoptive ne t'appartiennent pas.

—Aucun danger ne saurait les menacer. Je te fais le serment, par mon aïeul Pilumnus, de veiller sur elles et de les ramener ici sans danger. »

Catulus transmit à sa mère les ordres qu'il venait de recevoir du chevalier ; sans hésiter, les deux femmes accompagnèrent l'ancien centurion, qui se rendit à la maison palatine. Une foule immense remplissait les abords de la demeure impériale. Il fallut que les trois chrétiens se mêlassent à la foule et prisent leur rang dans cette immense multitude organisée en cortége, et dont les plis tumultueux se déroulaient au loin sur le mont Palatin. Enfin, après une heure d'attente, leur tour de passer devant l'empereur arriva. Macrin, fatigué, saluait machinalement de la main ceux qui se prosternaient au pied de son trône.

Quant il vit s'avancer Catulus avec les deux femmes, il sourit.

« Voici un brave centurion, un ancien compagnon d'armes, dit-il, qui vient sans doute m'apporter les étrennes les plus agréables que je puisse désirer ; peut-être consent-il à reprendre son grade dans mes troupes prétoriennes ?

En parlant de la sorte et tout occupé du centurion, il oubliait de faire signe qu'on ouvrit la corbeille pleine de figues dorées que lui présentait Leucothoée agenouillée. Pilumnus profita de cet instant pour faire avancer ses propres esclaves chargés des dons qu'il voulait offrir à l'empereur et qui consistaient en mille dates d'or massif. A la tête des esclaves se trouvait une femme de trente-cinq ans environ, et dont la beauté fière et noble attirait tous les regards. Cette femme, au moment de s'agenouiller au pied du trône, regarda Leucothoée et jeta un cri. A ce cri, la jeune fille tourna la tête et tomba en pleurant dans les bras de l'esclave.

« Ma mère ! s'écria-t-elle, ma mère !

—Mon enfant, mon enfant ! » répéta l'autre dans un véritable délire.

Toutes les deux se livraient aux transports de leur joie immense et oubliaient la présence de l'empereur et de la foule.

Pilumnus se tenait à l'écart et suivait des yeux cette scène attendrissante qui produisait une vive impression sur les spectateurs.

L'émotion générale fut partagée par l'empereur lui-même : il se leva plein de trouble et rentra précipitamment dans son palais.

Quelques minutes après, un de ses affranchis vint donner l'ordre à Leucothoée, à sa mère, à Mamurtia, à Catulus et à Pilumnus de comparaître à l'instant devant Macrin.

Leucothoée et sa mère ne pouvaient se séparer ; les mains étroitement unies, elles marchaient l'une près de l'autre, étrangères à ce qui se passait autour d'elles et tout entières au bonheur de se revoir.

On introduisit dans l'atrium les cinq personnes que l'empereur avait mandées. Une demi-heure se passa sans que Macrin parût. Ce temps écoulé, l'affranchi, qui était venu apporter les premiers ordres de son maître, reparut et déclara que l'immortel empereur Macrin désirait acquérir du centurion Catulus et du chevalier Pilumnus la mère et la fille qu'un heureux hasard venait de réunir au pied du trône impérial le jour des kalendes de janvier.

« Leucothoée est libre, répliqua Catulus.

— Voici ma réponse à l'empereur, ajouta Pilumnus, qui tira de son sein des tablettes en *pergamin*, c'est-à-dire en peau d'agneau préparée et si fines qu'elles semblaient transparentes. »

Pour tracer les deux lignes qu'il écrivit, il se servit d'un petit bâton de plomb taillé en pointe par le bout.

L'affranchi alla porter à l'empereur la réponse écrite par Pilumnus et revint annoncer aussitôt que ce dernier attendait le chevalier.

« Le chevalier Lucius Pilumnus a-t-il déjà tellement usé d'outres de falerne, qu'il ne se souvienne plus des formules qu'on emploie lorsqu'on écrit à l'empereur ? » demanda Macrin avec sévérité.

Pilumnus ne parut point déconcerté par l'accueil froid de l'empereur...

« Le temps était précieux et je l'ai ménagé, se contenta-t-il de répondre.

— Vous avez écrit sur ces tablettes :

Je dirai à l'empereur seul le prix auquel je veux vendre mon esclave numidienne. Vous voici devant l'empereur, parlez !

— J'ai vingt-six ans, et je me sens désireux de gloire. Si Votre Immortalité daignait m'envoyer combattre à l'armée d'Arménie, j'ai la conviction d'ajouter bientôt un nouvel éclat au vieux et illustre nom de mon aïeul Pilumnus.

— C'est un noble désir que j'approuve. Je vous donne le grade de centurion dans la légion *Fulminaria*.

— Le grade de centurion est bien humble pour un descendant de Pilumnus.

— Soyez donc tribun, interrompit l'empereur avec impatience ; puisqu'il ne vous satisfait pas de commander à cent hommes, l'anneau d'or et l'angusticlave vous suffiront peut-être.

— Non, empereur, je veux être consul.

— Consul ! répéta Macrin avec une rire amer, consul ! commandant en chef d'une légion entière ! La plaisanterie est excellente, et je ne savais pas si bouffon le descendant de Pilumnus.

— L'éternel empereur ignore peut-être également l'histoire de l'esclave qu'il veut m'acheter? » reprit Pilumnus avec sang-froid.

Macrin pâlit.

« Elle arrive de Numidie, continua paisiblement le jeune homme. Des corsaires sont venus ravager la plage solitaire où elle vivait seule avec sa fille, et pleurait sans cesse un époux qu'elle croyait mort ; cet époux avait disparu tout à coup ; elle le supposait dévoré par les lions du désert.

— Vous serez consul de la légion *Fulminaria*, » interrompit l'empereur, dont l'agitation augmentait sans cesse.

Pilumnus parut n'avoir point entendu.

« L'époux de Calpurnia n'était point mort, poursuivit-il ; une légion romaine l'avait fait prisonnier, l'avait emmené à Rome, et l'avait vendu mille sesterces à Plantianus, beau-père de Caracalla. L'esclave destiné d'abord à paraître dans le cirque comme gladiateur ne tarda point à se concilier les bonnes grâces de son maître : il obtint d'être affranchi, montra une rare aptitude aux affaires et finit par arriver au rang de préfet du prétoire. Au milieu de cette fortune inespérée, une pensée pleine d'amertume troublait son bonheur ; c'était le souvenir de sa femme et de sa fille bien-aimées dont le sort l'avait séparé. En vain il faisait prendre des informations sur leur sort par tous les navires qui naviguaient vers les côtes de la Numidie ; il ne put rien apprendre de la destinée de ces deux femmes. Il ignorait que la tribu dont elles faisaient partie s'était convertie au christianisme, et que, dès ce moment, inquiétée par les troupes romaines qui occupaient Césarée, elle avait dû abandonner le village qu'elle habitait au bord de la mer et se réfugier beaucoup plus au nord.

« Convaincu de la mort de ces êtres chéris, Opilius épousa Nonia Celsa, propre nièce de Plantianus ; enfin l'esclave de Numidie est aujourd'hui empereur.

« Je vous donnerai le commandement général de l'armée contre les Parthes; mais silence! silence!

— Nonia Celsa ne recule point devant le poison et le poignard pour assurer sa puissance; car elle est jalouse, non de l'affection, mais du rang de son époux. Le jour où elle connaîtra les liens qui unissent l'empereur à ces deux étrangères, miraculeusement amenées à Rome, elle n'aura qu'un mot à dire pour perdre à la fois l'empereur, Calpurnia et Leucothoée. A ce mot le peuple se soulèvera et les légions prendront les armes. Ce mot le voici : Elles sont chrétiennes.

— Silence! silence! Pilumnus, qu'exigez-vous de moi, que voulez-vous?

— Une part dans le pouvoir. Toute réflexion faite, les voyages ne me sourient plus... On a élu ce matin les consuls pour l'année : la nomination de l'un d'eux peut être invalidée ; on a omis de remplir quelques-unes des formalités prescrites. On criera contre mon élection, mais bientôt on l'approuvera. Je deviendrai digne du rang où vous allez m'élever, et vous me verrez aussi grave et aussi capable que vous m'avez vu débauché et fou.

— En vous accordant tout ce que vous me demandez, puis-je du moins trouver en vous un ami fidèle?

— Ma fortune et mon avenir reposent sur vous, c'est une bonne garantie, n'est-ce pas? Je veux vous en donner une meilleure encore. C'est de vous jurer par le saint nom du vieux Pilumnus une fidélité loyale, tant que vous-même vous ne romprez point notre traité d'alliance.

— Comptez sur moi, consul Pilumnus.

— Calpurnia ignore le rang suprême auquel vous êtes

parvenu. Laissez-le-lui ignorer encore jusqu'à ce qu'elle puisse l'apprendre sans danger.

— Mais je veux embrasser ma fille.

— Vous l'embrasserez ce soir : ce soir vous serez réuni à elle et à Calpurnia ; rapportez-vous-en à mon zèle.

— Voici mon anneau, dit Macrin ; il vous suffira de le montrer au centurion des gardes prétoriennes de service à la maison Palatine, pour qu'aussitôt on vous introduise près de moi, le jour ou la nuit. Allez ; dans une heure vous serez consul. »

Une heure après, en effet, le sénat faisait proclamer, dans la ville de Rome, que l'élection d'un des deux consuls avait été faite sans respect pour plusieurs formalités importantes.

Un décret annulait donc cette élection et proclamait consul Lucius Pilumnus, nommé le matin, par l'empereur, membre du sénat. Le décret ajoutait que la cérémonie de l'installation du nouveau consul aurait lieu le soir même dans le temple de Jupiter, à la clarté des flambeaux.

Cette nouvelle se répandit rapidement, et, quelque étonnante qu'elle fût, elle excita plutôt la malignité que la surprise. On était habitué à voir les empereurs se livrer aux caprices les plus extravagants. Après tout, le débauché Pilumnus, nommé au consulat, ne devait pas étonner un peuple qui avait vu Caligula revêtir de la pourpre consulaire son cheval Incitatus.

Calpurnia et Leucothoée n'avaient qu'une pensée, n'éprouvaient qu'une sensation : le bonheur de se revoir. Sans prendre garde aux lieux dans lesquels elles se trouvaient et à la bizarrerie des évènements qui les avaient réunies, elles ne pouvaient se lasser de s'embrasser et de remercier le Dieu des chrétiens dont la miséricorde paternelle daignait mettre un terme à leur cruelle séparation. Il fallait que Leucothoée racontât sans cesse à sa mère le désespoir qu'elle avait éprouvé en se voyant jeter, loin de Calpurnia, sur un bâtiment de corsaires. Chacune des souffrances subies par la pauvre enfant faisait éclater les sanglots de la Numidienne. Pilumnus, en sortant de l'atrium de l'empereur, vint les interrompre. Catulus et Mamurtia remarquèrent avec surprise quel changement était survenu, depuis quelques instants, dans l'attitude et dans la physionomie de ce jeune homme. Ses traits, sur lesquels éclataient l'orgueil et la joie, avaient pris néanmoins une expression grave et imposante. Il s'avança vers Mamurtia et vers son fils.

« Catulus, dit-il, Calpurnia est chrétienne, et tu n'éprouveras aucune répugnance à lui donner un asile chez ta mère et près de sa fille Leucothoée dont tu as acheté l'affranchissement au prix de ta propre liberté. Je le veux ! Personne, excepté le patriarche chrétien, ne saura que Calpurnia est ton hôtesse; enfin, à moins qu'il ne soit porteur de cet anneau d'or à mon chiffre, ou qu'il ne soit accompagné par moi-même, nul ne pénétrera dans ta maison; prends, pour rentrer chez toi, les rues les plus solitaires. Tu entends, obéis. »

Catulus et les trois femmes, enveloppées de longs voiles qui cachaient leurs visages et qui les couvraient jusqu'aux pieds, traversèrent, sans que personne les reconnût, la foule qui encombrait les rues.

Cependant le récit de leur merveilleuse aventure était dans toutes les bouches. Dans chaque groupe assemblé au milieu des carrefours, on racontait l'histoire de cette mère et de cette fille qui s'étaient trouvées réunies par le hasard au pied du trône impérial. Les uns vantaient la sensibilité de Macrin, qui n'avait pu sans larmes assister à cette scène touchante. Les autres disaient que le prince avait, sur-le-champ, fait affranchir les deux esclaves; une troisième version prétendait qu'il s'était contenté de les acheter pour sa maison. Une autre nouvelle circulait encore ; c'était l'avènement au consulat de Pilumnus dont les licteurs venaient, à la clarté des torches, de proclamer la nouvelle dignité, en invitant le peuple à se rendre au temple de Jupiter pour assister à la cérémonie de l'installation. On riait en apprenant cette nouvelle : on se demandait quels comptes aurait à rendre Lentulus qui avait été consul quatre heures; on plaisantait sur les habitudes débauchées de Pilumnus; on disait qu'il y avait un consul de nuit et un consul de jour, attendu que Paulus Metellus, collègue de Pilumnus, était un vieillard qui se couchait avec le soleil, tandis que d'ordinaire Pilumnus se couchait au lever de cet astre.

Lorsque les quatre chrétiens furent rentrés dans la petite maison de Catulus, Calpurnia prit sa fille sur ses genoux, car elle ne pouvait se lasser de la voir, de l'embrasser et de l'accabler de caresses. Elle lui raconta à son tour par quelles vicissitudes elle avait été amenée à Rome et vendue à Pilumnus. Elle habitait depuis un mois la maison du chevalier, sans qu'il eût pris jamais garde à elle. « Hier, ajouta-t-elle, j'avais brisé un vase d'albâtre,

d'un grand prix. L'intendant de mon maître me con-
damna aux verges, et déjà on m'avait dépouillée pour me
faire subir mon supplice quand Pilumnus rentra. Il entendit mes cris et demanda qui gémissait ainsi.

« — C'est la Numidienne que je vais faire fouetter pour
sa maladresse.

« — La Numidienne? dit-il ; qu'on m'amène cette esclave à l'instant.

« Il parut éprouver une vive émotion à ma vue et m'interrogea en langue romaine. Je lui fis entendre par mes
signes que je ne le comprenais pas. Quelques instants
après un interprète m'adressait en langue numide les
questions de mon maître. Quand il sut que je m'appelais
Calpurnia, quand il apprit le nom de mon époux, Marcus
Opilius, et que je lui eus dit que je pleurais une fille, arrachée de mes bras, il témoigna une joie extrême. A diverses reprises il donna des ordres à un esclave noir et
difforme qui partit avec la rapidité de l'éclair et dont Pilumnus attendit le retour avec une impatience qu'il mai-
trisait à peine. Il ne cessait pendant ce temps-là de m'a-
dresser de nouvelles questions et de me faire entrer dans
les moindres détails de ma vie. Plus tard, il m'ordonna
de le suivre au palais de l'empereur, et, quand tu es venue
à paraître, il m'a poussée brusquement en face de toi. »

Elles étaient encore là toutes les deux s'enivrant de
leur bonheur, lorsqu'elles entendirent le marteau de la
porte s'agiter.

« Qui est là? demanda la voix de Mamurtia.

— Le consul Pilumnus, » répondit-on.

La porte s'ouvrit, et le nouveau consul entra, suivi d'un

homme qui cachait son visage dans les plis de son manteau.

« Faites venir Calpurnia avec sa fille et laissez-nous, » dit-il à Catulus Pilumnus, qui affectait toujours d'user envers ce dernier, du langage d'un maître envers son esclave.

Catulus obéit. L'inconnu laissa tomber le manteau qui l'enveloppait ; il portait un habit de gladiateur, c'est-à-dire une sorte de chlamyde courte et large, nouée autour des reins par une ceinture et qui laissait aux membres toute la liberté de leurs mouvements. Ce gladiateur paraissait vivement ému ; son haleine sortait avec précipitation de sa poitrine et l'eau ruisselait sur son front. Calpurnia et Leucothoée entrèrent.

« Opilius ! Opilius ! s'écria la première ; Leucothoée, voici ton père ! »

Ils ne formèrent plus qu'un groupe étroitement uni d'où s'échappaient des mots d'amour, des paroles de reconnaissance pour Dieu, des sanglots et des larmes. Le premier qui retrouva l'usage de ses sens fut Macrin : il se dégagea doucement des étreintes de sa femme et de sa fille, prit cette dernière dans ses bras, comme il eût fait d'un petit enfant, et la porta près de la lampe qui éclairait cette scène touchante. Il ne pouvait se lasser de contempler Leucothoée et d'admirer sa beauté noble et pleine de candeur. Il voulait qu'elle sourît pour lui montrer la blancheur de ses dents et l'éclat de ses lèvres ; il voulait qu'elle mît dans les larges mains de son père ses petites mains mignonnes. Tantôt il dénouait les longs cheveux blonds de la jeune fille qui retombaient en manteau soyeux sur ses épaules; tantôt il se prosternait pour baiser les pieds délicats et accomplis de cet enfant, rendu par un miracle à son amour. En ce moment le serpent sortit sa tête d'or du sein de Leucothoée, comme s'il eût été jaloux.

Macrin recula par un mouvement instinctif de surprise..

« C'est un ami, c'est un protecteur, dit-elle, tandis que la couleuvre s'enroulait et formait autour de son bras un bracelet d'émeraudes et de saphirs. Psylla s'est jeté à la mer pour venir me rejoindre sur le vaisseau qui m'emmenait loin de ma mère. Caché dans mon sein, noué autour de mon cou, il m'a défendue contre la brutalité des matelots intimidés par la crainte de sa morsure, qu'ils croyaient mortelle. Enfin, bravant les périls et guidé par un instinct merveilleux, il m'a suivie d'Ostie à Rome et de la taverne du maquignon d'esclaves jusque dans cette maison hospitalière. Voyez comme il sollicite mes caresses et comme son œil brille quand je lui donne son nom de Psylla ! »

Macrin et Calpurnia écoutaient avec extase les paroles qui sortaient de la bouche de leur fille. Ils n'avaient pas eu encore une pensée l'un pour l'autre ; leur tendresse, leur joie, se confondaient dans l'égoïsme sublime et absolu de l'amour paternel. Seulement leurs mains s'étaient rapprochées et enlacées instinctivement. A chaque commotion de bonheur qui venait électriser leurs âmes, ils échangeaient un regard dans lequel resplendissait une joie céleste. Pilumnus lui-même ne pouvait rester indifférent à cette scène touchante, et plus d'une fois une larme coula des paupières du jeune débauché sur ses joues pâles et flétries avant l'âge.

Toute la nuit se passa dans ces enivrements pour Macrin, Calpurnia et Leucothoée. Quand le jour commença à paraître, Pilumnus fit un signe à l'empereur.

« Hélas ! dit ce dernier à sa femme et à sa fille, voici l'heure de nous séparer : pauvre gladiateur, j'appartiens à un maître qui me châtierait sévèrement s'il s'apercevait de mon absence.

— Gladiateur ! demanda Calpurnia, gladiateur ! Tu fais métier de verser le sang ? »

Quoique ces mots fussent dits en langue numidienne, Macrin pâlit et tourna les yeux avec inquiétude vers Pilumnus à qui ce mouvement n'échappa point.

Après un moment de silence, Macrin répondit ;

« Calpurnia, ce n'est pas maintenant encore l'heure de te dévoiler les mystères qui enveloppent notre destinée à tous les trois. Viens, Leucothoée ; viens, mon enfant donne un dernier baiser à ton père, et dis à ta mère de prier avec toi votre Dieu pour qu'il daigne veiller sur nous. »

Macrin, après avoir serré dans ses bras une dernière fois sa fille, quitta la maison du chrétien et sortit avec Pilumnus en prenant soin de cacher son visage sous les plis de son manteau.

« Que font ces licteurs ? demanda l'empereur en passant près du Capitole. Que contiennent les bandes de papyrus qu'ils clouent sur les poteaux de la voie publique ?

— C'est l'ordre à tout idolâtre de sacrifier aux vrais dieux, sous peine de mort. La foi des chrétiens fait chaque jour des progrès tellement rapides, qu'il est temps de les arrêter.

— Et de qui émanent ces mesures ? demanda Macrin.

— Du consul Lucius Pilumnus, répliqua ce dernier en s'inclinant. Je dirai à Votre Immortalité qu'il me tarde de partir pour Antioche et d'y justifier la faveur dont Votre Éternité daigne m'honorer ; or, si Rome devient un lieu dangereux pour les chrétiens, l'armée romaine leur offrira un asile sûr ; les bourreaux ne sont jamais bien venus dans les camps. Enfin je serais charmé de faire mes premières armes sous les yeux de Votre Éternité. »

Macrin croisa les bras sur sa poitrine et regarda fixement Pilumnus, qui soutint ce regard avec son sang-froid et son impudence ordinaires.

« Rappelez-vous de la fable d'Ésopus, dit Macrin ; la grenouille a péri pour se faire trop grosse.

— Je pensais à une autre fable dudit Ésopus, répartit le consul : au lion et au moucheron. »

Ils allaient se séparer après ces paroles de menaces et de haine.

« J'attends le consul Pilumnus demain matin à mon lever, dit Macrin, après un moment d'hésitation et d'une voix sévère. Nous y délibérerons sur l'édit relatif aux chrétiens ; en attendant, qu'on en diffère l'exécution et la promulgation. »

Pilumnus s'inclina. Peu d'instants après, il rencontra une troupe de jeunes gens qui, la tête couronnée de fleurs, se livraient aux extravagances que Pilumnus lui-même avait mises à la mode. Le chef de cette bande joyeuse n'était autre que Quintus Ovilius, l'ami intime, comme on le sait, du nouveau consul. Dès qu'ils aperçurent la robe de pourpre du magistrat, ils poussèrent des exclamations joyeuses.

« Pilumnus ! Pilumnus ! s'écrièrent-ils, viens avec nous ! nous allons retourner ensemble boire à la taverne ; nous t'en ferons visiter une où le vin est excellent. »

Pilumnus, pour toute réponse, fit signe aux licteurs qui le suivaient de loin, d'avancer près de lui.

« Faites savoir à ces fous, leur dit-il, que, s'ils ne rentrent pas à l'instant chez eux, sans bruit et sans scandale, je les exile sur-le-champ de Rome. Ajoutez que, s'ils n'ont point la prudence de renfermer dans leurs palais les tristes exemples de leurs débauches, ils iront expier leur désobéissance à mes ordres chez les Bataves ou dans la Scythie.

Les licteurs obéirent, et les jeunes gens se retirèrent en silence, à l'exception de Quintus Ovilius, qui s'écria :

« Qu'est devenu notre joyeux compagnon Pilumnus ? il est mort sans doute.

— Tu as raison, il est mort, interrompit l'ancien camarade d'Ovilius. Il ne reste au consul ni une pensée ni un souvenir de l'écervelé qui fut ton ami. Souviens-t'en désormais, si tu ne veux pas que mes licteurs t'en fassent rappeler. Et pour que tu oublies tout à fait nos relations passées, jusqu'à ce que tu te rendes digne d'en former de nouvelles avec le consul, je veux ajouter aux noms de mon aïeul le nom de Sévérus. »

Pendant cette scène, le peuple, qui commençait à se répandre sur la voie publique, s'était amassé autour du consul. Quand les spectateurs entendirent les dernières paroles du magistrat, ils battirent des mains et le suivirent jusqu'à son palais en le félicitant et en le saluant de leurs acclamations et du nom de Sévérus que Pilumnus venait de se donner.

L'empereur entendit le bruit de cette ovation, et s'informa des motifs qui mettaient de si bon matin le peuple en émoi.

« C'est le consul Pilumnus qu'on ramène triomphalement à son palais, » répondit un des nombreux courtisans qui se pressaient autour de l'empereur.

Macrin se fit raconter les détails de la scène qui venait d'avoir lieu.

« Le consul va trop vite pour ne pas s'arrêter en route, murmura-t-il.

— Son élan est trop rapide pour qu'il ne renverse pas de son choc quelqu'un avant de tomber lui-même, » dit une voix qui s'éleva au milieu de la foule.

On chercha en vain par qui ces paroles avaient été dites, personne ne put le découvrir.

L'empereur rentra soucieux dans l'intérieur de son palais.

Macrin était un de ces hommes qui ne justifient ni par leur intelligence ni par leur audace le rang et la puissance que leur a jetés un caprice de la fortune. Né loin de Rome et dans un pays barbare, réduit à l'esclavage, il n'avait rien fait pour sortir de sa condition misérable, et il était devenu empereur ! Tour à tour gladiateur assez médiocre, affranchi sans savoir-faire, avocat subalterne, poëte obscur, il finit, on ne sait à quel prix, par se concilier les bonnes grâces de son ancien maître, Plantianus, alors ministre de Sévère.

Plantianus finit par lui donner pour femme sa propre fille, Nonia Celsa, à la condition qu'il adopterait Diaduménius, fils de cette Nonia. Un pareil mariage excita

dans toute la ville de Rome les rires de la malignité. La
laideur de Nonia Celsa était proverbiale, et elle avait
successivement épousé sept maris que la mort avait frap-
pés quelques mois après leur hymen. Des paris furent
ouverts pour ou contre les chances de survie que le nouvel époux trouverait dans son mariage; sa maigreur extrême semblait confirmer les sinistres présages dont on
le menaçait, et on lui donna même le surnom de *Macri-
nus* (*maigre*) qu'il finit par conserver.

Macrin était plutôt l'esclave que le mari de Nonia
Celsa. Elle s'en servait comme d'un mannequin passif,
derrière lequel elle faisait agir son ambition. Malgré les
goûts paisibles de l'ancien esclave, il fallut qu'il reçût
l'anneau d'or de chevalier, qu'il devînt maître des co-
mices impériales, intendant du palais, préfet du prétoire
et enfin empereur. Nonia Celsa écrasait tout ce qui se
trouvait sur son passage et ne reculait pas devant le
meurtre pour atteindre le but auquel elle aspirait. Habitué à obéir servilement à cette mégère, un jour, Macrin,
en détournant la tête avec horreur, passa près du cadavre
sanglant de Caracalla, frappé par les ordres de Nonia
Celsa, et alla s'asseoir sur le trône impérial qu'un poignard de femme avait rendu vide. Les troupes étaient
séduites à l'avance, elles proclamèrent Macrin empereur.

Sûre de l'armée, Nonia Celsa partit à l'instant de l'O-
rient pour Rome, à la tête de forces considérables. Le
sénat, avant même que le nouvel empereur eût débarqué,
se hâta de reconnaître son pouvoir et de confirmer l'é-
lection faite sous les murs d'Édesse. Tout en regrettant
son obscurité d'autrefois, Macrin ne s'en efforça pas

moins de porter dignement le lourd fardeau confié à ses faibles mains. Loin d'imiter la folle conduite du féroce Caracalla, il chassa et punit les délateurs, rendit la couronne d'Arménie à Thridate qui en avait été violemment dépouillé et ne tarda pas à se concilier l'affection des peuples, étonnés de trouver, chez un empereur, l'amour du bien et le goût de la vertu. Une grave maladie de Nonia Celsa lui permettait alors d'agir presque librement et sans trop se soumettre à la funeste influence de cette femme. La fille de Plantianus était en proie à une langueur mortelle qui la consumait lentement. Vaincue par l'affaissement, elle restait quelquefois des journées entières dans un état voisin de la mort. Elle ressemblait ainsi à un cadavre ; elle en avait la lividité et l'immobilité. Cependant telle était l'énergie de cette âme fortement trempée, qu'elle parvenait souvent à dompter sa fatale prostration. Il suffisait souvent de la plus légère secousse pour opérer ce prodige. C'était alors un spectacle terrible que de voir le pâle fantôme se dresser sur la couche où il se tenait étendu, lever la tête, et, les yeux allumés par la haine et par la colère, donner des ordres sanglants aussitôt exécutés.

Au moment où le consul Pilumnus passait devant le portique du palais impérial, les acclamations de la foule arrivèrent jusqu'à Nonia Celsa qui, depuis la veille, n'avait point prononcé une parole, et n'avait point fait un mouvement. Étendue sur un lit de pourpre et la tête appuyée sur des coussins de soie venus de l'extrémité de l'Inde, et qui étaient une merveille encore presque inconnue à Rome, deux jeunes esclaves noires, âgées de douze

ans, réchauffaient de leur haleine virginale les pieds de
la malade. De temps à autre, une matrone leur apportait une coupe pleine d'un vin généreux pour que leur
souffle y puisât plus de chaleur. Debout et enchaîné par le
pied, un vieillard à longue barbe blanche tenait ses regards attachés sur les traits de l'impératrice et surveillait
les symptômes qui pouvaient apparaître dans les traits de
cette dernière. C'était le célèbre Cléophantès d'Athènes.
Nonia Celsa l'avait appelé près d'elle, à son retour en
Italie, et lui avait adressé les offres les plus séduisantes.
Cléophantès avait allégué son grand âge et ses infirmités
pour se dispenser d'un si dangereux honneur.

L'impératrice gagna à prix d'or des traîtres qui s'emparèrent de Cléophantès par ruse et par violence, l'ame-
nèrent à Rome, et le vendirent comme esclave à Nonia
Celsa. Sans écouter les protestations de l'illustre vieillard,
elle le fit enchaîner au pied de son lit et lui déclara qu'il
eût à veiller avec sollicitude sur sa malade, car désormais
leur existence se trouvait à toujours unie.

« Au moment où je rendrai le dernier soupir, dit-elle, tu
mourras au milieu des plus affreux supplices. »

Et elle fit jurer, devant Cléophantès, à son fils Diadu-
ménanius qu'il accomplirait cette sanglante volonté de sa
mère.

L'impératrice sommeillait. Le bruit des exclamations la
fit se dresser subitement sur son lit; elle porta autour
d'elle des regards sinistres, et essuya de ses mains amai-
gries la sueur glacée qui mouillait son front osseux. Cléophantès s'empressa de lui présenter une coupe d'onix
dans laquelle se trouvait préparée une boisson. Nonia

Celsa porta la coupe à ses lèvres et parut y puiser un peu de forces ; elle sourit avec amertume en regardant Cléophantès.

« Tu le vois bien, j'ai agi sagement en te faisant amener à Rome ! Sans toi, je serais déjà morte depuis longtemps.

— Si Votre Éternité ne daigne pas permettre qu'on détache les fers qui m'enchaînent au parquet de cet appartement, Jupiter ne tardera point à lui ôter son médecin, » répliqua humblement Cléophantès, qui crut le moment favorable pour implorer cette faveur.

Elle ne daigna même pas lui répondre.

« Qu'on me donne, dit-elle, les *actes diurnaux*. »

Les *actes diurnaux* étaient, comme on le sait, une sorte de journal qui se publiait chaque matin à Rome, et qui contenait les nouvelles importantes et même les événements privés qui survenaient dans l'empire romain. Jules César avait le premier conçu l'idée de cette publication à laquelle étaient employés un grand nombre de copistes. Les actes diurnaux se composaient de petites feuilles de papyrus, attachées l'une à l'autre par un cordon : il est à supposer qu'il faut voir dans cette coutume l'origine des volumes tels qu'on les a fabriqués depuis, et qui ont remplacé les rouleaux de papyrus.

Un esclave s'empressa d'apporter les actes diurnaux et s'agenouilla pour les présenter à l'impératrice. Celle-ci promena ses regards encore mal assurés sur les pages du livre.

« Pilumnus, premier consul ! dit-elle. L'austère Macrin élève aux premiers honneurs de l'empire un jeune débauché! Sommes-nous déjà dans l'autre monde qui nous attend, Cléophantès, toi et moi, pour voir de semblables choses? Qu'on mande près de moi mon fils et l'empereur. »

Diaduménius arriva le premier; pâle et chétif, on lisait sur son visage flétri les traces de la débauche et de la fatigue que produit cette dernière. En entrant chez sa mère, il se prosterna suivant les habitudes orientales, introduites à Rome depuis Néron.

A la vue de son fils, le visage de Nonia Celsa s'épanouit; cette femme ne tenait à l'humanité que par la tendresse maternelle ; mais cette tendresse était farouche et terrible comme celle de la tigresse.

« Diaduménius, demanda-t-elle en prenant dans ses mains les mains du jeune homme, que se passe-t-il donc à Rome? D'où vient la faveur subite de ce débauché de Pilumnus que les actes diurnaux m'apprennent avoir été nommé consul? »

Diaduménius regarda sa mère avec surprise.

« Pilumnus est consul? Voilà une bonne nouvelle pour les ivrognes de Rome, dit-il.

— Et une fatale nouvelle pour les insensés qui oublient, au milieu des voluptés, que le trône impérial est un volcan toujours prêt à éclater. Quoi! le prince de la jeunesse ! quoi ! le jeune César qui doit régner un jour sur l'univers, n'a d'autre soin que de s'enivrer et de se traîner dans la fange ! Vous avez donc oublié ce qu'il en coûte à une mère pour conquérir un trône à son fils? »

En ce moment Macrin entra.

Aussitôt l'émotion qui troublait la vue de Nonia Celsa

disparut pour faire place à une attitude impérieuse et ferme.

A l'aspect de l'impératrice, assise sur son séant, Macrin ne put réprimer un mouvement de surprise.

« Vous ne vous attendiez point à me trouver vivante ? dit-elle avec une odieuse amertume. Vous vous croyiez déjà débarrassé, n'est-ce pas, d'une domination qui vous pèse, et vous vous étiez hâté de briser ce que j'avais décidé. Attendez ! Vous n'êtes pas encore tout à fait affranchi, continua-t-elle en appuyant sur ce dernier mot, pour faire allusion à l'origine de l'ancien gladiateur.

— Je ne comprends rien aux paroles de Nonia Celsa, » répliqua Macrin.

Elle lui montra du doigt les actes diurnaux.

« J'avais choisi pour consul un vieillard sage et dévoué à notre cause, dit-elle ; vous avez fait casser sa nomination et vous lui avez donné pour remplaçant le dernier des débauchés de Rome, un Pilumnus ! Pourquoi cela ? »

Macrin, d'un caractère naturellement timide, n'avait jamais pu supporter le regard fauve de cette femme impérieuse dont il avait été l'esclave, et qui, par un de ces caprices si communs dans les mœurs dissolues de Rome, l'avait élevé jusqu'à elle pour en faire son époux. Il baissa les yeux et balbutia quelques mots confus.

« Qu'à l'instant même Pilumnus soit dépouillé de la pourpre consulaire et envoyé à l'armée des Gaules, dit-elle. Il a besoin de respirer l'air humide des Frises pour apaiser les ardeurs trop vives que les vins de l'Italie ont allumées dans son cerveau. L'armée d'Arménie vous réclame également, Macrin. Julia Mœsa donne, pour le fils de Caracalla, le jeune Héliogabale, dont elle a fait un prêtre du soleil, et qu'elle ne cesse de promener au milieu des camps, dans un costume de théâtre. Il faut réprimer ces tentatives dangereuses : qu'Héliogabale et sa mère cessent d'être pour nous un sujet d'inquiétude ; vous êtes trop faible pour vous en délivrer par le poignard ou par le poison : du moins, qu'ils deviennent prisonniers près de vous et qu'ils soient réduits à ne pouvoir rien tenter contre notre puissance.

« Et moi, dit-elle, moi, que les dieux infernaux attachent sur ce lit de douleur et réduisent à l'inaction, moi, je régnerai à Rome. Si le peuple romain met en doute ma force et ma volonté, les bourreaux lui apprendront que Nonia Celsa est vivante et redoutable. Que dans une heure Pilumnus ait quitté Rome ! Que demain l'empereur Macrin soit en route pour l'Arménie ! »

Elle parlait encore, quand tout à coup la rougeur légère que l'énergie de ses pensées avait appelée sur ses joues disparut et fit place à une pâleur mortelle ; ses yeux se fermèrent, ses mains se roidirent, et elle tomba inanimée sur son lit.

Macrin s'éloigna, Cléophantès baigna les tempes de l'impératrice d'une eau qui parfois combattait avec succès les évanouissements de la malade. La volonté de cette femme était plus efficace que toute les lotions du médecin. A peine Cléophantès commençait-il à faire couler l'eau sur le front de Nonia Celsa, que l'impératrice releva la tête, se cramponna aux vêtements du Grec, et parvint avec effort à se rasseoir sur sa couche.

« Écoute, dit-elle, Cléophanthès, écoute ! Donne-moi

quelques semaines de force et de santé ; et puis je te rendrai à la liberté, je te comblerai d'honneurs ; tu seras un objet d'envie pour tous. Mais songes-y bien, il me faut ce que je te demande ! Ton art est tout-puissant. Hippocratès savait ranimer les malades et leur rendre la force. Personne mieux que toi ne possède les secrets du divin Hippocratès. La santé ! Donne-moi la santé, et tu recevras plus d'or que tu ne saurais en désirer ! Voyons ! Cléophantès, veux-tu m'accorder ce que je te demande ?

— Les ressources de mon art sont bornées, répondit le médecin ; Votre Éternité détruit par la violence des émotions auxquelles elle se livre les résultats heureux que la science pourrait obtenir. L'âme tue le corps ; l'épée use le fourreau. »

Des larmes de rage tombèrent des yeux de Nonia Celsa sur ses joues brûlantes.

« N'oublie pas que le même tombeau réunira la malade et le médecin, dit-elle. Veille donc bien sur moi tant que tu tiendras à la vie.

Elle réfléchit quelques instants.

« Écoute : l'empereur, tu l'as entendu, va quitter Rome. Il faut que je me montre aujourd'hui au peuple. Je veux donc me rendre aux jeux du cirque et paraître dans la tribune impériale. En conséquence, prépare une de ces potions qui donnent à mon corps pendant quelques heures une énergie factice. »

Elle agita une clochette d'airain. Aussitôt les esclaves entrèrent et attendirent à genoux les ordres de l'impératrice.

« Détachez la chaîne de Cléophantès, et conduisez-le dans le laboratoire, » dit-elle.

Sa voix défaillante s'éteignit.

Elle reprit néanmoins après un silence de quelques instants :

« Faites venir mes ornatrices. Je veux me rendre dans une heure au cirque. »

Elle se souleva et retomba.

« Si je m'évanouis, reprit-elle, habillez mon corps inanimé et ne vous occupez point de me rappeler à la vie. Cléophantès s'en chargera. »

En effet, pendant que ses esclaves exécutaient ses ordres, elle ne donna aucun signe d'existence. Les ornatrices couvrirent ses épaules, sa poitrine et son visage d'un fard appelé *crocodile*, et qui se composait de certaines parties des intestins de cet animal, auxquelles on avait joint du résidu de plomb apprêté en pâte et qui provenait de Rhodes. Elles teignirent ensuite légèrement ses joues avec du nitre rouge ; enfin elles dessinèrent l'arc de ses sourcils à l'aide d'une légère pâte de charbon pulvérisé et trituré dans la graisse d'un cochon de lait égorgé au moment de sa naissance.

Quand les ornatrices eurent terminé ces apprêts, vinrent les *vestipicæ* qui revêtirent l'impératrice du *basilicus* ou robe royale, comme l'indique son nom. C'était une tunique large, teinte en pourpre et rehaussée d'une broderie en or ; elles attachèrent par-dessus le basilicus la régille, manteau traînant fixé aux épaules, ceignirent ses bras et ses jambes de bracelets, et placèrent aux doigts de ses mains et de ses pieds d'innombrables anneaux enrichis

de pierres précieuses; enfin des colliers déguisèrent habilement la maigreur de sa poitrine et de ses épaules.

Après qu'elles eurent déposé sur son lit le corps inanimé de l'impératrice qui semblait une statue, Cléophantès
rentra, une potion à la main.

Il mouilla d'abord légèrement les lèvres de Nonia et
lui introduisit peu à peu et lentement quelques gouttes
du cordial dans la bouche. Il consultait de l'œil un sablier
sur la corne transparente duquel se trouvaient tracées un
grand nombre de divisions et de subdivisions, de manière
à constater les plus petites portions du temps. C'était un
spectacle étrange que de voir Nonia Celsa ressusciter à
mesure que le breuvage humectait ses lèvres et pénétrait
dans sa bouche. Lorsque la coupe fut vidée, elle se releva, fit signe à deux esclaves d'avancer et essaya de marcher. Ses jambes se dérobèrent sous elle. Elle ordonna à
ses femmes de la soulever, leur enseigna comment il fallait qu'elles s'y prissent pour déguiser sa faiblesse, et leur
fit répéter plusieurs fois cette manœuvre.

Lorsqu'elle eut donné à ses esclaves les ordres nécessaires pour qu'on ne s'aperçût point des progrès de la
maladie qui la consumait :

« Maintenant, dit-elle, que l'on fasse avancer ma litière
et qu'on me mène aux jeux du cirque. »

IV

LE CIRQUE

Tandis que l'impératrice se faisait parer, quoique mourante, pour assister aux jeux du théâtre et se montrer
au peuple, le consul Sévérus, entouré des édiles et des
principaux officiers, chargés de l'exécution de ces jeux,
examinait leurs préparatifs, les critiquait et en modifiait
les diverses dispositions. En vain lui objectait-on l'impossibilité d'obéir à ses ordres, puisque déjà le peuple occupait les gradins du cirque; à toutes les objections il
répliquait impérieusement : « Je le veux ; » et les choses
s'exécutaient.

« Je n'entends point, disait le consul, qu'une seule cri-
tique puisse être justement adressée aux spectacles qui
signalent mon avénement à la première magistrature de
Rome. Venez ici, vous Enœus Rumpator, qui êtes chargé
dans les pièces du rôle de Davius, l'esclave gourmand et
fripon. »

Un acteur monté sur de courtes échasses cachées par
de longues guêtres qui les recouvraient s'avança vers le
consul. Il tenait à la main un énorme masque de bois,
dans la bouche duquel on avait placé un tuyau d'airain
ovalé par une de ses extrémités, ce qui donnait à la voix

assez de force pour qu'elle arrivât jusqu'aux spectateurs
les plus éloignés.

« Commencez par détacher de votre costume tous ces
oripeaux dorés, et ne gardez que le vêtement simple et de
couleur foncée qui caractérise les esclaves.

— Auguste consul, répondit humblement Rumpator à
qui cet ordre semblait peu complaire, si le peuple ne me
voit point arriver avec un riche costume, il ne saluera
point mon entrée en scène par des applaudissements.

— Il applaudira ton jeu, si tu fais preuve de talent, et
surtout si tu ne te démènes point ridiculement sur le *pul-
pilium*, comme aux dernières représentations. »

En ce moment, Quintus Olivius se précipita dans la salle
qui précédait le théâtre et s'approcha de Pilumnus, qui
salua gravement de la main son ami.

« Il faut que je vous parle à l'instant.

— Eh bien, parlez, répliqua le consul.

— Pilumnus, reprit Olivius avec trouble, faites sortir
ces baladins.

— Accordez-moi un peu de répit, cher Quintus.

— Il y va pour vous de la vie ou de la mort, » murmura
le jeune chevalier à l'oreille de Pilumnus.

Celui-ci ne changea pas de visage, écouta sans sourcil-
ler ces paroles et répondit :

« Votre amitié me touche, Quintus Olivius ; mais votre
amitié exagère les périls que je cours. Du reste nous cau-
serons de tout ceci dès que j'en aurai fini avec mes acteurs. Si je ne dois être consul qu'un jour, du moins que
le peuple n'ait point à m'adresser des reproches de mauvais goût. Voici une malheureuse soubrette qui se ferait

huer, si je ne lui prescrivais point d'allonger sa *crocotula*
et de mieux disposer sur ses épaules les plis de la *rica*.
En vérité on ne saurait se voiler plus mal! Et ce masque,
comme il est construit! Je suis sûr qu'au lieu de se servir d'airain pour en garnir l'intérieur et donner de la
sonorité à sa voix, on s'est servi de cette détestable pierre
nommée colophane, qui fatigue l'acteur et empâte sa
prononciation. Ote ton masque. »

La soubrette obéit et laissa voir le visage barbu d'un
homme de quarante ans.

« J'en étais sûr; qu'on enlève cette pierre et qu'on y
substitue du bronze. Pardon de tous ces détails, mon
cher Quintus Olivius. Maintenant me voici tout à vous.
Vous me disiez donc qu'un péril me menaçait.

— Au sortir du cirque, des soldats de la garde prétorienne doivent s'emparer de votre personne, sans vous
laisser communiquer avec aucun de vos amis ; ils vous
entraineront loin de Rome, vous jetteront sur le premier
vaisseau qui fera voile pour les Gaules et vous signifie-
ront qu'un arrêt de mort vous attend, si vous remettez
jamais le pied en Italie. Or le centurion qui commande
le navire feindra d'être obligé, par les vents contraires,
de se réfugier dans un port romain, et là on vous donnera la mort.

— L'expédient est ingénieux, et voilà de bizarres nouvelles. De qui les savez-vous?

— Du centurion des gardes prétoriennes, chargé de
leur exécution. Me croyant irrité contre vous pour les remontrances sévères que vous m'avez adressées ce matin,
cette brute dont les vapeurs du vin de Falerne troublaient

le cerveau stupide, m'a tout confié, à la taverne. Fuyez
donc! Des chevaux vous attendent; un déguisement est
prêt; j'ai donné ordre qu'un de mes esclaves, habile cavalier, monté sur une jument numide, prît aussitôt les
devants pour vous préparer des relais. Il ira vite, car
j'ai promis de l'affranchir s'il parvenait à vous conduire
heureusement chez un de mes clients, dans la maison
duquel vous trouverez un asile où rien ne saurait vous
faire découvrir. Une fois en sûreté, vous aviserez au
parti que vous aurez à prendre.

— Vous êtes un ami sûr et dévoué, Quintus Olivius.
Dites-moi, le centurion vous a-t-il dit de qui émanaient
les ordres dont on lui avait confié l'exécution?

— L'ordre est signé de la main de l'empereur; l'impératrice l'a voulu ainsi. Mais fuyez! par Jupiter, fuyez!
Les gardes prétoriennes sont arrivées; le moindre retard
vous perdrait.

— Vous êtes sûr que l'empereur m'a livré sans défense
à la haine de Nonia Celsa?

— Fuyez, mon ami, sauvez votre tête!

— L'ordre est signé de la main de l'empereur?

— L'impératrice a dicté cet ordre à son secrétaire, et
Macrin a placé son sceau au bas de l'arrêt.

— Voici des clameurs qui m'annoncent l'arrivée de
l'empereur, reprit paisiblement Sévérus. Attendez! Le
peuple ajoute à ce nom celui de l'impératrice. Écoutez, il
crie: Salut à Nonia Celsa! à la belle, à l'éternelle souveraine de Rome! Ces deux dernières épithètes me semblent un peu hasardées.

— Malheureux! vous jouez follement votre tête.

— Je la sauve, Quintus Oliviüs... Mon ami, j'ai un important service à requérir de votre dévouement. Vous allez vous rendre sur le mont Aventin. Dans la partie la plus solitaire, vous trouverez la maison d'un certain Catulus; vous lui montrerez cet anneau, et vous lui direz qu'il se rende sur-le-champ, avec sa mère et les deux femmes que j'ai confiées à son hospitalité, à la porte du troisième *vomitorium* du cirque. Vous ajouterez que le gladiateur recommande à sa fille de cacher Psylla dans son sein. Allez, mon ami, et soyez sans inquiétude sur moi. Je ne suis point de ceux qui se laissent abattre par un péril et qui redoutent une lutte avec le sort. »

Le consul ne s'était point trompé : soutenue par deux esclaves, l'impératrice entrait dans le cirque et prenait place dans la loge réservée à Macrin. Le peuple applaudit avec transport l'arrivée de Nonia Celsa qn'il croyait tout à l'heure encore expirante. Elle se tint, sans appui, debout, pour répondre, par un salut de la main, à l'accueil enthousiaste des spectateurs et s'étendit ensuite avec grâce sur les coussins revêtus de pourpre qu'on avait disposés dans la tribune.

Tandis que cela se passait, Macrin écrivait à la hâte, sur un morceau de papyrus, ces deux mots : *cave et fuge*, et ordonnait à un de ses esclaves de porter ce billet au consul Pilumnus Sévérus.

L'esclave s'inclina respectueusement et montra le consul qui s'avançait vers la tribune.

L'empereur, par un mouvement de compassion, alla lui-même au-devant de Pilumnus.

« Prenez garde et fuyez, *cave et fuge !* L'impératrice a

juré votre perte ; fuyez ! » répéta-t-il rapidement et à voix basse.

Sévérus sourit.

« Je sais tout, dit-il froidement : un centurion, à la tête de trente soldats de la garde prétorienne, doit m'attendre au sortir du cirque, sous prétexte de m'emmener sur un vaisseau dans les Gaules ; une fois le prisonnier à bord, on relâchera dans le premier port romain qu'on rencontrera, et on m'assassinera secrètement. Votre Éternité a signé cet arrêt.

— J'ai obéi à celle qui tient ma propre destinée dans ses mains. Fuis donc, puisque tu connais le péril. »

Pilumnus sourit encore dédaigneusement.

« Pilumnus n'a jamais fui, répliqua-t-il avec mépris. Il est du devoir d'un consul de venir s'agenouiller devant l'impératrice. Permettez au consul de remplir son devoir. »

En achevant ces mots, Pilumnus monta paisiblement les gradins qui menaient à la partie de la tribune impériale réservée à Nonia Celsa.

La loge impériale était divisée en deux compartiments : l'un réservé à l'empereur, l'autre exclusivement affecté à l'impératrice et à ses femmes.

De loin, la maigreur de l'impératrice et son état de dépérissement perdaient de leur hideuse réalité. A force d'art, à force de blanc et de rouge, les ornatrices étaient parvenues à lui faire une figure factice qui ne manquait pas de majesté et d'effet. Son médecin grec se tenait caché derrière un voile de pourpre à travers lequel, grâce à deux ouvertures savamment ménagées, il pouvait surveiller l'impératrice, et venir sur-le-champ à son aide s'il lui advenait un de ces évanouissements qui la frappaient tout à coup.

Lorsqu'elle entendit résonner sur les marches de sa tribune les faisceaux des licteurs qui précédaient le consul elle tressaillit, et, malgré les couleurs factices qui couvraient son visage, Cléophantès vit ses traits se contracter. Il prit dans son sein un flacon et l'entr'ouvrit, prêt à s'en servir si les symptômes qu'il remarquait chez Nonia Celsa devenaient plus alarmants. Pilumnus s'avança sans trouble, sans agitation, et s'acquitta des devoirs de l'étiquette avec une grâce extrême.

L'impératrice lui offrit sa main à baiser ; il l'effleura de ses lèvres et murmura à voix basse et de manière que Nonia Celsa pût seule l'entendre, ces mots qui composaient, on le sait, la formule prononcée par les gladiateurs descendant dans l'arène : *Moriturus te salutat.*

Les yeux de l'impératrice flamboyèrent à ces paroles et elle se redressa par un mouvement de surprise et de colère.

« Un mot de moi fera révoquer cet arrêt funeste, reprit avec sérénité le consul. Non-seulement Votre Éternité va me confirmer mon titre de consul, mais encore elle m'accordera deux millions de sesterces pour racheter le patrimoine des Pilumnus que j'ai quelque peu compromis par les dissipations de ma jeunesse.

— Mettez trêve à ces misérables bouffonneries ! répliqua l'impératrice révoltée de tant d'impudence ; sortez, ou je vous fais chasser ! »

Au lieu d'obéir, il se pencha vers elle et lui murmura quelques mots à l'oreille.

Cléophantès accourut aussitôt, car l'impératrice était tombée sans connaissance. Il avança le flacon pour le faire respirer à l'impératrice; Pilumnus s'en empara et donna des soins à Nonia Celsa de manière que personne dans le cirque ne pût s'apercevoir qu'elle était évanouie. Quand elle se ranima, son premier regard fut pour le consul.

« A toi le consulat à vie ! A toi les deux millions de sésterces si tu m'as dit vrai, reprit-elle. Tiens, voici un anneau qui te donnera entrée dans mon palais à toute heure. Quant à l'arrêt porté contre toi, va le déchirer toi-même dans les mains du centurion qui en est le porteur. La vue de cet anneau suffira pour qu'il obéisse. Je t'attends après les jeux du cirque. »

Pilumnus sortit de la tribune impériale. Quintus Olivius l'attendait avec anxiété à la porte extérieure. Sans rien dire à son ami, le consul lui prit la main et marcha droit à la loge réservée au sénat et aux consuls. Déjà les abords en étaient envahis par un corps nombreux de gardes prétoriennes. Le centurion, l'épée à la main, s'avança vers Pilumnus; celui-ci présenta l'anneau qu'il avait reçu de Nonia Celsa; le centurion s'inclina, Pilumnus lui prit des mains le décret impérial, le déchira, et, se tournant vers Quintus Olivius stupéfait :

« L'impératrice vient de me promettre deux millions de sesterces pour payer les dettes que j'ai contractées dans ma jeunesse.

— Tu es fou ou tu es magicien, répondit Olivius.

— Ni l'un ni l'autre, mon ami ; je suis un homme de force et d'intelligence, voilà tout. Écoute :

« Tu as été fidèle et dévoué pour moi, c'est chose rare à l'époque de corruption où nous vivons. Que veux-tu? Que désires-tu? Parle, et, si je ne puis accomplir aujourd'hui tes vœux d'ambition, même les plus impossibles en apparence, bientôt, demain, tout à l'heure peut-être, il me sera facile de les satisfaire. Parle, Quintus Olivius. Toi, qui pour moi as exposé ta vie, toi qui pour moi as bravé l'empereur, quand la délation est en honneur à Rome, quand la trahison et la lâcheté sont les seules vertus du sénat, dis un mot, forme un désir, et je l'accomplirai.

— Je ne désire qu'une chose, illustre consul.

— Laquelle?

— Que vous oubliiez le service que je vous ai rendu.

— Pourquoi cela?

— C'est que le service qu'on a rendu à un ami devient pour lui une insulte quand cet ami arrive à la puissance. »

Le consul Sévérus, car désormais Pilumnus ne voulait point qu'on lui donnât d'autre nom, rentra dans sa tribune, qui se trouvait à côté de celle de l'empereur. Quintus Olivius, qui le suivait du regard, le vit aussi calme et aussi paisible qu'aucun des autres spectateurs. Il se pencha sur le balcon de la loge pour jouir plus librement du spectacle offert à sa vue et embrasser d'un coup d'œil la magnificence et le mouvement que présentaient la salle et les quarante mille spectateurs réunis sur les gradins.

Deux portiques décoraient le théâtre : l'un sur la façade et l'autre derrière la scène. Cette dernière entrée servait au chorége et au peuple : au chorége, pour y ranger le chœur avant de le faire paraître ; au peuple, pour s'abriter dans le cas où un orage subit viendrait interrompre la représentation.

, De belles statues, œuvre des plus habiles artistes, animaient l'architecture de ce monument. Parmi ces chefs-d'œuvre on admirait autour du théâtre les quatorze nations, ouvrage précieux dû au ciseau de Coponius; plus loin, sur une porte de marbre, s'élevait la statue de Pompée, celle au pied de laquelle tomba Jules César, et qu'Auguste fit enlever de la curie où elle se trouvait.

La forme intérieure du théâtre était celle d'un hémicycle parfait, autour duquel se courbaient des gradins hauts d'un pied et d'une palme au moins. Ils se trouvaient espacés de deux pieds environ. De sept en sept, il y avait un gradin plus large que les autres et formant un palier que l'on nommait *præcinctio*; il servait à circuler. Les *præcinctiones*, dans lesquelles on pénétrait par de larges portes appelées *vomitoires*, communiquaient entre elles au moyen d'escaliers distancés également, et qui, tracés comme des rayons, correspondaient au point central de l'hémicycle. Elles se divisaient en sept grandes sections, dont chacune, affectant la forme d'un coin, en avait reçu le nom de *cuneus*.

A la hauteur de la seconde præcinction, ces grands *cunei* étaient eux-mêmes subdivisés en deux par de nouvelles montées, qui doublaient les moyens de circulation dans les parties les plus larges.

Derrière les gradins supérieurs se trouvait un portique couvert, élevé dans le double but de couronner dignement l'édifice, et de servir, suivant les lois de l'acoustique, à empêcher la voix des acteurs de se perdre dehors.

Les gradins inférieurs ne descendaient pas jusqu'au sol; ils commençaient sur un soubassement ou *podium*, haut de cinq pieds environ, qui entourait la partie restée libre au milieu de l'hémicycle entre le théâtre et l'avant-scène, et qu'on appelait l'orchestre. Le théâtre, proprement dit, était toute la partie réservée aux spectateurs. Son nom lui venait d'un mot grec signifiant *regarder*. On le désignait aussi quelquefois sous le nom de *cavea*.

On arrivait à l'orchestre par des portes situées aux ailes de l'hémicyle; et aux diverses præcincions par des communications extérieures.

Juste à la ligne diamétrale de l'hémicycle commençait le *proscœnium* ou avant-scène, lieu où les acteurs jouaient leurs rôles. Le Proscœnium, ou *Pulpitum*, était élevé, afin de faciliter la vue des jeux aux spectateurs de l'orchestre; mais son élévation ne surpassait pas celle du *Podium*, avec lequel il se profilait. A chacune de ses extrémités latérales, du côté du théâtre, se trouvaient placés deux petits autels; l'un, celui de gauche, toujours consacré à la divinité en l'honneur de laquelle se donnaient les jeux; et l'autre, tantôt à Bacchus, quand on représentait une tragédie; tantôt à Apollon, quand on jouait une comédie.

Le Proscœnium, peu profond, se trouvait borné, dans toute sa largeur, par la haute muraille de la scène. Cette muraille, dans la partie supérieure, se raccordait avec le portique qui couronnait le théâtre, formait une construction solide, composée de plusieurs ordres d'architecture superposés, décorée de colonnes, de frontons, de niches, de statues, enfin de toutes les richesses de l'art architec-

Ionique. Elle était percée de trois portes que, les jours de représentation, l'on décorait de guirlandes et de riches draperies.

Dans la *grande scène* solide, la porte du milieu se nommait *Porte Royale*; la plus ornée, elle servait toujours d'entrée au héros de la pièce; les deux autres restaient réservées pour les étrangers. En avant de cette muraille de fond, à droite et à gauche, s'élevaient des retours en saillie, formant deux autres entrées dont l'une était censée venir du forum, et l'autre de la campagne.

En arrière de chacune de ces trois portes s'élevaient des espèces de colonnes triangulaires, tournant sur elles-mêmes, et décorées différemment sur chaque face, afin de servir aux trois genres de décorations qui diversifiaient tour à tour la scène; car il y avait une décoration particulière à la tragédie, et une autre à la comédie. Celle-ci représentait des maisons, des rues, une place publique; la décoration affectée aux satyres offrait l'aspect de forêts, de grottes, de montagnes, de sites agrestes et de jardins. Pendant longtemps, les ornements scéniques ne se composèrent que de simples châssis qui n'étaient pas même coloriés. L'an 654, Claudius Pulcher orna la scène de peintures, exécutées avec tant de vérité, que, dit-on, des corbeaux, trompés par le talent de l'artiste, s'abattirent sur l'image d'une maison qui n'offrait en réalité que la surface plane d'un rideau.

Trente ans après Pulcher, C. Antonius fit voir une décoration d'argent; Petreius, une d'or; Q. Catulus, une d'ivoire. Dans ce temps-là on empruntait à ses amis les objets d'art précieux qu'ils possédaient pour en décorer la scène pendant les jeux ; on variait même cette décoration en multipliant les emprunts de manière à borner à un jour ou deux leur exhibition.

Plus tard on ne se contenta plus d'orner la scène de décorations magnifiques et de les varier d'un jour à l'autre ; on voulut qu'elles changeassent souvent dans la même pièce et que ces changements s'opérassent à la vue même des spectateurs. On devait aux Lucullus cette invention extraordinaire, qui datait des jeux de leur édilité. Rien de plus surprenant que ces décorations immenses, formées de plusieurs pièces et franchissant un grand intervalle, soit pour se rapprocher, soit pour s'entr'ouvir, soit pour s'abaisser par des progrès insensibles, après s'être élevées fort haut. Les manœuvres s'exécutaient hors de la vue des spectateurs, et étaient facilitées par des contre-poids qui aidaient les immenses tableaux à monter ou à descendre : un chef, nommé *général* des travaux du théâtre, dirigeait tous les mouvements.

Les changements à vue étaient de deux sortes ; il y avait le *versilis*, changement complet et instantané de toutes les décorations ; et le *ductilis*, changement où les décorations étaient seulement poussées de droite et de gauche.

On exécutait aussi des vols aériens, et les dieux et les héros, transportés à l'aide d'une machine appelée *Pegma*, ou enlevés d'une manière invisible par une autre machine nommée *Grus*, se produisaient par le proscœnium avec tout le prestige de divinités véritables. Enfin, les rideaux de fond se déroulaient de bas en haut, et sortaient de dessous le plancher de la scène.

Cependant la foule s'agitait et demandait, en faisant

claquer ses doigts les uns contre les autres, qu'on commençât les pièces. Les *désignateurs*, chargés de placer les spectateurs et de maintenir l'ordre parmi eux, commençaient à ne plus pouvoir contenir l'expression du mécontentement général. En vain ils levaient leur baguette blanche, et s'en servaient pour désigner les plus turbulents; ceux-ci, loin de paraître sensibles à la honte d'une réprimande publique, n'en devenaient que plus tapageurs. Les rayons du soleil en son midi, néanmoins, ne pouvaient incommoder en rien cette immense réunion de citoyens et motiver leur importunité. Une immense voile tendue par des câbles, et arrêtée à des mâts implantés sur le pourtour du couronnement de l'édifice, empêchait la chaleur d'arriver trop vivement jusqu'aux spectateurs. Cette voile était de soie azurée et parsemée d'étoiles d'or. Au milieu, on admirait un tableau brodé à l'aiguille, et qui représentait, au moyen de laines de toutes les couleurs, Macrin dirigeant un quadrige.

Des soldats de marine, à l'aide de machines ingénieuses, agitaient doucement cette voile et la manœuvraient de manière à ce qu'elle produisît l'effet d'un gigantesque éventail. Enfin, des enfants, élevés dans l'art difficile des acrobates, tenaient à la main des arrosoirs d'or à large tête, et courant sur des cordes tendues d'un bout à l'autre du cirque, ou se balançant sur des fils de fer qu'on apercevait à peine, arrosaient les spectateurs d'une eau parfumée, teinte de rose et qui, lancée de si haut, arrivait sur eux comme un léger brouillard. Cette vapeur rafraîchissante se composait d'une infusion de safran de Silésie à laquelle on mélangeait du baume.

Tout à coup les instruments de musique commencèrent à jouer et on entendit gronder un tonnerre factice produit au moyen de cailloux, renfermés dans des vases d'airain qu'on faisait rouler derrière la scène, sous le plancher. C'est à Clodius Pulcher qu'on devait encore cette invention.

Alors les crieurs publics se levèrent pour réclamer le silence, et toutes les voix qui échangeaient des paroles impatientes, tous les doigts qui claquaient avec un bruit semblable à la grêle, se turent peu à peu, et s'apaisèrent comme un orage qui s'éloigne. Quand on n'entendit plus que le bruit du tonnerre et de l'orchestre, un voile suspendu entre les spectateurs et la scène, s'abaissa tout à coup et disparut, entraîné par des machines invisibles.

Ce rideau laissa à découvert un acteur vêtu d'un riche costume grec et qui salua le public à trois reprises différentes. Monté sur des échasses enveloppées de fausses jambes, les bras allongés par de longues manches au bout desquelles se mouvaient des gantelets, le visage recouvert d'un large masque à bouche béante, quoique sa stature atteignît presque le double de la taille humaine, perdue au milieu de l'immensité de la scène, il semblait petit aux spectateurs. Les saluts terminés, il commença un discours en vers dans lequel il raconta qu'il se nommait le Prologue, et qu'on allait représenter le *Siége de Troie*. Il fit ensuite une courte analyse de la pièce, salua de nouveau, et rentra dans la coulisse.

Aussitôt commença le *Siége de Troie.*

C'était une pantomime dans laquelle les acteurs s'exprimaient par des gestes, au bruit d'une musique, tour à tour dramatique ou douce, suivant l'action de la scène qu'on jouait. Pour exprimer les divers sentiments que les péripéties de la pièce devaient produire sur eux, avec une adresse extrême et en détournant un peu la tête, ils changeaient de masque sans qu'on pût s'en apercevoir. C'était un perfectionnement, mis en œuvre pour la première fois, et qui remplaçait la vieille méthode usitée jusque-là. Cette méthode consistait à peindre l'expression de la douleur sur un profil du masque et sur l'autre la joie. Le masque changeait de côté, selon les exigences de la fable.

On n'avait rien négligé pour rendre avec fidélité les événements principaux du drame chanté par Homère. On reproduisit donc avec fidélité le vieux Priam, le vaillant Hector, Andromaque, Hélène, Pâris, les remparts de Troie, le camp des Grecs et la tente de Ménélas. Mais ce qui produisit le plus d'impression sur les spectateurs, ce fut l'arrivée d'un gigantesque cheval de bois. A la surprise et à l'enthousiasme général, on vit la machine s'avancer sur la scène et y demeurer immobile un quart d'heure; tandis que les Troyens entouraient cette étrange figure et que Laocoon frappait de son javelot les flancs sonores du colosse. Tout à coup des serpents façonnés avec un art infini vinrent enlacer de leurs nœuds la victime de la fatalité, et, dans leurs étreintes, l'étouffèrent avec ses deux fils.

Enfin, les Troyens, après avoir abattu un pan de leurs murailles, introduisirent le cheval de bois dans le sein de la ville et se retirèrent pour se livrer au sommeil. Alors, on vit les flancs du montre s'ouvrir, et trois mille soldats sortirent un à un de la machine de guerre. Ils vinrent se ranger sur le Proscœnium. Le peuple les comptait un à un, et battait des mains; ce fait, renouvelé plusieurs fois sur les théâtres de Rome, est attesté par Cicéron lui-même, dans ses *Epîtres familières;* livre VII.

A la fin de la pièce, six cents mulets chargés des dépouilles de la ville détruite défilèrent sur la scène.

Pendant ce temps, Catulus et sa mère, accompagnés de Calpurnia et de Leucothoée, avaient pris place parmi les spectateurs dans la partie de la salle où Quintus Olivius les avait amenés, en leur montrant l'anneau d'or de Sévérus.

Catulus et Mamurtia détournèrent la tête sans affectation pour se livrer à des pensées plus graves et à des méditations moins frivoles. Calpurnia n'était occupée que de sa fille et ne voyait qu'elle. Celle-ci ne tarda point à se laisser saisir par l'intérêt du spectacle qui s'offrait, pour la première fois, à ses yeux. Elle s'extasiait avec naïveté devant la pompe déployée sur la scène, et elle était tentée de prendre, pour une réalité, les fictions brillantes de ces événements héroïques. Lorsqu'elle vit les Grecs escalader les murs de Troie, s'emparer de la ville, la livrer au pillage et y jeter partout le meurtre et l'incendie, égorgeant les pères sous les yeux de leurs enfants, et condamnant à l'esclavage les jeunes filles et les femmes, ses yeux s'emplirent de larmes, car elle se rappela sa patrie et les malheurs de même nature qui l'avaient naguère frappée elle-même. Tandis qu'elle subissait les prestiges de ces souvenirs et de ces illusions, elle vit tout à coup les acteurs interrompre la scène qu'ils représentaient et se tourner vers la partie de l'amphithéâtre qu'elle occupait avec sa mère et ses amis. Un murmure de surprise et d'effroi s'éleva parmi les spectateurs du Cirque qui regardaient dans la même direction que les acteurs. Enfin, plus prompt que l'éclair, un centurion s'élança vers Leucothoée, l'épée au poing. Par un mouvement instinctif d'effroi, celle-ci porta les mains sur sa poitrine, comme pour la protéger contre le tranchant du fer, tandis que Calpurnia se hâtait de jeter un manteau sur les épaules de sa fille.

La jeune Numidienne comprit alors la cause de tant d'émotion et de tant de surprise parmi les spectateurs.

Macrin, dont la loge impériale se trouvait en face de la partie de l'amphithéâtre où Leucothoée était venue prendre place, n'avait point vu, sans un sentiment d'inquiétude, sa fille s'exposer ainsi aux regards du peuple et surtout de l'impératrice. Il avait compris que Sévérus l'avait fait venir au Cirque dans quelque but de vengeance, et les craintes les plus vives s'emparèrent surtout de son âme lorsqu'il aperçut, caché près de Leucothoée, l'esclave noir du consul. Tandis qu'il tenait ses regards fixés sur son enfant, tout à coup il aperçut la tête d'un serpent se dresser près du visage de Leucothoée, et le reptile entourer de ses nœuds le cou de la jeune fille.

Le premier mouvement de Macrin fut de jeter un cri et d'étendre la main avec effroi vers Leucothoée. Il en fallait moins à Rome pour que tous les yeux se fixassent à l'instant sur la jeune fille que l'empereur désignait avec tant de trouble.

La vue du spectacle étrange qu'on aperçut alors, n'était point de nature à rendre moins vives l'attention et la curiosité générales. Cette attention et cette curiosité s'accrurent bien plus encore, lorsque, prompt comme l'éclair, un soldat s'élança, son cimeterre au poing, pour abattre la tête du serpent, et qu'on vit la jeune fille défendre le reptile, le couvrir de ses bras et le cacher dans son sein. Les uns criaient au prodige, et demandaient qu'on fit aussitôt un sacrifice à Esculape, qui apparaissait, sous sa forme favorite, au peuple romain ; les autres accusaient cette jeune fille, au teint bronzé, de venir exercer ses maléfices dans la ville sacrée, et lui jetaient les noms de sorcière et de strige à travers des malédictions. L'impératrice elle-même sortit de l'accablement profond que lui causait la fatigue du spectacle, pour s'informer de l'événement qui causait tant de bruit dans le cirque. Elle voulut qu'on amenât devant elle la jeune fille et le serpent. En vain, profitant du trouble et du mouvement qui se faisait autour des deux étrangères, Catulus avait voulu leur faire quitter le Cirque, et les soustraire au dangereux honneur qui les menaçait. Le nègre muet de Sévérus lui barra le passage, et il fallut obéir à l'ordre de l'impératrice.

V

SÉVÉRUS

Tandis que le centurion emmenait Leucothoée et sa mère vers la tribune impériale :

« Mon Dieu, murmurèrent Mamurtia et Catulus en s'u-
nissant dans la même prière, mon Dieu ! mettez sur les
lèvres de cette enfant la sagesse et la prudence. Protégez-
la, comme jadis vous avez protégé l'orphelin Joas en
face de la cruelle Athalie. »

Ils suivirent les deux femmes et ne les quittèrent qu'à
l'entrée de la tribune impériale ; les gardes prétoriennes
les empêchèrent d'aller plus loin.

La mère et la fille furent introduites devant Nonia
Celsa. Pendant qu'elles se prosternaient aux pieds de
l'impératrice, suivant le cérémonial prescrit, et qu'elles
osaient à peine lever les yeux sur cette femme redoutée,
la mourante, par un des efforts surhumains qu'elle devait à l'énergie de son âme, se leva sur son lit et parvint
à demander d'une voix ferme:

« Tu es donc une psylle, jeune fille ? »

Leucothoée fit entendre par ses gestes qu'elle ne comprenait point la langue que lui parlait l'impératrice.

Celle-ci se tourna vers le médecin grec :

« Tu es un savant philosophe et tu dois connaître toutes les langues, dit-elle avec son ironie habituelle :
interroge-les ! »

Le médecin obéit et eut recours à la langue numidienne.

Leucothoée lui répondit aussitôt, et le médecin servit
d'interprète entre Nonia Celsa et la jeune fille.

« Tu es donc une psylle ? répéta l'impératrice.

— Que Votre Éternité daigne permettre à son humble
esclave de lui déclarer le contraire, répondit Leucothoée.

— Comment es-tu parvenue à rendre familier ce serpent, et à conjurer la violence de son venin ?

— Ce serpent n'est point venimeux. Dans l'Afrique, ma patrie, toutes les jeunes filles portent autour de leur cou de semblables couleuvres dont la fraîcheur sert à tempérer l'ardeur du soleil qui brûle leurs épaules et leur poitrine.

— Montre-moi ton serpent ! »

Leucothoée fit entendre un léger sifflement et prononça le nom de Psylla. Aussitôt la tête d'or de la couleuvre sortit de la tunique de la jeune fille, fit briller ses yeux de feu à droite et à gauche, et darda deux ou trois fois sa langue noire et fourchue. Il s'allongea ensuite, effleura les lèvres de sa maîtresse, et, enhardi par le baiser qu'elle lui rendit et par les paroles qu'elle murmurait, il déroula les beaux anneaux de son corps souple, et se noua lentement, comme un immense collier, autour du cou de l'Africaine.

« Je veux t'acheter ton serpent, dit Nonia. Le contact frais de cette bandelette vivante rendra peut-être moins ardent le cercle de fer dont la fièvre enserre mon front. Donne-moi cette couleuvre.

— Que Votre Éternité daigne m'écouter, répliqua d'une voix tremblante Leucothoée : ce serpent m'a suivi au péril de sa vie et avec une fidélité sans exemple, depuis les rivages de l'Afrique jusqu'à Rome ; il mourrait de chagrin, s'il se séparait de moi. Dans les campagnes qui entourent Rome, des couleuvres, semblables à la mienne, abondent de toutes parts. Quelques jours suffiront pour que j'en dresse une qui se montrera aussi familière pour Votre Éternité que Psylla l'est pour moi.

— Depuis quand un désir de l'impératrice n'est-il point un ordre pour une créature de ton espèce? s'écria une des femmes qui entouraient Nonia Celsa. »

Elle voulut saisir le serpent et l'arracher à Leucothoée: Psylla recula vivement la tête, et par un mouvement rapide, comme la pensée, la ramena en avant pour mordre le bras de l'imprudente qui jeta un cri de terreur. Calpurnia se hâta de porter à ses lèvres la légère blessure qui avait couvert de quelques gouttes de sang le bras de l'esclave.

« La morsure de Psylla n'a rien de dangereux, dit-elle, en voici la preuve ! »

Et elle fit signe au médecin de traduire ces paroles.

Nonia Celsa jeta sur l'esclave un de ces regards froids et ternes qui lui étaient particuliers.

« Que l'on frappe de verges cette créature qui agit sans avoir reçu mes ordres. On l'enverra ensuite dans l'une de mes villas pour l'y astreindre aux travaux les plus pénibles. Je n'en veux plus près de moi.

« Jeune fille, reprit-elle après avoir donné cet ordre, quel est ton nom et ton pays ?

— Je me nomme Leucothoée et voici ma mère Calpurnia. Nous venons d'Afrique, où nous avons été faites prisonnières par les troupes romaines ; on nous a vendues comme esclaves sur le marché public et nos maîtres nous ont affranchies.

— Quels étaient ces maîtres ?

— Le mien se nomme Catulus, et celui de ma mère Lucius Pilumnus. »

A ce dernier nom Nonia Celsa releva la tête.

« Et ton père? continua-t-elle après un moment de silence.

— Mon père est un gladiateur.

— Eh bien! dit-elle, viens habiter mon palais avec moi. Tu seras ma favorite; j'affranchirai ton père: s'il est brave, je lui donnerai un emploi dans les armées romaines; je le ferai centurion et il ne tiendra qu'à lui de monter d'autres échelons de la fortune. Je suis lasse de rester entourée d'esclaves serviles. Ta jeunesse et ta candeur me plaisent; et puis tu es la seule qui, depuis vingt-ans, ait su conserver un peu de volonté devant moi et qui n'ait point tout sacrifié au moindre de mes caprices. Par le moyen que je t'offre, ton serpent m'appartiendra sans te quitter... Eh quoi! tu hésites?... Ta mère te suivra. Caprice ou affection, peu m'importe! Je veux t'attacher à ma personne. Dispose-toi à me suivre et donne-moi ce serpent. »

Leucothoée, tremblante, obéit, détacha le serpent qui entourait son cou et le plaça sur les épaules de l'impératrice, en le surveillant de l'œil et en le dirigeant du geste. Psylla, quoique à regret, obéit, fit glisser ses replis sur la poitrine peinte de Nonia et approcha de ses lèvres sa tête brillante. Aussitôt le peuple, qui suivait avec anxiété tous les mouvements de l'impératrice, et qui attendait avec impatience l'issue de cette conférence, applaudit de toutes parts et salua Nonia Celsa des acclamations les plus flatteuses.

« Esculape est venu sur la terre pour rendre la santé à l'impératrice! disait-on. Comme autrefois dans Épidaure, il se montre aux regards des mortels sous la forme d'un

serpent. Salut à l'éternelle impératrice! salut au divin
Esculape! »

Nonia Celsa fit signe à Leucothoée de la soutenir et
s'avança sur le balcon de la tribune pour saluer les spectateurs. L'enthousiasme ne connut plus alors de bornes,
et pour beaucoup de témoins de cette scène, la réalité
d'un miracle parut incontestable.

Chacun s'élança du théâtre près de la porte de la tribune
impériale et les gardes prétoriennes eurent beaucoup de
peine à contenir trente ou quarante mille citoyens qui se
pressaient pour voir l'impératrice et le dieu Esculape.
Nonia Celsa, charmée de voir réussir au delà de ses
espérances la comédie qu'elle improvisait, ordonna qu'on
ouvrît les rideaux de sa litière et voulut que Leucothoée
s'y plaçât près d'elle. Ce fut au milieu d'une véritable
pompe triomphale que la jeune Africaine fit son entrée
dans le palais de l'impératrice. Étourdie de tant de tumulte, ne comprenant rien aux acclamations de ce peuple qui naguère la menaçait, elle ne quittait point des
yeux Calpurnia qu'elle apercevait parmi les vestales et les
plus grandes dames romaines qui suivaient la litière impériale.

Cependant Macrin, dans une anxiété facile à comprendre, attendait les résultats de cette entrevue entre sa fille
et sa femme. Deux fois, il eut la pensée de se rendre
dans la tribune impériale et deux fois il s'arrêta au
moment de mettre à exécution cette pensée, par la crainte
d'exposer les deux infortunées à la vengeance de l'impératrice. Comme tous les caractères faibles et dominés par
une volonté étrangère, il préféra s'en rapporter aux chan-

ces du hasard que de lutter courageusement contre le péril et de chercher à le conjurer en le combattant en face. Quand il vit Leucothoée se placer dans la litière de l'impératrice, il respira plus à l'aise et il chercha autour de lui quelqu'un qu'il pût interroger et duquel il apprît le mot de l'énigme qui le préoccupait. La première personne que rencontrèrent ses yeux fut le consul Sévérus qui se pencha vers lui, dans le but apparent de lui rendre les honneurs dus à son rang, mais qui profita de ce mouvement pour répéter à l'empereur les paroles que celui-ci lui avait dites une heure auparavant : *Cave et fuge* (prenez garde et fuyez).

Et comme l'empereur le regardait avec effroi :

« Votre destinée est entre mes mains. Leucothoée et sa mère se trouvent, par moi, livrées à Nonia Celsa qui ignore cependant quels liens vous attachent à ces deux femmes. D'un mot je puis vous perdre tous les trois ! d'un mot je puis vous sauver ! Quel prix mettez-vous à mon silence, vous qui m'avez lâchement abandonné à la première ombre de péril obscurcissant ma fortune? Vous qui avez signé mon arrêt de mort et qui vous êtes contenté de me dire les paroles que je vous répète maintenant : *Cave et fuge.*

— Ainsi, vous allez me perdre? vous allez perdre une jeune fille, sans pitié, sans remords?

— Aviez-vous des remords, sentiez-vous de la pitié en signant l'arrêt qui me condamnait? et qu'importent une jeune fille et une vieille femme, quand on poursuit le but auquel je veux atteindre!

— Quel est donc ce but?

— La couronne impériale !

— La couronne impériale !

— Oui, je veux être empereur ! Mais pas un empereur comme vous, esclave d'une femme et tremblant devant le consul Sévérus, qui n'était encore hier que le débauché Pilumnus. Je veux être maître du monde, régner en liberté, ne reconnaitre d'autre volonté que la mienne et léguer à l'avenir un nom respecté et admiré. Il faut que je saisisse, dès ce soir, le pouvoir et que je règne ou sous votre nom ou sous celui de l'impératrice. Dites-moi vos conditions ; tout à l'heure elle me dira les siennes : à égales enchères, je vous donnerai la préférence. Vous ne tenez pas à voir vous succéder ce fils imbécile de votre femme, ce Diaduménius qu'elle aime. Sans cet obstacle je la préférerais pour alliée ; tout se passerait bien plus facilement avec elle. Je lui dirais tout bonnement : « Ma-
« crin, votre époux, a retrouvé sa femme et sa fille, et
« vous les tenez tous les trois entre vos mains. » Un peu de poison pour vous, et des tortures, des supplices pour les deux autres, et tout serait fini. Nonia Celsa est familière avec de semblables moyens. Vous, au contraire, vous avez des scrupules ; le sang vous répugne, vous signez, à la rigueur, un arrêt de mort, mais vous ne sauriez point le voir exécuter sous vos yeux ! Et puis l'impératrice vous fait peur. Ah ! sans Diaduménius, demain le peuple romain vous placerait au rang des dieux, et je deviendrais l'heureux époux de Nonia Celsa. Voyons, qu'arrêtons-nous ? Que décidons-nous ?

— Tout, pour sauver Leucothoée et sa mère ! Tout ; excepté des crimes !

« — Votre Éternité est digne de mon esclave l'ex-centurion Catulus, ricana le consul. Seriez-vous chrétien comme lui et comme les deux Africaines? Eh bien, soit! Formons encore un pacte d'alliance. Malheur à vous cette fois, si vous n'êtes point un allié fidèle! »

En achevant ces mots il se prosterna brusquement, s'acquitta du cérémonial prescrit lorsqu'on prenait congé de l'empereur, et s'éloigna sans que Macrin pût prolonger l'entretien.

Que l'on n'accuse point d'exagération ce récit; qu'on ne s'étonne point de l'arrogance de Sévérus et de l'humble soumission de l'empereur devant le consul. Déjà, depuis longtemps, le trône impérial, à Rome, ressemblait à cette royauté du bœuf Apis dont le terme fixé aboutissait à une mort sanglante et prochaine. Le pouvoir usurpé par Jules César, conquis par Auguste, accru jusqu'à la tyrannie par Tibère, souillé par Caligula, avili par Claude, ensanglanté par Néron, avait à peine trouvé dans Galba et dans Othon des mains moins impures. Puis étaient arrivés le rusé Vespasien qui mourut en avouant que sa vie n'avait été qu'une comédie habilement jouée; Titus qui régna trois années à peine; Domitien, pour qui régner, c'était frapper; Nerva trop faible pour faire le bien; Trajan, Adrien, Titus, Antonius, Marc-Aurèle, qui s'efforcèrent en vain de régénérer par la clémence et par la justice une puissance déjà à demi brisée, et dont Commode, Didius, Pertinax et Caracalla avaient accru encore la fragilité. Le peuple et l'armée faisaient et défaisaient des empereurs en quelques jours. Un coup de poignard, une

coupe de poison, le premier venu sorti de la foule et se
sentant un peu d'audace suffisait pour abattre le colosse
devant lequel tout se prosternait. Pertinax avait été assassiné par les prétoriens après un règne de deux mois et
vingt-huit jours, Sévère seul, échappé au sort commun,
était mort paisiblement après un règne de treize ans. Mais
Caracalla, après six années d'une domination orageuse
avait succombé à la mort violente qui semblait réservée
à tous ceux qui acceptaient le titre fatal d'empereur. Témoins César, Caligula, Claude, Néron, Galba, Othon, Vitellius, Domitianus, Commode, Pertinax, Julianus et Caracalla.

Macrin le comprenait ; quoique d'un caractère doux et
ami du bien, quoique porté à la clémence, il ne se sentait point la force de porter dignement un sceptre que
l'ambition de Nonia Celsa avait jeté, malgré lui, dans ses
mains. Il manquait de l'énergie nécessaire pour conjurer
les périls et commander aux événements. Comme l'a dit
un de ses historiens : « Il ne voulait assez fermement ni le
bien ni le mal. » L'indécision de son caractère ne lui permettait jamais de saisir les longs cheveux que la mytho-
logie païenne donne à la Fortune. Enfin la domination de
Nonia Celsa qui avait cherché un époux parmi les affranchis de son père, achevait d'ôter à Macrin le peu d'énergie que les misères de l'esclavage, l'éloignement du sol
natal, et les périls de sa femme et de sa fille laissaient à
son sang africain. En retrouvant ces deux créatures ai-
mées, son cœur s'était rouvert et attendri à toutes les
émotions de la famille, mais ces émotions n'avaient fait
que l'affaiblir encore. Naguère il avançait dans sa vie avec

l'insouciance d'un gladiateur que rien n'attache à une
existence stérile et pleine de fatigues et de douleur;
maintenant il redoutait la mort, car sa mort devait le séparer de Leucothoée et de Calpurnia, et peut-être entraîner leur perte.

On comprend donc comment le cynisme de Sévérus le
fascina et l'épouvanta. Entre Nonia Celsa et cet homme,
il ressentait une égale terreur. Pâle et se soutenant à peine,
il se traîna jusqu'à sa litière et rentra dans le palais impérial, comme un condamné marche à l'échafaud.

Il n'en était point de même du consul Sévérus ; précédé
de ses licteurs et entouré de toute la pompe qui caractérisait sa dignité, il sortit du cirque, traversa le Forum et
se dirigea lentement vers son palais, non sans s'arrêter,
chemin faisant, à diverses reprises, pour réprimander les
édiles et donner des ordres dictés dans l'intérêt des citoyens. Le peuple qui le suivait manifesta plusieurs fois
sa satisfaction par des applaudissements : ces applaudissements éclatèrent surtout quand on vit le consul ordon-
ner à ses licteurs de se joindre au cortége de deux vestales qui passaient près de lui. Il parut vivement ému,
se cacha le visage dans ses mains et s'écria :

« O ma jeunessse ! qu'avez-vous donc été pour que le
peuple romain m'applaudisse aujourd'hui, parce que je
remplis le plus simple des devoirs et que je m'astreins à
la plus vulgaire des convenances ! »

Ces paroles produisirent sur ceux qui les entendirent
une impression tellement grande, que la plupart des témoins de cette scène se rendirent à un temple voisin pour
y offrir un sacrifice aux dieux et les remercier du con-

sul que leur miséricorde venait d'accorder à la ville de Rome.

Sévérus entra enfin dans sa maison; une foule presque aussi nombreuse que celle qui l'accompagnait se trouvait amassée devant le portique. Le portier, secondé de quelques esclaves armés, avait beaucoup de peine à contenir et à empêcher d'avancer tous ces hommes qui répétaient : « Nous sommes les clients du consul ! »

A l'aspect de Sévérus, chacun se tut respectueusement et se rangea pour le laisser passer. Tous ouvrirent leurs rangs pressés et beaucoup d'entre eux se prosternèrent comme ils l'eussent fait devant l'empereur lui-même.

Le consul regarda d'un air irrité le portier et les esclaves qui interdisaient sa porte aux clients. Puis arrachant une hache des mains de l'un d'eux, il en coupa la chaîne qui tenait attaché le portier dans sa loge.

« Va-t'en ! lui dit-il en le frappant légèrement sur les joues, je t'affranchis ; le consul Sévérus n'a plus besoin d'esclave pour garder sa maison. Sa maison doit rester ouverte nuit et jour à tous les citoyens romains ; elle leur appartient. »

Un murmure de surprise et d'admiration accueillit ces paroles ; Sévérus reprit :

« Les affaires publiques m'ont retenu au palais impérial et au cirque depuis le lever de l'aurore. Je prie humblement mes clients de pardonner à leur patron la négligence de mes esclaves. Que chacun de vous veuille bien accepter pour *sportule* six deniers (4 fr. 96 c.). Chaque matin, tant qu'il me restera un quadran de l'héritage du vieux Pilumnus et de ses descendants, mes ancêtres, je serai heureux de donner ce faible témoignage de mon dévouement aux citoyens qui daignent se placer sous mon patronage. Et vous, ajouta-t-il en se tournant vers ses esclaves, le premier d'entre vous qui se permettra une raillerie envers mes clients, je le ferai mettre en croix. »

Pour bien comprendre l'impression que ces paroles durent produire sur ceux à qui elles s'adressaient, il faut se rappeler la situation des clients à Rome.

Romulus établit entre les patriciens et les plébéiens le patronage et les clients. Il voulut que ces derniers eussent le droit d'élection, afin de rendre bons et bienfaisants pour eux les *proceres* ou les nobles.

Peu à peu les citoyens infimes de la république se rangèrent sous le protectorat des hommes puissants : ils s'adressaient à eux dans les dangers, dans les chagrins, dans les épreuves de la misère; ils donnaient le pouvoir civil à leur patron, pour que ce patron, en échange, s'en servît en faveur de ceux qui le lui avaient procuré. De là, la dénomination des clients qui veut dire : *honorant* (colens) et de *patron* qui signifie *père* (pater).

De ce principe ne tardèrent point à découler une foule d'abus qui, sous les empereurs, atteignirent les dernières limites de la servilité et de l'opprobre.

Les clients se divisèrent en plusieurs catégories : les uns qu'on nommait *salutatores*, rendaient une visite chaque matin à leur patron, en recevaient le sportule ou *panolarium*; les *assestatores* les accompagnaient au forum dans l'exercice des fonctions publiques; les *deductores* les escortaient dans les rues; les *prosecutores* et les *enteambulones* marchaient devant ou derrière eux et ne les quittaient point de la journée. D'ordinaire les patrons traitaient avec un mépris outrageant ces citoyens romains qui ne vivaient que des aumônes qu'on leur jetait, et des restes de la table de leur protecteur quand les esclaves n'en voulaient plus. Plutôt que de recourir au travail, ces descendants abâtardis des vieux Romains préféraient subir les dédains des maîtres et les impertinences des esclaves et recevoir, chaque matin, cinquante quadrans ou un denier (trente à quarante centimes environ).

On peut donc juger de la surprise des clients de Sévérus quand ils entendirent centupler leur sportule et que le langage insolent dont Pilumnus, deux jours auparavant les accablait encore, se changea en paroles bienveillantes.

Sévérus ensuite salua tour à tour chacu d'eux par son nom, grâce au *nomenclateur*, esclave placé derrière lui et qui lui soufflait ce nom.

Il les congédia après cela en souriant, et leur demanda la grâce de se retirer dans sa bibliothèque où l'appelaient ses devoirs de consul.

Ce ne fut point dans sa bibliothèque, mais dans sa salle de bain qu'il se rendit. Là il jeta sa robe de consul avec un geste de dédain, et se livra en silence à ses esclaves. De temps à autre, un sourire plein d'orgueil entr'ouvrait ses lèvres et leur donnait une expression presque infernale d'ironie. Quand il sortit du bain, son esclave noir l'attendait. Il adressa quelques signes rapides à son maître.

« Qu'on introduise cet homme ! » dit-il nonchalamment.

Et il se laissa tomber sur un des lits de repos qui meublaient l'exèdre dans laquelle il venait d'entrer.

Le noir revint quelques instants après avec Catulus.

« Ah ! c'est vous, dit Sévérus avec négligence. Que me voulez-vous ? Je ne vous ai point fait appeler.

— Vous avez livré Leucothoée et sa mère a Nonia Celsa ?

— Et que t'importe, esclave ? Depuis quand te dois-je compte de mes actions, à toi dont la vie m'appartient ?

— Tuez-moi, mais ne vous servez point de moi pour commettre des trahisons et des crimes. »

Sévérus haussa les épaules.

« Aucun danger réel ne menace ces deux femmes, et tu pourras bientôt t'en convaincre toi-même. Puisque le hasard t'amène près de moi, tu seras l'instrument que je vais mettre en œuvre pour assurer leur salut. »

L'esclave noir vint les interrompre et présenta, en se prosternant, un rouleau de papyrus à son maître.

« L'impératrice me reproche de ne m'être point encore rendu près d'elle et m'attend avec impatience, dit-il. Je dois compter des chrétiens parmi mes esclaves. Choisis-en quatre desquels tu puisses me répondre comme de toi-même. Il s'agit de Leucothoée et de Calpurnia. Tu feras atteler ensuite à un char fermé six de mes meilleurs chevaux ; tu donneras l'ordre à trois de tes coréligion-naires de prendre immédiatement les devants et de faire disposer des relais sur la route qui conduit au port de Véies. Là un vaisseau attend mes ordres pour mettre à la voile ; je te dirai le reste plus tard. »

Il fit signe qu'on lui apportât sa robe consulaire, monta dans une litière fermée et ordonna qu'on le conduisît au palais impérial. Dès que les esclaves l'eurent aperçu de loin, ils s'empressèrent d'aider les porteurs de sa litière à

la monter jusque sous le portique, ce qui ne se faisait
jamais que pour l'empereur, et ils menèrent Sévérus dans
l'*œcus* ou boudoir de Nonia Celsa.

Nonia Celsa se tenait couchée sur un lit de pourpre.
Elle avait rejeté loin d'elle tout les ornements dont elle
s'était parée pour se montrer au cirque. Rien d'effrayant
comme cette femme, les cheveux en désordre et le visage
encore peint en parti de rouge et de blanc. La fièvre
donnait à son œil un caractère sinistre. Le médecin grec,
une fiole à la main, suivait avec anxiété les mouvements de
Nonia, tandis que Leucothoée faisait promener sur le
front de l'impératrice la couleuvre Psylla, qui semblait
n'obéir qu'à regret aux ordres de sa maîtresse. A quelques pas, Calpurnia se tenait debout, les yeux fixés sur
sa fille.

« Enfin dit l'impératrice avec une expression de colère
réprimée, enfin le consul Sévérus daigne se rendre à mes
ordres. Voici plus d'une heure que je l'attends !

—Que Votre Éternité me pardonne, répliqua-t-il, mais
elle connaîtra tout à l'heure le motif qui m'a fait me rendre sur le mont Aventin avant d'obéir à ses ordres.

—Trêve à ces excuses et à ces propos oiseux ! interrompit-elle. Consul Sévérus, vous m'avez dit tout à l'heure
pendant les jeux du cirque : « Macrin a retrouvé sa femme
« et sa fille : elles sont à Rome. » Prouvez-moi la vérité
de ce que vous m'avez dit. Où sont-elles? livrez-les-moi !

—A l'instant même et à une condition. Qu'un édit impérial, signé de votre main et de la main de Diaduménius,
me nomme au commandement absolu des armées qui se
trouvent en ce moment en Italie. Je veux assez de puis-

sance pour ne rien redouter du courroux de l'empereur.

— Je n'accepterai jamais de pareilles conditions, dit-elle.

— Vous ne saurez point mon secret, interrompit-il avec calme. A défaut d'une protectrice comme vous, je ferai cause commune avec l'empereur. »

Nonia Celsa se souleva sur son lit par un mouvement de rage ; elle retomba écumante et en proie à d'horribles convulsions. Tandis que les deux femmes lui donnaient des soins et s'efforçaient de la ranimer, le consul murmura quelques paroles rapides à Cléophantès, qui ne put réprimer un mouvement de joie et leva les yeux au ciel.

L'évanouissement de l'impératrice fut de courte durée; elle rouvrit les yeux, rappela ses esprits, et la tête penchée sur sa poitrine, elle médita pendant quelques minutes.

« Allons ! dit-elle, il faut te céder encore, habile ambitieux ! »

Elle frappa des mains et aussitôt un esclave parut.

« Qu'on m'amène mon secrétaire, et qu'on fasse retirer ces deux femmes, dit-elle en désignant Leucothoéc et sa mère.

— Que Votre Éternité daigne me permettre de lui faire observer que ces deux femmes doivent nous fournir tout à l'heure un renseignement utile.

— Ah ! fit Nonia avec colère ? Vous devenez par trop familier, consul ! J'ai parlé, qu'on m'obéisse! Ces femmes attendront mes ordres dans la pièce voisine. »

Et par un geste de la tête elle leur ordonna de sortir.

Elle fit écrire ensuite, sous la dictée de Sévérus, l'édit

qui le nommait au commandement en chef des troupes romaines en Italie, et ordonna qu'on portât cet édit à signer à Diaduménius.

« S'il est ivre, ajouta-t-elle, qu'on lui conduise la main. Maintenant, vas-tu parler, consul ? reprit-elle.

— Je n'ai point encore reçu le prix de mes révélations, » répondit-il avec un sang-froid plein de cynisme.

Il se fit un moment de silence terrible entre ces créatures qui résumaient si bien à elles deux les mœurs romaines, à cette époque de dégradation.

Le secrétaire ne tarda point à rapporter l'édit signé par Diaduménius, Nonia Celsa y apposa son seing, et jetant le rouleau de parchemin aux pieds de Sévérus :

« Te voilà payé, parle ! » dit-elle.

Il ramassa l'édit, en relut attentivement la teneur, s'assura qu'il n'y manquait rien, le plaça dans son sein et, montrant du doigt la porte par laquelle Leucothoée et sa mère étaient sorties :

« Là, dit-il, se trouvent celles que vous cherchez ! »

Elle porta la main à sa ceinture pour y chercher un poignard qu'elle y cachait, suivant les usages orientaux importés à Rome.

Elle n'eut pas la force de le tirer.

L'impératrice, malgré sa faiblesse, se souleva sur son lit.

« Va me chercher le plus actif de tes poisons, ordonnat-elle au médecin grec. Je veux avoir la joie de voir expirer ces femmes sous mes yeux et me rassasier de leurs tortures. »

Un sourire parut sur les lèvres de Sévérus.

Nonia Celsa le remarqua.

« Me tromperais-tu? dit-elle avec rage. Me livrerais-tu de misérables esclaves au lieu de ces deux femmes? Je suis folle de te croire! Comment Macrin, en effet, aurait-il laissé sa femme et sa fille assister aux jeux publics et s'exposer à mes regards?

— Votre Éternité fait injure à ma bonne foi. Je n'ai jamais ni trompé personne, ni manqué à un pacte conclu. Si un sourire m'échappe, c'est que je pensais Nonia Celsa plus raffinée en vengeance.

— Que veux-tu dire?

— Si j'avais les justes motifs de haine qui vous animent contre Macrin, je voudrais faire expirer, sous ses yeux, la mère et la fille. Dans cette pensée, je vous avais même apporté les moyens de donner à cette vengeance quelque chose d'inattendu et de piquant. Mais je juge mal de Votre Éternité et je me retire, puisque mes services ne lui semblent pas nécessaires.

—Reste et parle! murmura-t-elle. Qu'on fasse venir l'empereur! Il faut que je lui parle à l'instant. »

Elle reprit ensuite :

« Qu'as-tu inventé? dis. »

Il tira de dessous son manteau consulaire un sac de mailles d'acier hermétiquement fermé.

« Ceci.

— Que contient ce sac? »

Elle porta la main sur le sac et la recula vivement avec un geste de terreur instinctive.

« Je te comprends! » dit-elle avec un regard sinistre.

Il retira doucement des mains de l'impératrice le sac de mailles d'acier.

« Que Votre Éternité, reprit-il, daigne me permettre de lui faire observer qu'avant de lui livrer cet objet, je compte encore imposer une condition à sa générosité.

— Laquelle? Parle et hâte-toi.

— J'ai promis à l'auguste empereur Macrin que ces deux femmes lui seraient rendues... vivantes. » Et il insista sur ce mot avec un sourire perfide.

Nonia Celsa répondit à ce sourire par un sourire plus affreux encore. « Tu as raison ! dit-elle, consul Sévérus. Mais que t'a donc fait l'empereur pour que tu veuilles te venger si cruellement de lui?

— Il m'a été un allié infidèle » répliqua Sévérus en appuyant sur ces deux derniers mots et en donnant à sa phrase une expression qui fit pâlir la pâle Nonia Celsa.

Elle enveloppa sa main dans les plis de son manteau, prit le sac d'acier, s'assura que le nœud qui le fermait pouvait se détacher facilement et se hâta de le cacher sous un de ses oreillers, car elle entendait les pas de l'empereur résonner sur les dalles de marbre du vesvestibule qui précédait l'*œcus*. Aussitôt, de sa main défaillante, elle souleva une draperie disposée derrière son lit de repos et fit signe à Sévérus de se cacher dans l'embrasure d'une porte habilement ménagée.

A peine avait-il obéi à l'impératrice que Macrin entra. Aucune émotion ne paraissait sur son visage, pas plus que dans les traits de Nonia Celsa ni dans ceux du médecin. A Rome, dans ces temps de tyrannie, la dissimulation était commune à tous. Les périls et les trahisons dans lesquels chacun vivait donnaient à chacun la triste faculté de cacher sa pensée et de réprimer jusqu'à la moindre apparence d'émotion intérieure. L'empereur, le sourire sur les lèvres, s'agenouilla devant le lit de l'impératrice. En ce moment Leucothoée, du seuil de la pièce voisine, leva les yeux et ne put réprimer un mouvement de surprise et de trouble. Son père, le gladiateur, se tenait là sous ses regards, vêtu de la pourpre impériale et le front ceint du diadème ; car les empereurs romains avaient emprunté à leurs conquêtes orientales l'usage de porter le bandeau sacré, en signe du pouvoir suprême. Un cri allait s'échapper de ses lèvres, mais sa mère, comprenant tout, serra vivement la main de la jeune fille qu'elle tenait dans les siennes. Rien ne troubla donc le silence profond et lugubre qui régnait dans l'*œcus*, si ce n'est le frôlement de la tunique de Macrin et le léger choc de la poignée de son épée qui heurtait doucement sa ceinture d'or. Leucothoée avait fermé les yeux pour ne point se trahir. Calpurnia, sans cesser de tenir la main de sa fille, gardait l'immobilité particulière aux Orientaux : sans l'éclat de ses yeux noirs on l'eût prise pour une de ces statues de bronze, enchâssées dans les draperies d'une tunique de marbre, qu'aimaient à produire les artistes de cette époque.

Le médecin grec déroulait lentement les plis d'un volume de papyrus. Nonia Celsa et Macrin échangeaient des sourires menteurs et des paroles pleines d'une affection hypocrite.

« Les dieux immortels semblent enfin vouloir vous rendre à la santé, dit l'empereur ; je veux demain offrir une hécatombe au divin Esculape pour le remercier.

—Esculape a fait un miracle pour moi, répliqua-t-elle.
Descendu sur la terre sous la forme d'un serpent, il m'a
été apporté par une jeune fille d'une rare beauté. »

En achevant ces mots, elle montra le serpent qui se
promenait sur son sein et ordonna à Leucothoée d'entrer.

Macrin parut remarquer pour la première fois la jeune
Africaine et sa mère. Il jeta sur elle un regard distrait.

« Mon médecin seul comprend le langage de ces femmes, continua Nonia Celsa; mais vous, vous les enten-
drez facilement, car elles arrivent d'Afrique, patrie de
Votre Éternité, dans les environs de... · ·

— Je n'ai plus d'autre patrie que Rome, répondit
Macrin.

—C'est parler en empereur ! Cependant tant d'héroïsme
ne doit point étouffer dans votre cœur les sentiments de
père et d'époux. Renoncez à toute dissimulation, éternel
empereur. Je sais quels liens vous attachent à ces deux
femmes; c'est pour vous réunir à elles que je les ai amenées dans mon palais. »

Macrin, quelque habitude de dissimulation qu'il dût à
une longue existence de servilité, ne put réprimer un léger frémissement.

« Soyez sans crainte et ayez confiance en moi ! il me
reste bien peu de temps à vivre. Avant deux jours peut-
être, je le sais, la même tombe réunira l'impératrice et
son médecin dévoué; serviteur admirable qui ne veut
point survivre à sa maîtresse, ajouta-t-elle avec son rire
infernal. Il me faut un protecteur pour mon fils. La pensée
de l'orphelin que je vais laisser sur la terre, sans autre

appui que vous, m'intéresse à l'orpheline que la volonté
miséricordieuse des dieux place sur mon chemin. Près du
tombeau, comme je le suis, on oublie la jalousie et les
passions humaines. Devenez un père pour Diaduménius,
je serai une mère pour votre fille Leucothoée. »

Tandis qu'elle parlait, un doute affreux, une incerti-
tude déchirante torturaient l'âme de Macrin.

« Vous hésitez à croire en mes paroles de paix et de
pardon, continua-t-elle. Cette jeune fille, plus confiante,
me témoigne déjà de l'attachement et elle ne repousse
point les caresses de sa mère adoptive. »

En achevant ces mots, elle fit signe à Leucothoée de
venir s'assoir près de son lit, et passa doucement la main
sur ses beaux cheveux.

« Partez pour l'Afrique ! Emmenez la mère et la fille,
dit-elle, je resterai à Rome avec Diaduménius. Tandis que
vous arrêterez les ambitieuses tentatives d'Héliogabale et
de Mœsa, je maintiendrai sous votre obéissance Rome et
l'Italie. Notre séparation sera éternelle et jamais vous ne
reverrez la mourante Nonia Celsa. Adieu, soyez heureux
près de votre fille ! »

Elle se pencha vers Leucothoée et l'embrassa au front.
Puis de sa main enveloppée dans les plis de son manteau
elle tira, du sac de mailles d'acier, un serpent, et le plaça
sur le cou de la jeune Africaine, en disant :

« Tiens, ma fille, emporte avec toi ce fidèle serviteur
et garde-le en souvenir de l'impératrice. »

Leucothoée leva la main pour caresser le reptile ; elle
jeta un cri de douleur et secoua vivement cette main un
peu ensanglantée ; le serpent l'avait mordue.

« Ce n'est rien, dit l'impératrice, ce n'est rien ! J'ai involontairement serré le corps de Psylla, et elle s'est vengée sur Leucothoée de ma maladresse. »

Tandis qu'elle parlait encore, un autre serpent, malgré les efforts qu'elle faisait pour le contenir sous sa couverture de pourpre, s'échappa et vint, en sifflant, se jeter sur le reptile qui avait mordu la jeune fille. C'était la véritable Psylla qui d'un bond saisit dans sa gueule la tête de son ennemi et la brisa sous ses dents aiguës, avant que la moindre résistance eût été possible à son adversaire.

Après avoir accompli cette vengeance, presque aussi prompte que la pensée, la couleuvre se replia sur ellemême et se mit à siffler avec colère en jetant autour d'elle un regard irrité. Ensuite, on la vit ramper jusqu'au lit de l'impératrice et reprendre paisiblement sa place sous la couverture de pourpre des plis de laquelle elle venait de s'échapper.

Cependant Calpurnia s'était élancée avec désespoir vers sa fille ; elle essayait, en suçant la plaie de Leucothoée, d'en enlever le poison, et Macrin la secondait dans ses efforts. Tandis que Nonia se soulevait pour contempler sa vengeance, tout à coup on la vit retomber sur son lit et on entendit les râlements étouffés de sa voix.

Profitant de l'évanouissement de cette femme, le consul glissa vivement dans les mains de l'empereur un flacon et murmura ces mots : « C'est son salut et sa vie ! Par mon aïeul Pilumnus, je vous jure que cette liqueur empêchera les effets de la piqûre du serpent venimeux et que votre fille ne court aucun danger. Partez pour l'A

frique ; mettez les mers entre Nonia et vous. Des chevaux et un char vous attendent. Tout est préparé pour
votre fuite jusqu'à un port voisin où un vaisseau mettra
à la voile sitôt votre arrivée. Prenez Diaduménius comme
ôtage; je l'ai fait transporter ivre mort dans le char
qui vous emmènera. Partez et ne craignez rien du courroux de l'impératrice. Voici un édit signé par elle qui me
donne le commandement de toutes les forces militaires
de l'Italie.

Il n'y avait point d'autre parti à prendre. Macrin enleva
dans ses bras sa fille et, accompagné de Calpurnia, suivit
l'esclave noir du consul, qui les conduisit, à travers plusieurs détours jusqu'à une issue secrète du palais.

Sévérus avait tenu toutes ses promesses. Un char fermé,
confié aux soins de Catulus, attendait près de cette porte
et ne tarda point à partir rapidement. Des relais habile-
ments disposés donnèrent aux voyageurs une vélocité merveilleuse. Les engagements de Sévérus ne s'étaient dé-
mentis en rien. Arrivée à Véies, Leucothoée ne se ressentait en aucune façon de la blessure du serpent venimeux
et Psylla se jouait doucement sur sa poitrine.

De Véies, Macrin s'embarqua pour l'Afrique, emmenant
avec lui l'imbécile Diaduménius, qui ne demanda même
point où on le conduisait et qui passa toute la traversée
à jouer aux dés et à s'enivrer de falerne.

Au moment où Macrin s'éloignait de l'*œcus*, le consul
et le médecin grec s'étaient approchés du lit de l'impératrice défaillante. Ils avaient vu Psylla s'élancer brusquement hors de ce lit pour rejoindre sa maîtresse et ils
ne s'étaient ni l'un ni l'autre d'abord préoccupés de cet

incident, mais ils ne tardèrent point à lui accorder une sérieuse attention ; car le médecin grec s'écria :

« L'impératrice est morte ! Le serpent l'a étranglée ! Voyez, illustre consul, le cercle livide tracé autour du cou de Nonia Celsa.

— Tu as raison ! Le serpent a vengé sa maîtresse ! Il a été fidèle... Écoute-moi bien ; imite l'exemple de ce reptile, sois fidèle, et une récompense brillante t'attend. Si tu me trahis, je remplirai le vœu de l'impératrice, qui désire que la même tombe te réunisse le même jour à elle. Si tu me sers avec obéissance, la liberté et la fortune ! Choisis.

— J'obéirai. »

Sévérus brisa avec son cimeterre la chaîne qui attachait le Grec au parquet de cèdre.

« Il faut que, pendant toute une semaine encore, personne dans Rome n'apprenne ni la mort de cette femme, ni le départ de l'empereur. Quand Macrin aura touché le rivage africain et repris le commandement de l'armée ; quand il se trouvera aux prises avec Héliogabale et qu'il ne pourra plus songer à rentrer en Italie, nous proclamerons la mort de Nonia Celsa. D'ici là, son anneau nous servira à sceller les édits que nous croirons [utiles de rendre ; je possède un esclave qui s'entend à merveille à imiter les signatures, quelles qu'elles soient.

— Pour qui prendrez-vous partie dans la lutte qui va commencer entre Macrin et Héliogabale ?

— Je les laisserai vider entre eux leur querelle.

— Et quand la fortune aura décidé ?

— Je suivrai la cause du vainqueur.

— Vous n'aspirez donc pas à l'empire ? Pourquoi ne

défendez-vous point Macrin, qui n'eût été dans vos mains qu'un instrument docile ?

— Tu ne sais donc pas que le moindre nuage obscurcit le soleil et empêche sa lumière d'agir ? Je veux briller sans nuages ; je laisse les nuages se livrer à la fureur des orages et se dissiper entièrement. »

Le médecin s'inclina.

« Allons ! assez de paroles ! De ton autorité de médecin interdis l'accès de cet *œcus* à tous les esclaves de Nonia, et menace-les de mort s'ils troublent le sommeil de leur maîtresse. Je vais, de mon côté, prendre les précautions nécessaires pour que personne ne s'aperçoive de l'absence de Macrin. Adieu ! N'oublie pas deux mots qui résument ta destinée : la mort, ou la liberté et la fortune. »

Le médecin s'inclina de nouveau, et Sévérus s'éloigna.

Tout se passa comme le voulait le consul. Personne ne trahit son secret. Les uns le servirent à prix d'or ; les autres par ambition ; le plus grand nombre par crainte. Il s'empara du pouvoir le plus absolu dans Rome, écarta ceux qui ne voulurent point se rallier à sa cause et prodigua les faveurs à ceux qui l'adoptèrent franchement. Le jour où les actes diurnes apprirent à Rome étonnée la mort de Nonia Celsa et le départ de l'empereur et de Diaduménius, aucune secousse ne se fit ressentir ni dans la capitale de l'empire, ni dans une seule partie de l'Italie.

Les actes diurnes racontèrent, du reste, cette nouvelle avec une simplicité et une concision que l'histoire nous a transmises.

« L'an de Rome 969, le quatorzième jour avant les nones d'avril, solennité des fêtes de la grand'mère, les sacrifices institués par Numa en l'honneur de Tellus ont eu lieu et se sont célébrés au Capitole, dans le temple de Jupiter, et dans les trente curies, comme le prescrivent les rites. On n'a immolé que des vaches pleines. Vers la cinquième heure du soir, Son Éternité l'impératrice Nonia Celsa a succombé tout à coup à une crise violente de la maladie qui la consumait depuis longtemps. Le sublime empereur Macrin, dans sa profonde douleur, est parti sur-le-champ pour l'Afrique avec le jeune César Diaduménius. Par testament de l'impératrice et par un édit de l'empereur, le consul Sévérus est investi du gouvernement général de Rome. Les cérémonies de l'apothéose se célébreront le septième jour après les ides dudit mois d'avril. »

. La pompe et le spectacle de l'apothéose de Nonia Celsa furent les seuls événements qui émurent la frivolité romaine. Peu importait aux descendants du vieux Caton sous quels maîtres ils se trouvaient, pourvu que le joug ne s'appesantit point trop lourdement sur eux, et que les plaisirs du cirque vinssent les désennuyer. L'apothéose d'une impératrice leur semblait préférable aux combats de l'arène, puisque la pompe s'en renouvelait moins souvent. Une foule immense alla donc visiter avec empressement l'exposition publique de la divine Nonia Celsa, étendue sur un lit d'ivoire et de pourpre sous le vestibule du palatium impérial. C'était une figure de cire, moulée après la mort sur le visage de l'impératrice, que l'on montrait aux regards des curieux. Le cadavre, enveloppé d'un suaire de toile d'amiante, se trouvait renfermé dans la partie inférieure du lit.

On avait donné à la figure de cire l'expression souffrante et la pâleur qui caractérisent une malade. De jeunes esclaves, les pieds et les bras nus, chassaient avec de longues plumes de paon les mouches qui s'approchaient du mannequin, tandis que les plus illustres matrones, sans parures, sans bijoux et vêtues de longues robes traînantes, se tenaient près du cénotaphe dans une attitude recueillie et morne. Les médecins, à la tête desquels se trouvait Cléophantès, venaient donner des soins à la figure de cire comme si elle eût été vivante. En voyant passer le Grec, on se disait dans la foule que Nonia Celsa léguait à ce savant disciple d'Hippocrate cent millions de sesterces pour le récompenser de son zèle et de son dévouement. En outre, elle l'avait si vivement recommandé au consul Sévérus, que ce dernier l'attachait à sa personne.

Le jour des obsèques arrivé, les consuls se rendirent au palais impérial et firent placer sur un magnifique catafalque, porté par quarante gardes prétoriens, le lit qui contenait le cadavre et la figure de cire de Nonia Celsa. Le cortége se mit en marche au milieu d'un appareil militaire plein de magnificence. Deux statues d'or de la défunte suivaient le catafalque ; l'une portée sur un brancard, l'autre traînée dans un char triomphal. A la suite venaient les bustes de tous les empereurs prédécesseurs de Macrin et les statues des dieux protecteurs de la famille de Nonia Celsa. Cependant des chœurs de jeunes garçons et de jeunes filles chantaient des poëmes en l'honneur de l'impératrice ; les sénateurs et les chevaliers suivaient portant au doigt des anneaux de fer au lieu d'anneaux d'or. On fit une station au milieu du forum pour entendre deux oraisons funèbres ; après quoi les sénateurs chargèrent eux-mêmes sur leurs épaules le lit funèbre, et, se relayant tour à tour, le portèrent jusqu'au champ de Mars.

Là s'élevait une sorte de temple, construit en bois odorant, et rempli à l'intérieur de matières très-combustibles. Ce temple, tout paré d'étoffes de pourpre et de brocarts d'or, se composait de quatre étages dont les dimensions allaient toujours en décroissant. On plaça les restes mortels de Nonia sur le second étage de ce bûcher ; les pontifes en firent trois fois le tour en jetant à la défunte des couronnes, des fleurs et des aromates. A un signal donné, les centurions allumèrent tout à coup des torches, et en un instant une flamme immense s'éleva jusqu'au ciel. Bientôt il ne resta plus qu'un amas de cendres, où Sévérus lui-même, secondé par Quintus Olivius, qu'il avait obligé d'accepter les fonctions de consul vint recueillir le linceul d'amiante qui contenait les restes de l'impératrice.

Quand tout fut terminé, il passa son bras sous le bras de son ancien compagnon de débauche.

« Cher consul, lui dit-il, encore deux apothéoses, et je serai empereur ! Que les dieux immortels daignent donc admettre bien vite parmi eux l'éternel Macrin et le divin Héliogabale. »

Sévérus ne se trompait point. Déjà Macrin touchait au moment de sa ruine. Lorsqu'il arriva à l'armée, il la trouva dans les dispositions les plus hostiles à son égard. Héliogabale, l'impératrice Julie et sa sœur Mœsa avaient habilement profité de l'absence de l'empereur

pour se faire des créatures et s'attacher tous les généraux par la corruption et par les promesses. Dès qu'on
eut appris la mort de Nonia Celsa, on leva l'étendard de
la révolte ; les troupes que Macrin envoya contre Héliogabale firent d'abord mollement leur devoir et finirent
par massacrer Ulpius qui les commandait, pour se ranger sous les ordres du prétendant.

En apprenant cette triste nouvelle, Macrin tenta de se
réfugier à Antioche avec le petit nombre de soldats qui
lui étaient restés fidèles et dont il confia le commandement au centurion Catulus. Avant qu'il eût pu atteindre
cette ville, Héliogabale le rejoignit, et, après un combat
acharné, le défit complétement. Entouré de quelques
hommes dévoués, Macrin vit égorger sous ses yeux Diaduménius, à qui le vin n'avait même point pu donner
les apparences du courage, prit la fuite avec sa femme et
sa fille, se dirigea sur Eges en Cilicie, et traversa à l'aide
d'un déguisement la Cappadoce, la Gallicie et la Bithy-
nie. Il arriva en Chalcédonie, où il espérait soustraire
ses traces à ceux qui le poursuivaient. Il projetait de
vivre dans une obscurité profonde, entre Leucothoée et
Catulus qu'il avait fiancés. Un des serviteurs qui l'accompagnaient le livra à prix d'or au gouverneur romain,
qui le fit assassiner sous ses yeux. Catulus tomba baigné
dans son sang en défendant Macrin. Ceux qui l'atta-
quaient remarquèrent que le centurion ne frappait de
son épée aucun des soldats auxquels il tenait tête ; il se
contentait de parer avec son bouclier les coups qu'on
portait à l'empereur, et de le couvrir de son corps chaque fois que le bouclier devenait insuffisant.

VI

CONCLUSION

-Dix-huit années après les événements qu'on vient de lire, le consul Quintus Olivius, chargé du commandement militaire des armées romaines en Afrique, se trouva réduit à prendre brusquement la fuite, et de quitter d'une façon furtive et au milieu des plus grands périls les lieux où naguère son pouvoir égalait presque celui de l'empereur.

Ce qui détruisit tout à coup le pouvoir et la fortune du consul Quintus, ce fut la nouvelle de la mort d'Alexander Sévérus. Ce prince avait été assassiné près de Mayence par un barbare, par un Goth nommé Maximinus, comblé de ses bienfaits, et qui l'en avait payé en s'emparant de la couronne impériale et en le faisant massacrer sous ses yeux.

Dès qu'on sut à l'armée d'Afrique l'avènement d'un nouvel empereur, une révolte éclata parmi les troupes, que Quintus Olivius maintenait sous une discipline ferme jusqu'à la rigueur. Il avait réprimé les pillages, puni les meurtres et chassé les délateurs. L'empereur Sévérus l'avait secondé vivement dans cette réforme et lui prodiguait les témoignages les plus éclatants d'estime et d'affection. Cela suffisait pour que, à la mort de Sévérus, Quintus Olivius se trouvât en butte à la violence et à la révolte. Seul, sans autre arme qu'une épée et sans trouver le temps de se couvrir la poitrine de sa cuirasse, il parvint, en se cachant parmi des rochers, à se soustraire à la rage de ceux qui le poursuivaient. Il resta blotti dans cet asile jusqu'au milieu de là nuit.

Lorsqu'il eut entendu les soldats retourner au camp et renoncer à s'emparer de leur victime, il se mit en marche à travers les rochers et il continua ce périlleux voyage pendant près d'une semaine, dormant le jour dans quelque grotte, ne vivant que de fruits sauvages fournis par le hasard, et ne reprenant sa route qu'au milieu de la nuit. Il espérait gagner le bord de la mer, mais il ne tarda point à reconnaître son erreur. Exténué de fatigue, vaincu par la faim, les pieds déchirés, il arriva enfin dans une sorte de petite oasis qui s'élevait au milieu de chaînes de collines et que son isolement protégeait sans doute contre les invasions des troupes romaines. C'était un bois assez étendu et dont les arbres centenaires déployaient une végétation vigoureuse. Une fontaine promenait à travers ces arbres son eau vive et pure, qui fécondait plus loin de beaux pâturages. Sur le bord de la source et à l'abri des beaux palmiers qui la protégeaient contre les ardeurs du soleil, s'élevait une petite maison construite à la manière orientale, et sur le seuil de laquelle jouaient trois enfants. A la vue d'un étranger, les vêtements et la barbe en désordre, ceux-ci témoignèrent une vive frayeur et se levèrent pour s'enfuir. Le plus jeune trébucha et jeta des cris d'épouvante, lorsque Quintus Olivius se baissa pour le relever et le rassurer.

Tandis qu'il prenait le petit garçon dans ses bras et qu'il lui adressait la parole en langue africaine, le consul sentit une violente douleur qui étreignait son bras : un énorme serpent vert s'était détaché du cou de l'enfant et serrait dans ses nœuds le bras de l'étranger pour défendre son petit maître. La tête dressée, l'œil étincelant, la gueule béante, il dardait sa langue fourchue et menaçait de sa morsure Quintus Olivius. En ce moment une femme parut sur le seuil de la maison et accourut près du fugitif.

« Je viens vous demander asile, » dit-il, en continuant à employer la langue africaine.

L'étrangère sourit et lui répondit dans le plus pur romain :

« Soyez le bienvenu, Quintus Olivius, dans la maison de Catulus. »

Le consul reconnut alors dans celle qui lui parlait la jeune fille qu'il avait conduite un jour au théâtre de Rome, par ordre de Sévérus. Les années, en changeant la nature de beauté qui caractérisait Leucothoée, né l'avaient point altérée. La jeune fille timide et frêle était devenue une mère d'un aspect plein de noblesse. Vêtue d'un costume oriental d'une grande simplicité, Leucothoée rappela au souvenir de Quintus Olivius une statue de Phidias, la plus admirable peut-être : la *Junon au sceptre.*

Leucothoée fit entendre un léger sifflement : aussitôt la couleuvre quitta son attitude hostile, détacha ses nœuds du bras d'Olivius et vint ramper aux pieds de sa maîtresse, qui se baissa pour la caresser.

« Reste en paix, ma fidèle Psylla : c'est un ami qui vient à nous. »

En achevant ces mots, elle fit signe au consul de la suivre, et l'introduisit dans une chambre disposée comme les *œci* des Romains. Deux vieilles femmes, entourées de quatre jeunes filles, filaient de la laine et tissaient des étoffes.

« Vous voyez mes deux mères Mamurtia et Calpurnia, reprit Leucothoée en présentant à Olivius les matrones. Après la mort funeste de mon père, l'empereur Macrin, mon mari est allé à Rome pour en ramener sa mère Mamurtia. Un vieux prêtre chrétien, tout mutilé par les persécutions s'est joint à nous, et depuis dix-sept années nous vivons ici, heureux, étrangers aux événements de la terre et bénissant le Très-Haut qui nous donne ce bonheur. Vous êtes le premier étranger qui visite notre retraite. L'empereur Héliogabale règne-t-il paisiblement?

— L'empereur Héliogabale est mort massacré à Rome.

— Mort! et qui donc lui a succédé au trône?

— Sévérus, assassiné il y a peu de jours à Mayence. Aujourd'hui la couronne impériale ceint la tête d'un barbare, stupide et cruel, né parmi les Goths et qu'on nomme Maximinus. Resté fidèle à Sévérus qui m'avait, malgré moi, arraché à ma vie obscure et paisible pour me mettre à la tête de l'armée d'Afrique, voici huit jours que j'erre et que je cherche à échapper à mes soldats révoltés.

— Vous resterez près de nous, répondit Leucothoée, le Très-Haut, après tant d'épreuves, ne vous amène pas sans dessein dans un asile de paix. Désabusée des grandeurs de la terre, avide de repos, votre âme ne tardera point à s'ouvrir aux divines clartés d'une foi qui rend heureux ici-bas et qui donne dans le ciel une éternité de bonheur. »

Elle parlait encore que Catulus, accompagné d'un vieillard et de l'aîné de ses fils qui semblait compter seize ans, sortit du bois et se dirigea vers la maison.

Aussitôt quatre jeunes filles et trois petits enfants accoururent vers lui, l'entourèrent et lui prodiguèrent des caresses ; tandis que les deux matrones lui adressaient de la fenêtre des saluts de bienvenue et que Leucothoée lui tendait la main. Le serpert vert ne resta point étranger à la joie générale, et s'enlaça familièrement au cou de Catulus.

« Un hôte nous arrive, dit-elle à son mari, quand la joie que lui causait le retour de Catulus se trouva un peu calmée : Quintus Olivius, que nous avons connu autrefois à Rome, vient nous demander asile.

— Et si vous le lui permettez, il ne vous quittera plus, dit ce dernier. En présence du bonheur de votre famille, en présence de la paix de cette maison, j'éprouve des sensations que je saurais à peine définir. »

Catulus tendit la main à Olivius. Celui-ci reprit :

« Quelques paroles de Leucothoée semblent m'avoir ouvert un monde nouveau. Quelle est donc cette religion dont elle m'a parlé, qui donne le mépris des grandeurs, la paix de la conscience, le repos de l'âme, et l'espoir d'une éternité de bonheur ? »

Catulus montra une croix de bois qui s'élevait près de la maison.

« C'est, répliqua-t-il, la religion que le bienheureux Jean a résumé par ces mots divins : *Aimez-vous les uns les autres*. C'est la foi du Christ, du Fils de Dieu, fait homme et mort pour nous sur la croix.

— Mon ami, vous m'initierez aux mystères de cette foi, répondit Olivius en s'agenouillant devant Catulus. Mon cœur l'adopte dès ce moment, et ma raison ne tardera point à m'en confirmer l'adoption. »

Ici se termine l'histoire de Leucothoée et de son époux Catulus.

Ajoutons seulement que cinquante années après, lorsque l'impératrice Hélène visita l'Afrique, on lui apprit qu'une ville chrétienne, fondée au milieu des rochers de la Chalcédonie, portait le nom de Leucothoée.

LE MARIAGE AUX SALAMANDRES

Je ne sais rien de triste comme la situation d'un homme qui se trouve dans un pays dont il ne parle ni ne comprend la langue. Durant les premiers instants, il peut s'amuser de la singularité d'un pareil isolement au milieu de la foule, et des paroles, inintelligibles pour lui seul, qu'on bourdonne à ses oreilles. Mais bientôt, et peu à peu, son cœur se serrera. Le souvenir de la patrie absente lui reviendra doux et attendrissant. Il songera au foyer domestique et à la famille. Ces milles bagatelles que l'habitude nous fait si bonnes, que peut-être nous apprécions si peu quand elles nous entourent de leurs caresses, lui reviendront à l'esprit, et leur éloignement et leur privation lui causeront un malaise presque voisin de la douleur.

Telles étaient les sensations qu'éprouvait Claude, un jeune savant de Paris, qui se rendait par mer en Frise, pour s'y livrer à ses études favorites sur les animaux à sang froid.

Tant qu'il n'avait fait que traverser les Pays-Bas, la langue française n'avait point absolument cessé de bruire autour de lui, et il n'avait rien perdu de son entrain. Mais une fois le pied mis sur le bateau à vapeur qui mène d'Amsterdam à Harlingen, et qui traverse le détroit toujours si houleux du Zuyderzée, il n'avait plus entendu que la langue hollandaise, et alors la nostalgie s'était emparée de lui.

Ce fut bien pis quand il quitta le bateau pour se transborder dans le *trekschuyt*, sorte de grande bélandre, tirée par des chevaux sur le canal qui mène du petit port de Harlingen à la ville de Leeuwarden.

En vain les étranges et riches pâturages de cette contrée, avec leurs canaux qui se croisent en tous sens, tantôt vastes comme des grandes routes, tantôt étroits comme des sentiers, se déroulaient-ils sous ses regards; en vain le soleil et des brouillards épais et blancs, semblables à un linceul, se disputaient-ils l'atmosphère, et tour à tour, avec la rapidité d'un changement à vue de théâtre, découvraient-ils ou cachaient-ils les horizons d'un pays sans la moindre colline, horizons immenses au delà desquels apparaissait la mer; rien ne pouvait distraire le voyageur du sentiment de son abandon absolu.

Les habitudes bizarres et nouvelles pour lui des passagers qui encombraient le *trekschuyt*, les formidables mangeurs qui ne quittaient point la buvette de l'entrepont, et qui par leurs exploits gastronomiques rappelaient les personnages gargantuesques de Teniers, loin de l'amuser, l'irritaient. En d'autres temps, il eût souri de ces femmes qui tiraient de leur poche de petites plies (schol), et déchiquetaient à belles dents ces poissons séchés au soleil défaillant et au vent humide de la Hollande; dans un autre état d'esprit, il eût passé sans ennui des heures à contempler ces fiancés frieslandais qui, sur le pont, en face de tous les voyageurs, échangaient des baisers avec une chaste et naïve impudence. Mais il trouvait odieux tout, jusqu'à la fumée de tabac qui ajoutait ses nuages aux brouillards de la brumeuse contrée. Sous l'influence d'une irritation sourde, plus d'une fois il éprouva la tentation de planter là son voyage, la Frise, les animaux à sang froid, la lettre de recommandation que lui avait donnée pour mynheer Van Bempden, le célèbre naturaliste Temminck, et de regagner au plus vite la France.

Enfin, le trekschuyt entra dans le bassin de Leeuwarden, où l'accosta une barque, montée par un grand gaillard enveloppé d'une large vareuse de toile goudronnée. Ce matelot d'eau douce héla le capitaine du trekschuyt dans un jargon barbare; le capitaine lui désigna du doigt Claude, prit d'une seule main les bagages de ce dernier et les lança dans la barque. Il ne restait donc plus au naturaliste qu'à suivre sa malle et à s'asseoir à l'arrière du véhicule aquatique.

Le marinier, sans proférer un mot, ralluma sa pipe, saisit les rames et se mit à naviguer, ou plutôt à voler comme une flèche, à travers un petit canal, bordé de roseaux et d'iris, couvert de nénufars, et abrité, sur chacune de ces rives, par des plantations de peupliers, d'aulnes et de saules.

Claude et son guide parcoururent ainsi quatre à cinq kilomètres et s'arrêtèrent dans une petite crique couverte de sable jaune et ratissée plus minutieusement et plus coquettement que le parterre d'un jardin. Le rameur chargea les bagages sur ses épaules. Toujours muet et fumant, il ouvrit une barrière que formaient deux gigantesques côtes de baleine, et marcha droit à une habitation qui tenait à la fois du château et de la ferme, et au fronton de laquelle on lisait en grosses lettres : MYN LUST (mon plaisir).

Sur le haut perron de marbre de cette maison se trouvait un vieillard, le chapeau sur la tête, la pipe à la bouche, vêtu d'une longue redigotte qui retombait jusqu'à ses pieds, et chaussé de souliers à semelle d'un pouce d'épaisseur.

« Temminck, ton ami et le mien, m'a fait savoir ton arrivée. Sois le bienvenu ! Tu es chez toi ! » dit gravement ce personnage singulier.

Et, prenant lui-même les bagages déposés sur le perron, il franchit le vestibule, monta un large escalier à rampe de palissandre massif, et conduisit Claude dans une chambre meublée d'admirables bahuts du seizième siècle, bahuts qui pliaient sous le poids des plus rares et des plus riches porcelaines du Japon et de la Chine.

Mynheer Van Bempden déposa les malles sur les tapis de Smyrne qui recouvraient un parquet de cèdre, soigneusement écuré au sable et lavé à grandes eaux chaque semaine.

« Dans un quart d'heure, à midi sonnant, nous dînerons, » dit-il; et il sortit.

Un quart d'heure après, à midi précis, minute pour minute, Claude descendit dans un immense parloir, au rez-de-chaussée, où se trouvaient réunis mynheer Van Bempden et neuf jeunes personnes, toutes belles de cette beauté régulière, fraîche, blanche et rose qu'on ne rencontre réellement qu'en Frise. L'aînée atteignait vingt ans à peine; la plus jeune n'en comptait guère que quatre. Chacune d'elles, à l'exception des deux plus petites, dont les cheveux blonds flottaient sur les épaules, portaient le riche costume national de leur province. Une couronne d'or nommée cap-oor (fer d'oreilles) et des flots de dentelles encadraient leur visage. Une jupe courte, à larges plis et en drap bleu, laissait voir leur bas de laine blancs, d'une extrême finesse, et le soulier à boucles d'argent qui les chaussait; une basquine en cachemire rouge dessinait leur taille, et de larges manches laissaient à demi nus leurs bras d'une perfection accomplie.

« Mes filles, » dit Van Bempden en les présentant à Claude.

Puis, passant le premier dans la salle à manger, il souleva son chapeau, récita une courte prière, fit signe à chacun de s'asseoir et indiqua au Français une place entre lui et sa fille aînée, Kareltje.

Claude adressa en français quelques paroles à sa voisine, qui le regarda en souriant, et lui répondit en frison. Il ne réussit guère mieux, en sortant de table, dans les tentatives d'intimité qu'il fit près de la plus jeune des sœurs.

Lucitje, quand l'étranger s'approcha d'elle, se sauva comme une biche effarouchée, et le pauvre garçon se trouva seul, en face de ce troupeau de charmantes jeunes filles, sans pouvoir échanger une parole avec elles.

Assez embarrassé de cette situation singulière, Claude, tout en fumant un cigare près de son hôte qui, de son côté, ne prononçait pas un seul mot, prit la résolution de se diriger insensiblement vers le jardin vaste et richement entretenu qui entourait la maison. Il s'esquiva donc et visita aussi longuement qu'il le put une serre pleine des plus rares fleurs exotiques, et des étables entretenues avec une propreté minutieuse jusqu'à l'étrangeté. Figurez-vous que les vaches, placées entre des boxes de palissandre et sur des tuyaux de drainage, avaient l'extrémité de la queue attachée à une cordelette mue par une poulie, de manière à ne pouvoir ni se salir ni rien salir autour d'elles. Le poulailler, les écuries, la mare pleine de canards et d'oies des espèces les plus rares, des nids de cigognes construits au haut de poutres tout exprès plantées en terre et surmontées d'une plate-forme pour servir de gîte à ces oiseaux, et même les statues de terre cuite, peintes à l'huile, représentant des bergers et des bergères de grandeur naturelle, ne parvinrent point à le réconcilier avec le genre de vie que lui promettait son séjour à la ferme.

Il avait bien consenti à passer quelques mois en Frise pour y faire des études, mais non pour y vivre en de pareilles conditions d'isolement.

A la nuit close, quand, assez mélancolique et d'une bonne humeur douteuse, il rentra dans le parloir où se

tenaient les neuf jeunes filles, il alla s'asseoir près de la
table autour de laquelle elles travaillaient. S'il ne pouvait
parler, du moins il chercha à se rendre utile. C'est ainsi
qu'il fabriqua, à l'aide de son scalpel et d'un morceau de
sapin, une main à la poupée de la petite Truitje ; qu'il
désembrouilla un écheveau de fil fort emmêlé de Mike, et
qu'il transporta doucement sur un fauteuil la mignonne
Lucitje, qui s'était endormie sur les genoux de sa sœur
aînée Kareltje. Plus tard, quand la vieille bonne vint chercher Lucitje pour la coucher, il ne voulut laisser à aucun
autre le soin de transporter l'enfant dans son lit ; enfin il
se mit au piano et joua avec tant de talent et de poésie
une symphonie de Beethoven, qu'il reçut une triple salve
d'applaudissements de son joli auditoire, et que Kareltje,
l'aînée et la plus délicieuse des neuf sœurs, posa sa main
blanche et fine sur l'épaule de Claude, et lui dit en excellent français :

« Si vous chantez comme vous jouez du piano, nous
passerons ensemble de bien bonnes soirées.

— Nous chanterons des chœurs, ajouta Mike.

— Et des duos, interrompit Stina.

— Et je jouerai des contredanses pour que vous appre-
niez les figures nouvelles à mes sœurs, fit Grietje. »

Toutes parlaient à ravir le français. Et comme Claude
leur adressait des reproches déjà presque familiers sur
leur étrange réserve :

« Nous ne vous connaissions point, répliqua Kareltje,
mais à présent nous vous connaissons.

— Et nous vous aimons ! » conclut Mike, qui lui tendit la main.

Dès cet instant Claude devint l'ami et le frère de toutes ces jeunes filles charmantes, éveillées, rieuses, musiciennes consommées, et par-dessus tout naïves et bonnes. C'étaient chaque jour des promenades en bateau, des excursions à Leeuwarden, des journées entières passées sur les vastes étangs du voisinage, étangs que les Frisons, toujours disposés à s'exagérer quelque peu l'importance de leur pays natal, nomment « des mers (meer). »

De son côté, mynheer Van Bempden ne se montrait point pour Claude moins affectueux que ses filles. Il herborisait avec lui dans la campagne, ils chassaient ensemble aux insectes, ils pêchaient partout des poissons, ils collectionnaient des simples, ils étudiaient au microscope les êtres invisibles qui foisonnent dans ces contrées, baignées de tous côtés et pour ainsi dire détrempées par l'eau.

Un matin ils rapportèrent une immense quantité de salamandres aquatiques, beaux lézards longs de trois à quatre pouces, noirs tachetés de points orangés, et qui revêtent, dans la saison des amours, une magnifique aigrette large, transparente, dentelée et irisée de tons splendides. Cette parure s'étale de l'extrémité de leur tête à l'extrémité de leur queue.

« Voici, dit mynheer Van Bempden, une belle occasion d'étudier la singulière propriété, assez mal connue jusqu'à présent, que possèdent ces animaux, de reproduire leurs membres amputés. »

Claude sourit.

« Il me serait assez difficile de suivre ces expériences jusqu'à leur conclusion; elles exigeraient un mois. Et mon séjour ici...

« — Essayons toujours et commençons, » interrompit Van Bempden, qui, tout fermier qu'il était, n'en jouissait pas moins, dans l'Europe savante, de la réputation méritée d'un grand naturaliste.

Et de son scalpel il amputa à une salamandre la patte droite, à une autre la patte gauche, à celle-ci la patte de derrière, à celle-là une patte de devant. Il y en eut à qui il creva un œil; à quelques-unes il vida même le cerveau à l'aide d'une petite pointe en acier.

Il plaça toutes les mutilées dans un vaste aquarium disposé en plein air.

Une semaine s'était à peine écoulée qu'on aperçut un petit bourgeon qui poussait au bout du moignon laissé par l'amputation; de ce bourgeon sortit d'abord comme un bouton; puis le bouton grossit, se développa et s'épanouit en patte. La patte formée, le bras s'allongea rapidement.

Deux mois après, la nature avait réparé toutes les mutilations commises sur les pauvres bêtes; les membres étaient revenus; les yeux crevés voyaient et tournaient dans leur orbite; les cerveaux vides s'étaient remplis; pas une seule des victimes de la science ne restait incomplète.

« Voici, après trois mois, nos études terminées, dit alors Claude... Mon départ...

— Terminées! s'écria Van Bempden, terminées! Ne faut-il pas disséquer les membres repoussés? les examiner à la loupe, les analyser au microscope? Nous en avons pour deux bons mois encore.

— Et la kermesse de Leeuwarden? Et les kermesses

des villages voisins? objecta Kareltje, dont les joues roses avaient pâli au mot de départ. Voulez-vous donc que nous y allions seules?

— Et mon herbier qui est incomplet, fit Mike.

— Et mon théâtre de pantins auquel manquent encore huit personnages? demanda Truitje.

— Je ne veux pas que tu t'en ailles! » cria la petite Lucitje, les yeux pleins de larmes et en sautant au cou de Claude.

Claude resta donc jusqu'à l'automne.

A l'automne, il ne parla plus de départ.

En revenant de la kermesse de Leeuwarden, seul avec Kareltje dans un de ces grands cabriolets étroits, à hautes roues, comme les *corricoli* italiens, et dont la caisse se trouve couverte d'ornements sculptés et de massives dorures, la main de Kareltje et la main de Claude s'étaient rencontrées et ne s'étaient point séparées pendant toute la route; enfin, lorsque Claude avait pris dans ses bras la jeune fille pour la descendre de la haute voiture, il avait effleuré de ses lèvres le front blanc de Kareltje, et Kareltje n'avait point détourné la tête.

Sur ces entrefaites arriva l'hiver.

« Claude, dit, aux premiers froids, mynheer Van Bempden, le baromètre descend au-dessous de zéro; nous vérifierons bientôt si les salamandres peuvent, comme on le dit, rester impunément dans la glace et ressusciter après avoir été complètement gelées. »

Ils firent donc roidir par le froid des salamandres, jusqu'à ce qu'elles se trouvassent dures et cassantes comme une planchette de sapin; puis ils les jetèrent dans une cuve pleine d'eau, qu'on avait placée au milieu du laboratoire chauffé, de même que le reste de la maison, à l'aide de poêles immenses, semblables à ceux qu'on construit en Russie, le seul pays où l'on sache se chauffer.

Non-seulement les salamandres se dégelèrent, mais encore on les vit peu à peu revenir à la vie, remuer, nager et manger.

« L'expérience est complète, soupira Claude; il ne me reste plus qu'à faire...

— Avec nous une belle partie de traîneau sur le Bergumermeer, interrompit Milke; venez. »

Et avec une de ses sœurs, elle l'emmena vers un traîneau en forme de cygne. Elle l'obligea à s'y asseoir près de Kareltje, non sans les avoir enveloppés tous les deux dans un même manteau doublé de petit-gris. Chaussant ensuite prestement des patins, chacune des belles jeunes filles, court-vêtue, voilée d'une cape de cachemire rouge et les mains emmitoufflées de gants d'hermine, se plaça derrière le traîneau, lui donna une forte impulsion et partit avec la rapidité d'une locomotive.

Autour d'elles glissaient ou plutôt volaient des centaines de Frisonnes, les mains accotées aux hanches, et portant sur leur tête de grandes amphores de cuivre pleines de lait, et brillant au soleil comme des vases d'or. Des troupes de garçons, également montés sur des patins, leur jetaient en passant des mots de tendresse, des agaceries ou des paroles joyeuses. C'étaient encore des fiancés qui se tenaient les bras enlacés, et qui ne se gênaient pas pour échanger des baisers tout en glissant comme un éclair à travers la foule des patineurs.

Jamais spectacle aussi charmant n'avait réjoui les yeux de Claude ; de Claude assis près, tout près de Kareltje ; de Claude dans la main duquel la jeune fille avait glissé doucement sa main, en tournant vers lui ses beaux yeux bleus humides de larmes, et en lui disant :

« Tu ne me quitteras jamais, n'est-ce pas? »

Quand ils revinrent à la ferme, Kareltje se jeta dans les bras de son père et murmura tout bas à son oreille quelques mots en langue frisonne.

« Claude, dit Van Bempden, plus ému qu'on ne l'eût cru capable de le témoigner ; Claude, sois mon fils. Deviens le mari de Kareltje qui t'aime, et le frère de ses sœurs qui partagent la tendresse que j'ai pour toi. Dieu a rappelé, il y a trois ans, leur sainte mère ; fais ce que je te demande, et quand mon heure viendra je pourrai du moins partir sans douleur, [puisque je laisserai un honnête homme pour protéger mes enfants. »

Claude ne put répondre que par des sanglots. Il se jeta dans les bras du fermier, embrassa Kareltje, embrassa toutes ses sœurs, et se maria à deux mois de là.

Le jeune ménage s'était d'abord promis de passer tous les hivers à Paris ; mais ne valait-il pas mieux d'abord jouir des doux mois de la lune de miel, loin des distractions et des importuns, dans les lieux où ils s'étaient connus et aimés? Un an après, Dieu leur donna un fils ; comment quitter ce cher petit être qui demandait tant de soins? Quand l'enfant compta deux ans, ils ne se sentirent point davantage la force de s'en séparer.

Mille bonnes raisons de cette nature les ont empêchés

jusqu'à ce jour de quitter le nid où l'amour et le bonheur
les retiennent blottis.

Claude travaille beaucoup néanmoins, et son nom, célèbre dans la science, est déjà venu plus d'une fois, j'en
suis sûr, sur les lèvres des naturalistes qui lisent ces
lignes.

La beauté virginale de Kareltje resplendit maintenant
des reflets saints et ineffables de la maternité. En la voyant,
on l'admire encore, mais, de plus, on la vénère et on
l'aime. Deux petites filles ont augmenté sa famille, et cinq
de ses sœurs, en dépit de leur riche dot de trois cent mille
florins, ont contracté comme elle des mariages d'incli-
tion. Mynheer Van Bempden, entre l'étude et sa famille,
jouit paisiblement de sa belle vieillesse. Pour lui, le lendemain ressemble tellement à la veille, qu'il ne sent ni la
marche des années, ni le poids de l'âge. Il s'associe aux
travaux scientifiques de son gendre, qui de son côté, en
agronome consommé, exploite les immenses et opulentes
propriétés de sa nouvelle famille.

Van Bempden veille chaque jour à ce que l'eau limpide
et la nourriture abondent dans l'aquarium du laboratoire
plein de salamandres, que l'on se garde bien cette fois de
torturer.

« Montrons-leur notre reconnaissance, aime à dire l'excellent homme. Claude, tu leur dois ta femme, et moi je
leur dois un fils. »

LA PREMIÈRE BOURRÉE DE L'AUTOMNE

Dans l'église de Notre-Dame d'Anvers, presque à l'extrémité du chœur, se trouve sur les stalles de gauche une statuette sculptée en bois que l'on désigne sous le nom du *pauvre esprit*. Œuvre de M. Dürlet, artiste contemporain, vivant et ignoré complétement, du moins en France, elle représente un homme de cinquante ans environ, revêtu d'un costume du quatorzième siècle. Il repousse doucement du pied des couronnes, des palmes et de l'or. Les yeux sont fermés, mais par un mouvement naïf et à peine sensible, la tête penchée se tourne vers le ciel, et les lèvres semblent répéter ces paroles du Sauveur : *Bienheureux les pauvres d'esprit, car le royaume des cieux leur appartient.*

Je ne songe jamais à ce chef-d'œuvre chrétien sans que

ma pensée n'aille vers un vieux et fidèle ami, le docteur
Gewartius, près duquel j'ai passé naguère, en Hollande,
une de ces soirées brumeuses et sereines à la fois, qu'on
ne saurait rencontrer que dans la patrie du vieux Rem-
brandt.

Un brouillard épais, blanchâtre, presque solide, sortait
des innombrables canaux d'Amsterdam et couvrait la ville,
sans s'élever jusqu'au ciel resplendissant d'étoiles. La nuit
arrivait peu à peu, et, comme une vapeur noire, ne cessait d'envahir la bibliothèque dans laquelle nous devisions.
Avec le brouillard et la nuit survenait une humidité péné-
trante qui nous enveloppait d'une atmosphère glaciale. Je
ne pus réprimer un frisson. Le docteur frappa d'un petit marteau d'argent sur un timbre de même métal, merveille de l'orfévrerie du seizième siècle ; une vieille servante, la tête ceinte de la couronne et des voiles de
dentelles des Frisonnes, survint et échangea avec son
maître quelques mots en langue hollandaise. Elle sortit et
rentra, apportant une énorme bourrée de bois sec et
menu qu'elle jeta tout entière dans la vaste cheminée.

A la première allumette qui s'approcha de ce combus-
tible, une flamme immense jaillit et lança de toutes parts
ses reflets de pourpre et d'or, qui rendirent encore plus
noires les ombres des parties de la bibliothèque qu'elle
n'illuminait pas. Je ne saurais vous dire l'aspect étrange
de cette grande chambre, tapissée d'armes et de costumes
de toutes les contrées du monde, et sur les murailles de
laquelle les jeux de la lumière du foyer montraient et cachaient tour à tour les padouans du Gabon, les sceptres
des îles Marquises, les tambours magiques de la Laponie,

les hallebardes à dents de requin de l'archipel Viti, les pagnes du Mexique, avec leurs plumes de toutes les couleurs et les costumes austères et sinistres des Montagnes-Rocheuses. Il y avait surtout deux des masques dont les acteurs javanais se couvrent le visage, qui semblaient s'animer sous les oscillations capricieuses de clarté et d'obscurité qui passaient sur leurs reliefs. On eût dit que leur œil d'or remuait dans son orbite de pourpre et que leurs lèvres de bois s'entr'ouvraient pour murmurer des paroles mystérieuses.

Joignez à cela que Gewartius, les pieds soutenus par un coussin de velours noir, le corps enveloppé d'une vaste houppelande assez semblable à un froc, tenait sur ses genoux un de ces singes à front noir qu'on ne trouve qu'à Madagascar.

Le corps recouvert d'un poil épais, long, fourré, brun, le maki n'a rien dans sa tête noire et effilée, et dans sa grande prunelle jaune, qui rappelle la ressemblance mal plaisante des autres singes avec la face de l'homme. Il n'est point comme eux destructeur pour le plaisir de détruire, indocile, brutal, ingrat, lascif. On trouve chez lui la douceur, la fidélité et la tendresse du chien.

Celui que Gewartius tenait sur ses genoux n'interrompait un sourd murmure de satisfaction que pour soulever, de temps à autre, son museau fin et soyeux, donner de sa langue rose un baiser à son maître et se reblottir ensuite au plus profond du giron du docteur, perdu dans une profonde rêverie.

C'était à se croire en plein moyen âge, chez un nécromant.

Gewartius avait tout oublié, jusqu'à ma présence.

Naguère une des gloires scientifiques de l'Europe, comblé de dignités et d'honneurs, riche au delà de ses désirs, entouré d'une famille adorée, Gewartius a tout à coup été frappé d'une de ces inexorables épreuves qui tuent leur victime, ou l'arrachent pour toujours au bonheur. Il a survécu, hélas ! mais, repoussant du pied, comme le Pauvre d'esprit, les honneurs, la gloire et le monde, il consacre sa vie aux bonnes œuvres, à la prière et à l'étude, cette autre prière. Lui qui levait si fièrement et à si juste titre la tête, au temps de son bonheur, il vit aujourd'hui dans l'*ombre et le silence* que l'*Imitation* enseigne *aux cœurs blessés*, et qui ne vivent plus que par la douleur.

Dieu sait combien de temps nous restâmes silencieux devant la flamme du foyer qui pénétrait et revivifiait nos membres endoloris par l'humidité ; lui, en proie à l'inexorable passé, dont le fantôme se tient toujours debout en face de son imagination ; moi, contemplant avec terreur ce que deux années de désespoir avaient fait d'un homme encore à la fleur de l'âge ! Je l'avais laissé ardent, ambitieux, entouré de toutes les séductions du rang, de la renommée, de la fortune et de l'amour, au milieu des joies ineffables de la famille, et je le retrouvais vieilli avant le temps, désabusé, brisé, volontairement obscur et seul !

Tout à coup, un des vieux meubles de chêne de la bibliothèque fit entendre un de ces craquements sinistres que les moins superstitieux ne peuvent entendre sans un tressaillement.

A ce bruit, le docteur sortit de sa douloureuse méditation par un soubresaut convulsif, regarda autour de lui avec surprise, passa ses mains sur son front devenu chauve en deux années, et me souriant péniblement :

« Allons, dit-il, Montaigne a raison et tort tout à la fois, quand il professe qu'il *faut quitter la vie à reculons.* C'est en tournant le dos au passé qu'on devrait marcher dans la vie ; mais le passé a les vertiges de l'abîme ; il trouble, il effraye, il attire, il entraîne, il engloutit, il tue ; toutefois on ne saurait en détourner les yeux ! »

Il se leva brusquement et déposa sur le fauteuil le maki. Celui-ci poussa un petit gémissement plein de tendres reproches, se mit à suivre de ses yeux d'or son maître qui marchait à pas saccadés, et finit par se repelotonner en boule et par se rendormir. On n'entendait plus que le bruit des pas du docteur qu'étouffait à demi un tapis épais de Smyrne, le crépitement du bois qui brûlait dans la cheminée, et le son des cloches de l'église catholique de Moïse et Aaron (*Mosès en Aaronskerke*), qui tintaient l'*Angelus.*

« Parlez-moi ! s'écria tout à coup Gewartius ; au nom du ciel, parlez-moi ! J'ai besoin d'entendre une voix humaine ! Il y a des moments où le courage me manque ; mais celui qui m'a frappé ne tarde pas à me rendre la force nécessaire pour que je ne succombe pas tout à fait... Voyons, par charité, donnez un autre cours à mes idées... Que pensez-vous de ma collection d'anthropologie ? Que dites-vous de cette armure ? »

Et il me montrait une magnifique panoplie dont chaque pièce, d'acier incrusté d'or, était un véritable chef-d'œuvre du seizième siècle.

« François Ier l'a portée, dit-il ; elle provient de la part de butin qu'un de mes aïeux a reçu à la bataille de Pavie.

— Comment un homme pouvait-il se résigner à s'enfermer dans un pareil vêtement de fer? demandai-je sans trop savoir ce que je disais, et pour attirer le docteur hors du cercle de sa fatale idée fixe.

— Aujourd'hui cela nous paraît insensé, n'est-ce pas? Nous avons la poudre de guerre, les armes à feu, les carabines de précision, qui portent à je ne sais combien de mètres, les canons qu'on perfectionne chaque jour, et qui finiront, s'ils ne le font point déjà, par frapper le but à une lieue de distance. Il en faudrait moins pour rendre absurde l'attirail de guerre du monarque qui *perdit tout, fors l'honneur*.

— Assurément, dis-je; depuis feu don Quichotte personne ne s'est armé de pied en cap.

— Le roi-chevalier aurait ri des casse-têtes et des arcs des sauvages; nous, nous rions des brassards, des cuissards et des visières fermées. Avant un siècle, peut-être, on rira de nos mesquines armes de guerre.

— Et par quoi les remplacera-t-on? demandai-je.

— Par l'électricité! me répondit-il.

— Par l'électricité? répétai-je, avec une nuance de doute.

— Oui, s'écria-t-il, par l'électricité! par ces étincelles inégales, capricieuses, qu'on tirait naguère d'une roue en verre, et en frottant de peau de chat des gâteaux résineux! Les piles de Buntzen, les bobines de Ronkoff n'allument-elles pas déjà vos mines au sein de la terre et au fond de la mer? Ne les fait-on pas servir de courrier d'un monde à l'autre? Ne les fait-on pas même parler, écrire et dessiner à quelque distance que ce soit? Eh bien! l'homme finira par dérober tout à fait la foudre du ciel. Comment? je n'en sais rien, et personne ne le sait encore. Mais l'homme, je vous le répète, est sur la voie. Une fois résolu, ce problème si voisin de la solution, d'un seul coup de tonnerre électrique on abattra des armées entières, on écrasera des villes, on fera disparaître les populations de tout un continent. Peut-être, alors, devant de pareils moyens de destruction, s'arrêtera-t-on et consentira-t-on à ne plus recourir à la force brutale pour décider du droit des nations? La guerre est aussi stupide, aussi barbare et aussi surannée que le duel!

— Mais comment inventer, comment réaliser de si formidables appareils?

— En étudiant la nature. L'anatomie ne révèle-t-elle pas des leviers de toute sorte et de toute force? La circulation du sang ne s'opère-t-elle pas au moyen de canaux et de vannes? Les insectes ne possèdent-ils pas des outils, des armes incomparables, des ressorts et une mécanique sublime? Nos appareils électriques valent-ils l'appareil nerveux? Chez la moindre bestiole, les machines à foudroyer n'existent-elles pas terribles, inexorables, infaillibles? Il ne reste plus à l'homme, s'il en est capable, qu'à les imiter, même imparfaitement.

« Tout se tient et tout s'enchaine dans la nature. Pour parvenir à bien déchiffrer une seule page du divin livre de la création, il faudrait savoir les lire toutes. Rappelez-vous les singulières propriétés de certains animaux armés d'une sorte de foudre.

« Rudimentaire chez les raies, qui néanmoins stupé-

fient leur proie pour pouvoir ensuite la manger lentement et à leur aise, ce que leur rendrait impossible, sans
cela, l'étroite conformation de leur bouche ; complète et
terrible chez le mélopture et chez la torpille, elle devient
plus redoutable encore chez le gymnote, qui, d'une seule
décharge, tue un cheval. Mon ami de Humboldt a été plusieurs fois témoin de ce fait au cano de Bera[1].

« Qu'on étudie donc leurs organes, ces colonnes vivantes entortillées pour ainsi dire d'un amas de filets nerveux qui produisent et reproduisent sans cesse le fluide

[1] Tous les poissons électriques présentent une forme physionomique
plus ou moins semblable. Leurs yeux ont une expression particulière
et remarquable, leur peau est lisse, douce et mince, et l'on observe
à la surface de leur corps une multitude de pores qui livrent passage
à une sécrétion plus ou moins onctueuse.

Tous me paraissent avoir un développement musculaire en rapport
avec les dimensions de l'appareil électrique, quoique la commotion
soit tout à fait distincte du phénomène de la contraction musculaire.

Tous enfin ont un appareil où se fabrique le fluide électrique.

Chez tous la commotion électrique et sa puissance sont en rapport
avec les dimensions de l'appareil et le nombre des nerfs qui s'y
rendent.

L'appareil électrique, chez tous les poissons qui en sont pourvus, reçoit des nerfs qui n'ont aucun caractère particulier ou spécial, et, en
cela, le système nerveux de cet appareil n'est pas distinct du système
nerveux général, quant à sa structure et à son origine.

Je dois observer encore que chez tous les poissons électriques la
batterie est toujours superficiellement placée et se rapproche plus
ou moins des téguments ou de l'enveloppe cutanée, soit qu'elle siége
près de la tête, soit qu'elle soit placée sur le tronc, comme chez le
gymnote, par exemple, dont on voit le long appareil se prolonger
depuis la tête jusqu'à la queue.

Observons enfin que tous les appareils électriques se ressem-
blent par leur composition Des membranes, des liquides, des apo-
névroses, des vaisseaux, des nerfs remarquables par leur volume
et leur nombre, se rendent à cet étonnant appareil qui simule une
pile artificielle. (JOBERT DE LAMBALLE. — *Des appareils électriques des
poissons*.)

électrique des tonnerres vivants! Qu'on découvre, s'il se peut, le secret du Créateur! Qu'on s'efforce de l'imiter! Quand les déceptions, les erreurs, les tâtonnements, le temps, l'expérience, petit à petit, lentement, à l'heure voulue, auront rendu son œuvre possible, alors, comme je vous le disais tout à l'heure, l'homme pourra détruire à son aise des armées et des pays entiers.

« L'électricité! Où s'arrêteront les merveilles de ce nouvel agent de l'humanité? Déjà elle a opéré des révolutions immenses dans les arts, dans les sciences, dans la médecine, dans l'industrie, partout! Et cependant à peine en est-elle encore aujourd'hui à son premier pas! Que sera-ce demain? dans une année? dans un siècle? Elle transformera les mœurs, les habitudes, les idées, les gouvernements, les États; elle jettera dans l'oubli sa sœur la vapeur, devant laquelle nous nous tenons agenouillée; elle règnera jusqu'à ce que Dieu laisse tomber de sa main une autre découverte, qui relègue à son tour l'électricité dans l'ombre, l'inaction et le dédain. »

Tandis que le docteur s'exprimait ainsi, le maki s'était rapproché peu à peu du feu, devant lequel il se tenait les bras étendus, dans une sorte d'extase, comme un véritable disciple de Zoroastre.

Tout à coup un gros tison enflammé se détacha du brasier et tomba en roulant jusque sur une des pattes du pauvre animal, qui poussa une cri de douleur, et d'un seul bond courut se jeter et se réfugier dans le sein de son maître. Gewartius pâlit, s'interrompit, prit dans ses bras le singe madécasse, l'embrassa, le consola, et l'apaisa, non sans peine, comme il l'eût fait d'un enfant.

Puis se tournant vers moi, avec un de ces sourires inexprimables qui font tant de mal à voir :

« Il faut m'excuser, me dit-il ; le pauvre petit animal est, en ce monde, la seule créature qui m'aime et qu'il me reste à aimer ! Des mains chéries l'ont bercé bien des fois, des mains que mon dernier baiser a senties froides et immobiles ! »

Et il porta son regard chargé de larmes vers un portrait d'enfant placé au-dessous d'un crucifix et entouré d'une touffe de fleurs funèbres.

Après quoi il me tendit la main, et nous nous séparâmes, moi le cœur douloureusement serré, lui en me saluant une dernière fois, de ce cette formule d'adieu empruntée aux premiers chrétiens :

« Au revoir, ici-bas, ou là-haut ! »

Descendu dans la rue, je me trouvai au milieu d'un tumulte, près duquel paraîtraient calmes les saturnales de la descente de la Courtille. Partout des illuminations, partout de la foule, partout des cris. Les uns assiégaient les loges des saltimbanques, les autres remplissaient les pittoresques baraques des marchandes de gaufres ; ceux-ci entouraient des comptoirs en plein vent, surchargés de grandes moules crues, d'anguilles fumées (*gerookte alen*) et de légumes confits dans le vinaigre ; ceux-là se tenaient debout devant des centaines de boutique pleines de menue bimbeloterie importée de France ou d'Allemagne. Les Frisonnes en *oorIisers* d'or, les Nordhollandaises, le front voilé de dentelles, les jeunes filles des Enfants-Trouvés avec leur costume mi-parti de rouge et de noir, les orphelines, la tête couverte d'un léger bonnet blanc qui laisse à découvert leurs beaux cheveux blonds, les bras nus, la poitrine nue, et vêtues d'une robe taillée sur le patron de la toilette de madame de Montespan ; des hommes, des vieillards, des femmes, des enfants, des matelots, des soldats, des paysans de toutes les provinces des Pays-Bas buvaient, mangeaient, dansaient, se croisaient, se heurtaient, chantaient, criaient, et formaient d'immenses farandoles, en proie à une sorte de frénésie qui, chaque année, au mois de septembre, affole le peuple le plus flegmatique de l'Europe.

On appelle cette épidémie périodique : la *kermesse*.

LE LÉZARD D'OR

I

UN CHEMIN DE FER

Les chemins de fer ont déjà changé complétement les habitudes des voyageurs. Cette foule qui assiége l'embarcadère n'a rien de commun avec les huit ou dix personnes qui naguère venaient s'entasser sur les banquettes étroites et incommodes de l'intérieur d'une diligence, se condamnaient aux *gehennes* de la rotonde, subissaient les ardeurs du soleil, les gerçures du vent ou les morsures de la gelée sur le siége périlleux de la banquette, et s'assourdissaient dans le coupé au cliquetis des vitres et au brouhaha des portières. Si les wagons de troisième classe rappellent encore un peu les tortures de la rotonde aux malheureux qu'elles livrent à des courants d'air dangereux, et qu'elles protégent fort mal contre les injures de la tempête et de la pluie ; en revanche, il est difficile de réunir plus de bien-être et de confortable que n'en offrent les diligences. Un voyageur qui accourt du fond de l'Allemagne à Paris, commodément assis dans son excellent fauteuil, voit se dérouler à sa droite et à sa gauche, avec une rapidité qui tient de la féerie, les sites les plus variés, les plus riches, les plus arides et toujours les plus inattendus. Tantôt encore, comme pour donner un nouveau charme à ce spectacle merveilleux, il traverse un souterrain ; on se trouve enfermé entre deux hautes murailles de terre qui ne laissent même point apercevoir l'azur du ciel ; c'est le rideau que l'entr'acte vient jeter sur la scène. Tout à coup le rideau s'efface, une plaine immense de verdure, semée de villages, s'épanche sous le regard, cède la place à des bois pittoresques, à des collines, à des ruines, spectacle rapide, se renouvelant sans cesse, et qui, net et précis à quelque distance, ne permet point à l'œil de regarder impunément l'espèce de tourbillon, confus, plein de vertiges, qui semble presser les flancs du convoi, comme pour mieux placer les tableaux du fond dans la sérénité de leur perspective et à leur véritable point de vue.

Telles étaient les réflexions d'un voyageur qui, en 1848, se trouvait seul dans une diligence du chemin de fer qui conduit de Bruxelles à Paris. Tout à coup le convoi s'arrêta : on était arrivé à la première station belge.

Les stations ne manquent pas non plus de charmes, et

l'on ne voit pas sans intérêts tous ces gens empressés, fourmilière éparpillée au milieu de l'embarcadère, qui se hâte de prendre place dans le convoi, qui apparait nombreuse et bruyante pour disparaître à l'instant, et qui fait succéder tout à coup au tumulte et à la foule un calme et une solitude profonde. Alors le sifflet de la machine jette un cri aigu et un ébranlement électrique et léger se communique aux anneaux mobiles de ce serpent gigantesque qui s'élance en se couronnant d'une immense aigrette de nuages et de fumée.

Quand le voyageur rentra la tête dans le wagon, et cessa de contempler le spectacle qu'offrait à ses regards le départ du convoi, il s'aperçut qu'on lui avait donné un compagnon.

Le nouveau venu, enveloppé dans les larges plis d'un manteau noir doublé d'étoffe rouge, cachait son visage presque tout entier sous un large berret de velour noir. On n'apercevait qu'une moustache un peu ardente, que soulevait de temps à autre un soupir mal contenu, et dont l'expression douloureuse semblait révéler un découragement profond. Tout à coup il releva brusquement la tête, rejeta son manteau en arrière, repoussa le berret qui voilait son front et laissa voir à son compagnon de route des traits d'une énergie et d'une audace qui ne semblaient guère en harmonie avec l'accablement auquel il s'était d'abord abandonné. Il passa ses deux mains sur son visage, abattit la glace de la portière et livra aux caresses impétueuses du vent sa longue chevelure noire qui commençait à blanchir, et sa face brune dont une large cicatrice coupait en deux la joue gauche, la vivacité de l'air

le ranima et parut dissiper en partie la tristesse de ses
idées.

C'était un beau cavalier de quarante ans environ, et sur
les traits duquel le climat méridional imprimait son
cachet vif et ardent; les malheurs et les fatigues avaient
dévasté son front tout sillonné de rides profondes ; ses
lèvres, un peu grosses et largement fendues, exprimaient
le dédain du péril, sinon le dédain des hommes ; enfin
ses mains, d'une perfection presque féminine, attestaient
cette pureté de race sans laquelle on ne saurait posséder
ni la force de l'âme, ni le génie, ni les trésors de l'imagination. Il s'établit commodément dans le fauteuil et s'assura, du regard, que son épée et son parapluie se trouvaient accrochés au-dessus de sa tête et fraternellement
dans le même étui de cuir. La poignée de l'épée, qu'on
entrevoyait à travers les courroies négligemment attachées, semblait usée par place et avoir perdu la couche d'or qui jadis recouvrait sa coquille. Quant au
parapluie, il montrait pacifiquement un manche de bam-
bou fort modeste et, comme l'épée, écorné à diverses
places.

L'inconnu ne tarda pas à retomber dans une rêverie
profonde. Sa large poitrine laissa de nouveau échapper
des soupirs. On le voyait, il luttait contre des pensées ou
des souvenirs dont il ne pouvait vaincre la douloureuse
obsession. Son talon tourmentait le tapis par une agitation
nerveuse, et ses mains se serraient et s'ouvraient tour à
tour. Il ne cessait de s'agiter comme si le moelleux dos-
sier de son fauteuil eût contenu des épines. Il rouvrit encore une fois la glace de la portière, et sortit la tête afin

de mieux s'exposer au courant excessif de l'air. Après avoir subi cette véritable douche de vent, il parut plus calme, posa doucement les mains sur sa poitrine, et s'assura par de délicates précautions qu'un objet, sans doute d'un grand prix, n'en avait point disparu. Un léger frémissement se fit alors sentir sous les plis de l'habit boutonné militairement. Était-ce un mouvement des muscles, ou bien fallait-il l'attribuer à la présence d'un être vivant, caché dans le sein de l'inconnu? Telle était l'énigme que, dans son oisiveté de voyageur, se donna à résoudre le compagnon de l'inconnu. Ses doutes ne tardèrent point toutefois à cesser, lorsqu'il entendit l'étranger adresser, en espagnol, des paroles de tendresse à cet objet mystérieux qui venait de tressaillir.

Un mouvement plus prononcé souleva les plis de l'habit ; à l'endroit où les revers venaient se joindre au collet et à la cravate, se montra une tête verte et des yeux de flamme.

L'Espagnol donna à sa voix une expression encore plus caressante ; alors les petits yeux de la bizarre apparition dardèrent des étincelles, et une langue noire et fourchue vint caresser doucement les lèvres de l'étranger.

La tête sortit davantage, et deux petites pattes, délicatement nuancées des tons les plus doux de l'émeraude, dont elles avaient d'ailleurs les reflets miroitants, se glissèrent près de la tête par un mouvement de molle câlinerie.

« Doucement ! doucement ! dit l'Espagnol en donnant à sa voix cette inflexion ineffable qu'une mère trouve pour ses enfants. »

Mais comme tous les êtres qui se savent aimés jusqu'à
la faiblesse, celui à qui s'adressait cette recommandation :
Doucement ! Doucement ! n'en tint pas compte, abusa de
la tendresse qu'on lui prodiguait, se glissa tout à fait
hors de l'habit de son maître et laissa voir la robe glau-
que et saupoudrée d'or d'un magnifique lézard des montagnes.

« Ah ! Dolorès ! Dolorès ! lui dit l'Espagnol, que faites-
vous ? rentrez bien vite ! »

Le lézard, par un mouvement brusque, sauta sur l'é-
paule de l'Espagnol et monta effrontément sur sa tête
pour se blottir dans ses cheveux. Le maître voulut le saisir : il résista, fit le gros dos, mordilla sans toutefois les
blesser, les doigts qui voulaient s'emparer de lui, et resta
victorieusement en possession de la place. Quand son
maître ne chercha plus à la lui disputer, avec le caprice
de toute créature forte de sa faiblesse, il s'abattit sur la
poitrine de son ami, descendit vers ses genoux, et là,
dans une attitude pleine de grâce, il se mit à regarder
son maître et à fixer sur lui ses yeux pétillants de malice
et de gaieté.

L'autre voyageur, jusque-là, s'était tenu dans une profonde réserve ; il n'avait point proféré une syllabe et ressemblait, par son immobilité, à une statue plutôt qu'à
un être vivant ; toutefois, il ne put, à la vue du lézard,
réprimer une exclamation de surprise et de plaisir.

« Le magnifique lézard ! s'écria-t-il ; jamais je n'ai vu
un plus bel échantillon du *lacerta viridis;* rarement ce
bel animal atteint à de pareilles proportions.

— N'est-ce pas, monsieur ? » répondit l'Espagnol avec

la complaisance et la vague émotion d'une mère dont on flatte la tendresse et l'orgueil que lui inspire son enfant.

D'ailleurs l'étranger ne semblait pas un juge vulgaire; son regard avait pris une légère animation à l'aspect du reptile, et la dénomination scientifique dont il avait fait usage révélait, sinon un naturaliste, du moins une personne qui ne se trouvait point étrangère aux classifications et aux dénominations adoptées par les naturalistes.

L'Espagnol, charmé qu'un homme sérieux et dont les manières annonçaient de la distinction, non-seulement ne taxait point de puérilité son goût singulier pour les reptiles, mais encore semblait le partager, fit un geste au lézard qui leva vers son maître sa tête intelligente et s'élança sur les genoux du voyageur sans crainte, sans hésitation et en témoignant une confiance qui n'est point habituelle à cette race timide et craintive. Il semblait dire : « Mon maître m'ordonne d'aller à vous, je n'ai rien à redouter de votre part. »

· Le voyageur regarda curieusement le lézard, examina la forme de ses pattes et de ses doigts, et confirma la beauté de l'animal en connaisseur profond et savant. Le lézard tournait par intervalles la tête vers l'Espagnol ; il semblait exprimer qu'il lui tardait de revenir près de lui, quoiqu'il n'osât point le faire sans en avoir reçu l'ordre.

En ce moment, le convoi arriva à la frontière, et l'Espagnol se hâta de replacer le lézard dans son sein, car il fallait subir les investigations de la douane. Assurément, de toutes les vexations qu'imposent les nécessités sociales et les exigences de la loi, il n'en est point de plus pénible

que cette visite qui vient impunément bouleverser les
bagages d'un voyageur, révéler sans pudeur à ceux qui
l'entourent le secret de sa pauvreté ou de ses souffrances
et l'exposer aux sourires railleurs d'un premier venu.
L'homme, sa nature, ses habitudes, sa position sociale
et sa fortune bonne ou mauvaise se lisent, en caractères
incontestables, dans cet examen des objets que contient
sa malle. L'ex-compagnon de l'officier espagnol n'eut
garde de laisser échapper une occasion de compléter les
suppositions qu'il avait faites à son égard. L'étranger ne
possédait pour tout bagage qu'un petit portemanteau de
cuir, en assez mauvais état et que ne fermait ni une serrure ni même un simple cadenas. On reconnaissait, du
reste, l'inutilité d'une semblable précaution en voyant les
tristes objets entassés pêle-mêle dans la valise, avec une
insouciance d'artiste plutôt qu'avec l'habitude d'ordre
d'un soldat. Deux ou trois chemises usées, un peu de
linge en assez mauvais état, un uniforme, dont le soleil,
la pluie et l'usage avaient rougi les dorures et altéré l'é-
carlate, composaient, avec deux paires de bottes à larges
éperons, la garde-robe de l'Espagnol. Un petit écrin contenait un crachat et deux ordres castillans enveloppés dans
de la ouate. Le douanier éplucha ces pauvres hardes une
à une, avec une attention hargneuse et presque hostile qui
rappelait la haine des dogues contre les gens mal vêtus.
Douze ou quinze cigares roulés dans un coin du portemanteau attirèrent son attention ; il les prit, il les regarda, il les compta dans ses doigts crasseux et finit par
consulter un de ses chefs qui rendit un arrêt favorable,
car les cigares reprirent, un peu froissés il est vrai, leur

place dans le coin du portemanteau où ils avaient été découverts.

L'Espagnol supporta ces irritantes épreuves avec la patience et l'impassibilité d'un homme trop endurci aux plus rudes misères de la vie pour tenir compte de pareilles misères. Son sourcil ne sourcilla point, sa main ne laissa point échapper un geste d'impatience, son pied ne frappa point le sol.

Tandis que le douanier laissait étalées les preuves d'une honorable indigence sous les yeux de tous les spectateurs et particulièrement du voyageur, l'un des personnages de cette histoire, de temps à autre il se contentait de passer ses doigts doucement sur sa poitrine, sans doute pour rassurer le lézard et l'exhorter à la patience.

Enfin, la visite des douaniers s'acheva ; on reporta les bagages dans les wagons, la sonnette du départ appela les voyageurs, le débarcadère redevint désert et le convoi se remit en route. Personne n'était venu prendre place dans le wagon où se trouvaient l'Espagnol et le compagnon que le hasard lui avait donné en partant de Bruxelles.

Après cinq ou six minutes de course du convoi, l'Espagnol se tourna vers le Français et lui dit :

« Monsieur, je vais vous paraître bien étrange sinon bien ridicule ; mais je ne me sens pas le courage de sacrifier à un mesquin sentiment d'amour-propre le bien-être du seul ami que je possède au monde. Je vais donner à manger à mon lézard. Vous m'excuserez, n'est-ce pas, et vous ne m'accuserez point d'excentricité factice? Ce que je redoute le plus au monde, c'est précisément l'affectation et la prétention d'agir en dehors des habitudes reçues.

— Je vous pardonne d'autant plus volontiers que je partage vos goûts, monsieur, répondit le voyageur à qui s'adressait cette justification. Je porte envie au trésor que vous possédez; et je m'estimerais heureux de posséder un animal d'une telle beauté et d'une pareille intelligence. »

L'étranger leva sur celui qui lui parlait son regard pénétrant et presque impérieux pour s'assurer que le Français ne raillait point, et qu'en parlant ainsi il formulait une pensée sincère. Rassuré par l'expression grave et franche qu'exprimait la physionomie de son compagnon, il siffla légèrement, attira le lézard sur ses genoux et tira de sa poche une petite boîte en fer-blanc pleine d'insectes. Il donnait un à un ces insectes au lézard, qui les prenait entre les doigts de son maître et sollicitait une nouvelle provende, chaque fois que l'Espagnol semblait disposé à replacer le couvercle qui fermait l'étui. A la fin il s'avoua vaincu, mouilla sa langue fourchue aux lèvres de son ami, et se plaça sous un rayon de soleil, qui, pénétrant, éblouissant et tiède à travers les glaces de la portière, tombait sur la banquette du wagon.

L'Espagnol, dans un ineffable contentement, le regarda faire sa sieste. Le lézard avait pris une de ces attitudes nonchalantes et gracieuses qui caractérisent son espèce. Voluptueusement étendu, la tête appuyée sur les pattes de devant, il absorbait par tous les pores de son dos et de ses flancs la chaleur vivifiante du soleil. De temps en temps il semblait succomber aux sensations ineffables qui l'accablaient, abaissait voluptueusement ses paupières, et son extase eût inspiré de la jalousie au nonchalant le plus favorisé et le plus heureux. L'officier veillait à ce que le

moindre pli de feuille de rose ne troublât point l'enivre-
ment de son sybarite ; il soutenait de la main les rideaux
des glaces pour que les rayons du soleil tombassent d'a-
plomb sur les flancs du lézard, et il garda imperturbable-
ment cette attitude fatigante, qui devait déranger quelque
peu la position de son favori s'il l'avait modifiée.

Cependant le ciel se couvrait de nuages ; le soleil pâ-
lissait, et ne tarda point à disparaître. Le wagon perdit
ses reflets d'or, qui étincelaient par milliers sur chaque
angle où se brisait la lumière. Le lézard sortit de l'enivre-
ment dont l'avait enveloppé la chaleur, se traîna jusqu'à
la poitrine de son maître et se glissa dans les plis de sa
redingote. L'Espagnol se décida à changer enfin d'attitude et à prendre une position moins incommode.

« Possédez-vous depuis longtemps ce bel exemplaire
du *lacerta viridis?* demanda le Français.

— Depuis longtemps, senor, répondit celui à qui s'a-
dressait cette question.

— Vous l'avez pris dans les montagnes de la Catalogne ? »

Un soupir, un soupir plein de souvenirs douloureux
et de souffrances réveillées, répondit à cette question.
L'Espagnol leva la tête, passa ses belles mains dans ses
cheveux à demi blanchis et sur son front haut et dépouillé.

« L'histoire de ma liaison avec Dolorès, — c'est le
nom que je lui ai donné, — dit l'Espagnol, ne manque
pas d'un intérêt romanesque, et peut-être ne vous en-
nuiera-t-il point que je vous la raconte. Si, comme je le
suppose, vous aimez l'histoire naturelle, vous trouverez
dans mon récit un exemple de l'intelligence et de l'affection pour l'homme que l'antiquité attribuait à ces ani-

maux, ét que de nos jours, je ne sais trop pourquoi, la science leur conteste. Je ne discuterai point avec eux le plus ou le moins de développement du cerveau des sauriens, c'est, je crois, l'expression qu'on emploie et dont vous vous êtes servi pour désigner un lézard ; j'ignore si la matière qui compose leur cerveau est solide ou céreuse, compacte ou fluide ; tout ce qu'il m'importe à dire, c'est qu'un chien intelligent et dévoué ne m'eût point donné de preuves d'affection plus grandes que ne l'a fait Dolorès. »

Le Français se rapprocha de l'étranger, qui, de son côté, se pencha pour mieux se faire entendre et ne point élever trop la voix. Il semblait souffrir de la poitrine. Le léger enrouement qui forme un des caractères de la phthisie, se manifestait chez lui et produisait une toux convulsive dès qu'il cessait de s'exprimer avec une sage précaution et tout bas.

II

OU IL S'AGIT DE GUÊPES

L'Espagnol, avant de commencer le récit qu'il venait de promettre à son compagnon de voyage, tomba dans une rêverie profonde et garda le silence pendant quelques instants. Il semblait se jeter à regret au milieu des souvenirs qu'il allait évoquer. Telle était la nature de ces souvenirs, qu'une tristesse plus profonde encore assombrit l'expression si mélancolique déjà de son visage. A la fin, il sortit par une résolution brusque de cet état d'abattement et d'irrésolution, et se tournant vers le Français :

« Monsieur, lui dit-il, vous me permettrez de ne vous dire ni mon nom, ni par quels événements je me trouve condamné à vivre loin de ma patrie et à demander un asile à la France. Mon nom est obscur pour tout autre qu'un Espagnol, et n'évoquerait en vous aucun souvenir. Quant aux événements de ma vie, qu'il vous suffise de savoir que les dissensions politiques qui désolent depuis tant d'années l'Espagne m'ont mis les armes à la main. Jeune, libre, noble, l'honneur ne me faisait-il point un impérieux devoir de prendre l'épée de mes aïeux, de la ceindre à mes côtés et de servir la cause qu'une conviction profonde et l'exemple de mon père me disaient être la seule juste et loyale? Le jour même où les vieux serviteurs, aux soins desquels je me trouvais confié, m'apprirent en pleurant que mon père avait péri pour une noble cause, j'allai occuper la place que sa mort laissait libre parmi ses compagnons d'armes. »

Tandis qu'il parlait ainsi, la voix de l'Espagnol s'élevait peu à peu et prenait une expression chaleureuse; une vive animation colorait son visage basané. Un douloureux accès de la toux sèche et redoutable qui lui était habituelle l'arrêta court; il se tut, passa les mains sur son front et reprit à mi-voix :

« Pardonnez-moi, monsieur ; mais je ne saurais garder mon sang-froid en face de ces souvenirs. Nous autres Espagnols, nous sommes ainsi faits! J'ai perdu ma fortune,

une maladie fatale me consume lentement; je ne puis revoir, avant de mourir, le doux ciel de mon pays et le vieux château où dorment les cendres de ma mère; et vous le voyez cependant, au souvenir de la cause sainte qui m'a ravi tous ces biens, mon cœur bat à rompre ma poitrine et des larmes emplissent mes yeux. »

Il s'interrompit encore, et se mit à caresser son lézard qui semblant comprendre que son maître éprouvait le besoin d'une consolation, sortait la tête de dessous les plis du manteau et regardait avec tendresse l'officier.

« Ce n'est point mon histoire que j'ai promis de vous raconter, dit-il, quand son accès de toux s'apaisa un peu; j'ai promis de vous parler de Dolorès; et je vais tâcher de le faire. Il faut pourtant que vous le sachiez encore, mes débuts dans les rangs où m'entraînaient ma conviction politique et la mort de mon père à venger ne furent pas heureux. Dès ma première affaire, je tombai presque mortellement blessé au milieu de mes compagnons d'armes, accablés par le nombre. On me releva mourant, on m'emmena prisonnier; on me jeta dans une prison, où ma jeunesse m'empêcha de succomber à une fièvre ardente et à un délire qui se prolongèrent plusieurs jours.

« Quand je revins à moi, et que ma raison me permit de me souvenir et de voir, je me trouvais couché sur de la paille, seul au milieu d'une prison ronde qui devait être l'intérieur d'une tour.

« Aucun meuble ne se trouvait dans ces tristes lieux, qui ne prenaient d'air et de lumière que par une meurtrière élevée de trois ou quatre pieds au-dessus de ma

tête. Un geôlier, espèce de brute, m'apportait ma nourriture tous les soirs ; il ne voulut jamais répondre aux
questions que je lui adressais, soit qu'il obéît aux ordres
de ceux qui m'avaient fait jeter dans ce cachot, soit qu'il
se fît une joie cruelle de mes inquiétudes.

« Ma convalescence touchait à son terme, et j'avais retrouvé mes forces en partie, que je n'avais pu encore découvrir depuis combien de temps j'étais prisonnier et
quelle forteresse me renfermait. Je ne savais même pas si
le cachot que j'habitais prenait son jour dans l'intérieur
d'un fossé ou se dressait au sommet de fortifications.
Toutes mes tentatives pour arriver jusqu'à la meurtrière
et regarder à travers son étroite ouverture restèrent vaines. J'étais sans livres, monsieur, sans plume, sans papier, réduit à l'isolement le plus profond, en face des
murs élevés, ronds, uniformes, sur lesquels une main implacable avait gratté jusqu'aux inscriptions gravées par
mes prédécesseurs dans ce séjour lugubre. Je passais des
heures entières à chercher à deviner une lettre moins ef-
facée que le reste du nom par le couteau impitoyable de
mon geôlier. Après un an, quand j'eus compté jour par
jour, instant par instant, tous les moments de cette existence, je sentis ma raison s'affaiblir et mon courage m'a-
bandonner. Pendant des heures entières, je restais étendu
sur ma couche de paille, regardant d'un œil stupide vol-
tiger au-dessus de ma tête quelques mouches égarées
dans ma prison, et qui tournaient lentement sous les
tièdes rayons du soleil pénétrant par la meurtrière et
frappant le mur bien au-dessus de ma tête.

« Un jour que ce rayon de soleil se montrait plus énergique et plus vif qu'à l'ordinaire, et qu'il répandait même une sorte de chaleur dans ma prison, j'entendis un bourdonnement sonore qui résonnait sous la voûte. Un son nouveau, un son inaccoutumé, était un grand événement pour un pauvre prisonnier jusqu'aux oreilles de qui n'arrivaient même pas les bruits extérieurs de la ville ou de la campagne au milieu desquelles était sa prison. Mes regards cherchèrent donc avec empressement d'où provenait ce murmure et ne tardèrent point à distinguer une énorme guêpe qui volait çà et là dans le cachot et qui finit par descendre à la hauteur de mon visage. Elle allait et venait, tantôt s'arrêtant et tantôt reprenant son vol, fort insoucieuse de ma présence. Il est vrai que, dans la crainte de l'effaroucher et de la voir s'envoler, je n'osais faire le moindre mouvement; je retenais mon haleine; ma solitude devenait moins profonde en présence de cet insecte qui, de son aile, effleurait mon visage en passant, et me rappelait les belles campagnes que dominait le château de mon père ; campagnes où tant de fois j'avais, tout enfant, passé des journées entières à suivre le vol d'un papillon ou d'un insecte.

« Cependant, la guêpe continuait ses investigations ; elle sondait de ses deux longes antennes, qui couronnaient sa tête d'or et de velours noir, les murailles et chaque joint de leurs pierres. A la fin, je la vis disparaître au niveau du sol dans un trou assez vaste que quelque rat mort de faim, sans doute, avant mon arrivée dans le cachot désert, avait imprudemment creusé. Elle y demeura huit à dix minutes, en ressortit à tire-d'aile, regagna et traversa avec la prestesse et la rapidité d'une flèche l'ou-

verture étroite de la meutrière et disparut, me laissant
dans une solitude qui me semblait encore plus profonde
que par le passé !...

« Cependant j'avais bon espoir qu'elle reviendrait, et
cet espoir ne tarda pas à se réaliser. »

Le conteur s'arrêta un peu fatigué, et le voyageur français profita de cette interruption pour dire à l'Espagnol
combien il trouvait d'intérêt à cette histoire d'un prisonnier et de son cruel isolement. L'Espagnol écouta ces paroles bienveillantes avec le sourire mélancolique qui seyait
si bien à l'expression souffrante de sa physionomie et
continua en ces termes :

« Peu d'instants après, la guêpe reparut, se posa de
nouveau à l'entrée de la meurtrière, et recommença à
visiter mon cachot. Cette fois, ce fut la partie supérieure
de la voûte, à la fois d'une effrayante solidité et d'un déplorable délabrement, qu'elle examina sans rien oublier.
Une pauvre plante desséchée, poussée là par hasard et
morte depuis longtemps faute d'air et de nourriture,
dressait entre deux pierres ses petits brins grisâtres auxquels pendaient deux ou trois feuilles roides et longues.
La guêpe ressemblait à un architecte qui prend des mesures ; elle voletait en bourdonnant autour des feuilles,
grimpait et descendait le long des rameaux, et finit par
s'assurer de la solidité d'une branche qui s'étendait presque horizontalement. A l'aide de ses pattes de derrière
elle se suspendit à l'extrémité de cette branche, s'agita et
imprima des secousses à la frêle plante. Cet examen terminé, elle revint au trou dans lequel elle était entrée lors
de sa première visite, y séjourna quelques secondes et

sortit emportant dans ses mandibules un morceau de bois énorme en comparaison du frêle insecte qui venait de se l'approprier. Elle plaça ce morceau de bois sur une pierre qui faisait saillie à côté de la plante desséchée et le brisa en plusieurs petits fragments, qu'à l'aide de ses mâchoires elle réduisit en une bouillie grisâtre arrosée d'une matière visqueuse secrétée par sa bouche. Ce mortier formé, elle le gâcha à l'aide de ses pattes, comme l'eût pu faire un habile maçon ; enfin, et quand la préparation se trouva à point, elle se servit, en guise de truelle, de sa lèvre supérieure aplatie vers son extrémité, la couvrit du mortier ligneux, et commença la fabrication d'un nid avec une perfection et une rapidité d'exécution que je ne pouvais regarder sans me sentir ému d'admiration. Assise sur ses deux pattes de derrière, elle mettait en œuvre les quatre autres. Que vous dirai-je ? en vingt-quatre heures, à force de voyages au trou qui contenait des débris de bois, à force de mortier ligneux préparé et de travaux exécutés sur la plante desséchée, elle finit par former un admirable nid de la grosseur et de la forme d'une noix, et suspendu à l'extrémité de la branche la plus éloignée du mur. Ce nid, de couleur grisâtre, attaché par un pédoncule fin et d'une solidité à toute épreuve, se composait de couches légères et tenait du tissu de la soie et de la pâte du papier. On eût dit une de ces roses noires que les horticulteurs obtiennent parfois du monstrueux accouplement, produit par la greffe, entre le houx et l'églantier. »

L'Espagnol s'interrompit en souriant :

« Je cherchais sur votre visage si l'ennui ne s'y trouvait point amené par le récit minutieux de ces détails,

dit-il, et je crois, au contraire, y lire un peu des sentiments que j'éprouvais en face de l'œuvre de ma guêpe.
Jugez donc, si mes paroles froides et insuffisantes parviennent à vous intéresser, de ce que je ressentais, moi
qui voyais l'ouvrière au travail et le chef-d'œuvre s'exécuter sous mes yeux! moi, prisonnier, moi, condamné à
l'abandon et à l'isolement! moi, que l'inaction et l'ennui
consumaient lentement!

« Le nid achevé sans un moment de relâche, elle se re-
posa, et ses antennes s'agitèrent sur son front noir et
luisant, par un sentiment de joie et d'orgueil. Je la vis ensuite, dans chacune des cellules qui formaient le nid, déposer un œuf et fermer, par une légère couche de soie
végétale, l'entrée de ces cellules.

« Puis elle s'envola et regagna la campagne.

« Faut-il vous dire, monsieur, que ce nid de guêpe devint
dès lors un des événements de ma vie? J'en oubliais presque ma captivité. A chaque instant c'était un nouvel incident! Jugez de ce que devait être, dans les journées oi-
sives d'un prisonnier, un incident pareil!

« Cependant la guêpe, en campagne depuis deux jours,
revint et s'appocha du nid : elle apportait dans sa bouche une provende bien impatiemment attendue, puisque,
à son aspect, de chacune des dix cellules qui formaient
le nid sortirent dix petites têtes armées de fortes mandibules qui s'ouvrirent avec une impatiente avidité. La
guêpe, en bonne mère, alla de l'une à l'autre, donnant la
pâture à tous avec une égale tendresse. Les petits affamés, dès qu'ils se trouvaient suffisamment rassasiés, rentraient dans leur cellule, en refermaient le couvercle et

s'y endormaient. L'insecte infatigable pendant quinze jours ne cessa d'aller dans la campagne recueillir des vivres et de les rapporter au nid. Ce temps écoulé, je le vis prendre du repos ; il s'attacha au mur en face du nid, et sembla s'engourdir profondément. Les cellules s'étaient hermétiquement fermées sous un réseau de soies façonnées par les larves qui les habitaient !

« A cinq jours de là, un de ces couvercles de gaze se brisa ; une tête noire, et couronnée de deux longues antennes, sortit lentement de la cellule, et peu à peu me laissa voir une guêpe complétement formée ; seulement ses ailes se tenaient collées autour de ses flancs, et semblaient brisées. Insensiblement elle les tendit, les déploya, et s'envola vers sa mère, comme pour lui prêter serment d'obéissance et lui rendre hommage-lige.

« Avant midi, la reine-mère se trouvait entourée de dix vassaux vigoureux. Tous sortirent dans la campagne à la suite de leur souveraine. Ils revinrent chargés de matériaux et se mirent à augmenter le nid, dont ils triplèrent les cellules. Ces cellules terminées, la reine pondit de nouveau ; là se bornaient ses fonctions. A l'activité qu'elle avait autrefois déployée comme fondatrice d'une colonie, au dévouement qu'elle avait témoigné pour les nouveau-nés, succédaient maintenant une indifférence et une paresse absolues ; non-seulement elle laissait faire à ses sujets tous les travaux du nid, mais il fallait encore qu'ils lui apportassent un tribut abondant de nourriture. Elle recevait leurs offrandes avec dédain, choisissait les meilleures bribes de fruits et ne laissait manger les larves elles-mêmes qu'après avoir rassasié son appétit.

« Cependant la ruche allait toujours s'augmentant; les
pontes de la guêpe devenaient également plus abon-
dantes, et je finis par compter près de cent de ces insectes, qui allaient et venaient dans mon cachot, bourdonnant, voletant, et si peu inquiets de ma présence que,
sans crainte et sans penser à me blesser, ils se posaient
sur mes cheveux, sur mes genoux et même sur mes
mains. Le poste habituel de l'abeille-mère était une des
extrémités des débris d'un chapeau que m'avait laissés
mon geôlier pour toute coiffure. A peine éveillée elle s'y
plaçait et semblait, de cette place, observer, de concert
avec moi, la tribu placée sous ses ordres. »

III

LE LEGS

L'officier dont les traits, pendant cette partie de son
récit, s'étaient peu à peu empreints d'une expression de
sérénité et d'animation qui leur donnait un caractère plein
de charme et leur ôtait la rudesse martiale et la misan-
thropie que son compagnon, au premier abord, s'était
senti disposé à leur reprocher, semblait oublier sa souffrance d'âme et de corps au milieu de ces souvenirs; sa
voix, qu'il avait d'abord baissée, ne gardait plus rien de
la gêne douloureuse que lui donnait sa maladie, et résonnait grave, pure et sonore.

Il n'était point jusqu'à son attitude brisée qui n'eût disparu. Il se tenait à demi-penché vers son compagnon, et s'appuyait sur le coude gauche avec grâce, de manière à laisser libres les gestes élégants et pleins de justesse dont sa main droite accompagnait chaque mot de son histoire ; à la manière de la plupart des hommes du Midi, l'Espagnol mimait autant qu'il parlait.

« Faut-il vous dire, monsieur, faut-il vous dire le bonheur que cette colonie de guêpes apportait à un prisonnier, à un malheureux malade, qui n'avait vu depuis un an d'autre créature vivante qu'un geôlier stupide, passant son bras le soir à travers un étroit guichet, pour jeter un pain et déposer une cruche pleine d'eau. Je ne saurais vous énumérer les précautions que je multipliais autour de ces hôtes pour ne point troubler leur quiétude, et les laissér en paix construire ce nid qui me causait de si doux instants de distractions ! »

Il s'interrompit un moment et reprit :

« Les heures de la captivité avaient perdu pour moi leur ennui mortel. J'étais presque heureux, j'oubliais presque ma liberté en épelant lettre à lettre les caractères vivants et inconnus pour moi jusqu'alors, d'une page de la nature. Pendant que ces heures s'écoulaient, je continuais à m'initier à tous les secrets des guêpes. Je savais le nombre des membres de leur république, je connaissais même, à ne point m'y tromper, la physionomie de chacune d'elles. Si vous saviez combien la solitude rend l'homme patient et industrieux ! Si vous saviez avec quelle passion il se rattache à tout ce qui peut le soustraire à son abandon !

« Comme je vous le disais, je savais le nombre de mes

guêpes. Un matin, au lever du soleil, je reconnus que ce nombre s'était diminué de cinq ; ce fut un véritable souci pour moi. Je comptai et je recomptai mes hôtesses, il en manquait réellement cinq. Avaient-elles péri? s'étaient-elles égarées toute la matinée? Je me perdis en conjectures et je me mis à épier les causes de cette disparition. Rien d'abord ne m'apporta de révélations. Les guêpes se dirigeaient une à une, comme d'habitude, vers l'ouverture de la meurtrière ; trop étroite pour qu'elles pussent la traverser d'emblée, cette ouverture les obligeait à se poser un instant à l'entrée avant de prendre leur vol au dehors.

« Huit ou dix sortirent d'abord sans obstacle et je les apercevais qui s'élevaient en se détachant comme un point noir sur l'étroite bande bleue du ciel que je pouvais entrevoir.

« Tout à coup, une des voyageuses, au moment où elle paraissait sur le seuil de la meurtrière, disparut enlevée par un corps rapide qui s'élança sur elle et l'abattit. Quelques secondes après, d'autres guêpes subirent le même sort. Je crus un instant qu'un de mes geôliers avait surpris l'innocente distraction dont je jouissais, et qu'il se faisait un cruel plaisir de me l'enlever. Mais ils eussent si facilement, d'un coup de bâton, détruit tout le nid de guêpes, que je dus écarter cette pensée d'une destruction partielle. Cependant le carnage allait toujours continuant. Je ne pouvais plus en douter, on massacrait les guêpes, comme l'attestait une d'elle échappée à son mystérieux ennemi, et qui était venue tomber à mes pieds. Des dents aiguës avaient brisé son corselet, et laissé leur profonde empreinte sur son corps. Alors j'examinai avec plus d'attention et je ne tardai point à reconnaître qu'un lézard, posté à l'entrée extérieure de la meurtrière, attendait les guêpes à leur sortie, les saisissait et les croquait. Je résolus, dans ce péril extrême, de ne point abandonner mes alliées : je jetai mon manteau sur le nid, de manière à empêcher les guêpes de sortir, et hissant à l'extrémité d'un long brin de paille le cadavre de la guêpe assassinée, je le montai jusqu'à l'entrée de la meurtrière. Le lézard voulut saisir cette proie, mais je l'écartai doucement et la ramenai un peu plus bas. Le lézard passa rapidement la tête à travers la meurtrière et la retira aussitôt ; mais la guêpe était toujours là pour le tenter ; par entêtement encore plus que par gloutonnerie, après avoir bien reconnu les lieux et s'être laissé prendre à mon faux semblant d'immobilité, il s'introduisit dans le cachot et suivit l'insaisissable appât presque jusqu'à mes pieds. Je ne lui refusai pas plus longtemps le corps de la guêpe, qu'il saisit et qu'il dévora.

« Un moment j'eus la pensée de faire prisonnier ce charmant animal, mais je réfléchis à l'impossibilité absolue de l'enfermer et de le retenir malgré lui près de moi. Je le laissai donc en paix remonter le long de la muraille, regagner la meurtrière et reprendre sa liberté. Après qu'il eut disparu, j'ôtai de dessus les guêpes le manteau qui leur avait sauvé la vie ; les ingrates, pour me récompenser, se jetèrent sur moi, et trois ou quatre d'entre elles tentèrent de me piquer de leur aiguillon ; je n'eus que le temps de repousser leur attaque et de les abattre avec ce même manteau. Néanmoins, une d'entre elles, plus hardie et plus prompte, me perça la main. C'était une déclaration de guerre en règle.

« Le lendemain matin, car la nuit suspendit les hostilités, je n'hésitai point à faire prisonnière une guêpe, à la placer à l'extrémité d'un morceau de paille dont le bout taillé en pointe la transperça, et à recommencer la ruse qui m'avait si bien réussi la veille. Le lézard ne se fit point attendre cette fois. Il entra résolûment, descendit sans trop de façon jusqu'à moi et prit la guêpe à mes pieds ; il s'approcha ensuite du nid, et, comme il ne le faisait qu'avec défiance, j'abattis une guêpe qu'il prit cette fois dans mes doigts. Nous étions devenus les meilleurs amis du monde.

« Dès lors je n'hésitai pas à sacrifier les pauvres guêpes qui avaient apporté tant de consolations à ma captivité, et je les immolai une à une à mon nouvel ami. Il avait de son côté banni toute défiance. Il arrivait chaque jour à la même heure et repartait avec une exactitude dont se fût honoré un méthodiste, dès que le soleil commençait à disparaître et l'ombre à s'épaissir dans mon cachot.

« J'avais beau ménager mes guêpes, le nombre en diminuait sensiblement, et j'arrivai à la dernière avec un véritable sentiment de douleur. Le lézard allait m'abandonner et obéir à ce sentiment d'égoïsme qui m'avait fait lui sacrifier toutes les guêpes. Je le couvris donc de tendres baisers et ne put retenir une larme, le soir où je le vis partir après avoir passé près de moi une journée à jeun ; je croyais lui adresser des adieux éternels. Il n'en fut rien, monsieur ; j'étais aimé pour moi-même, et non par intérêt, par gloutonnerie. Le lendemain, Dolorès reparut comme d'habitude, et je crus remarquer dans ses caresses quelque chose de plus tendre encore que d'habitude :

on aurait dit, qu'il voulait protester contre les pensées injustes que la défiance m'avait inspirées.

« Sur ces entrefaites, l'automne succéda à l'été, et l'hiver à l'automne ; les pluies et les froids survinrent. Un soir, Dolorès, au lieu de se retirer comme il en avait l'habitude, se glissa dans ma poitrine et y passa la nuit. Il ne quitta point cet asile pendant deux ou trois mois, qui s'écoulèrent sans qu'il prit le moindre aliment, comme il arrive chez tous les animaux à sang froid pendant l'hibernation. Toujours blotti sur mon sein, à peine daignait-il sortir lorsque parfois un rayon de soleil parvenait à percer la meurtrière et à jeter une raie lumineuse au fond de ma prison. Je plaçais mes genoux sous la douce tiédeur de cette lumière, et ne tardais point à voir mon lézard s'étendre et absorber le plus possible de la chaleur que le ciel nous envoyait. Venait-il à passer un nuage, ou le soleil, en accomplissant ses évolutions, faisait-il disparaître le rayon lumineux, Dolorès tournait sa tête vers moi en signe d'adieux, caressait mes doigts de sa petite langue, et retournait nonchalamment vers l'asile qu'il s'était choisi sur ma poitrine. »

L'officier espagnol prit le lézard dans son sein, le baisa doucement, et reprit :

« Que vous dirai-je de plus, monsieur ; le jour où le ciel m'avait donné un ami, ma captivité était devenue supportable et même presque heureuse. Chaque jour Dolorès allait chercher des vivres au dehors, et revenait près de moi. Nous vécûmes ainsi deux années l'un pour l'autre et l'un par l'autre, jusqu'au jour où une des révolutions, si fréquentes dans mon malheureux pays, me délivra de ma captivité après avoir donné la victoire à la cause pour laquelle j'avais pris les armes. Hélas ! une nouvelle crise, fatale à mon parti, m'obligea bientôt à quitter ma patrie et à demander asile à une terre étrangère. Vous savez tout, monsieur, maintenant ; me voici pauvre, vaincu, exilé, malade et bien près de mourir sans avoir vu triompher la cause pour laquelle j'ai tant souffert ! sans pouvoir saluer une dernière fois le doux ciel de mon pays natal. »

En ce moment, un cri de sifflet s'élança de la machine vers le ciel, le convoi s'arrêta, les conducteurs ouvrirent les portières, et quatre cents personnes se précipitèrent hors des wagons dans le débarcadère de Paris.

Au milieu de ce tumulte général, à peine le Français avait-il eu le temps de prendre congé de son compagnon de voyage ; il comptait lui adresser ses adieux dans la salle d'attente des bagages, mais il vit l'Espagnol, son petit portemanteau à la main, passer avant tout le monde et sortir sans avoir à attendre avec ceux que la visite de l'octroi et la remise de leurs malles retenaient encore pour un quart d'heure.

Le voyageur français avait complétement oublié l'Espagnol, son compagnon de route, lorsque, six mois environ après son retour à Paris, il reçut une lettre qui le priait de passer chez le comte ***, capitaine réfugié de l'armée espagnole. La lettre ne contenait point d'autres renseignements ; au bas se trouvait l'adresse de l'officier : c'était dans les quartiers perdus qui avoisinent le Panthéon.

Ce jour-là, le soleil brillait d'un doux éclat ; celui à qui s'adressait la lettre de l'inconnu se sentait sous l'influence de ces dispositions paresseuses qui disposent si mal au travail, si bien à la flânerie ; il s'empressa donc d'accepter un si bon prétexte de ne pas se livrer au travail, monta en voiture et se rendit, par delà la Seine, au sommet de la montagne Sainte-Geneviève. Il arriva au numéro indiqué, dans une rue étroite, devant une des maisons noires, humides, malsaines, qu'on ne trouve que dans certaines parties de ces tristes quartiers.

Après avoir gravi trois étages, il entra, en se courbant sous une porte basse et étroite, dans une chambre délabrée, où l'on voyait pour tout meuble un grabat ; au-dessus de ce grabat se trouvaient attachés un crucifix et une épée. Il fallut quelque temps au visiteur pour reconnaître sur ce lit de douleur l'officier espagnol avec lequel il avait fait route six mois auparavant.

« Monsieur, lui dit le réfugié eu soulevant avec effort sa tête pâle et sur laquelle déjà la mort avait imprimé son sceau, vous m'excuserez de vous avoir fait venir assister au triste spectacle de mon agonie, quand vous saurez que votre visite rendra ma mort paisible. Les gens avides dont je me trouve entouré n'auraient rempli aucune de mes dernières volontés. Voici un testament en bonne forme qui vous nomme mon légataire universel. Oh ! ne faites pas un geste de surprise, monsieur ! l'héritage que je vous offre consiste à payer quelques petites dettes, à vouloir bien accepter cette épée loyale et malheureuse, et surtout à devenir le protecteur de mon lézard, que je veux laisser entre des mains amies. Ici, monsieur, après ma mort, ces gens l'écraseraient sans pitié !

— J'accepte votre héritage, senor comte, répondit le

Français, et s'il est vrai que Dieu soit près de vous rappeler à lui, je vous jure que vos dernières volontés seront
religieusement accomplies, et que Dolorès trouvera en
moi un ami dévoué. »

L'Espagnol sourit à celui qui parlait ainsi, lui tendit la
main, sortit le lézard de dessous ses couvertures, et le
caressa une dernière fois de cette main décharnée. Après
quoi il attacha ses regards sur le crucifix et rendit son âme
à Dieu en contemplant l'image divine.

L'héritier du trépassé n'eut pas de peine à se faire
accepter pour son légataire universel, lorsqu'il eut déclaré
qu'il se chargeait de payer les dettes laissées par le dé-
funt, et qu'il entendait que les funérailles fussent à ses
frais. Il détacha l'épée de la muraille, et s'approcha du
lézard resté sur la main du cadavre.

Le lézard ne se laissa prendre qu'après une vive résistance ; il se débattit, mordit son nouveau maître, et ne
céda qu'à la force.

Rien, à dater de ce moment, ne put calmer son humeur
violente ; il se montrait farouche, se refusait aux caresses,
et fuyait dès qu'on approchait de lui.. On finit par le lâcher dans un grand jardin ; il se réfugia parmi des pierres,
et on ne tarda point à s'apercevoir qu'il ne mangeait point
et qu'il ne recherchait plus avec avidité, comme autrefois,
les rayons vivifiants du soleil. Toujours triste, toujours
morne, toujours en proie à un sombre chagrin, il ne sortait pas du refuge qu'il s'était choisi.

Quatre mois après la mort de son maître, le lézard lui-
même avait succombé. On trouva sur une pierre son petit
corps inanimé.

A ceux qui voudraient voir dans ce récit une histoire de pure invention, nous dirons que tous les détails en sont véritables et d'une scrupuleuse exactitude. L'auteur n'a fait qu'écrire sous l'influence de souvenirs encore récents, et il atteste, en face de l'épée léguée par l'Espagnol qu'il n'a rien défiguré, rien créé dans l'hommage payé à la mémoire de l'intelligent et du fidèle lézard Dolorès...

MAMMIFÈRES

ET OISEAUX

LE COMPAGNON DU MOINE

Au plus fort de la Terreur, par une froide nuit d'automne, le brouillard épais particulier au nord de la France exhalait ses vapeurs fétides et grisâtres, et les mêlait aux ténèbres de la nuit. Pas une lanterne n'éclairait les rues désertes de la petite ville dans laquelle se passaient les événements que je vais vous raconter. En province, jadis, on n'allumait pas les réverbères, et l'on n'allume pas, aujourd'hui, les becs de gaz, les soirs où la lune doit briller au ciel. Tant pis, si elle ne brille pas ! La faute en est à elle, et non à la municipalité économe, qui, l'almanach à la main, reste fièrement dans son droit. Et d'ailleurs, pourquoi sortir en province après neuf heures, surtout en temps de révolution, et quand Joseph Lebon, ce hideux prêtre défroqué, exerçait dans la contrée sa sanglante dictature ? Ne valait-il pas mieux fermer sa porte à double tour, et se coucher, en demandant à Dieu de ne pas être éveillé en sursaut, la nuit, par une visite domiciliaire ?

Malgré toutes ces bonnes raisons pour rester chez soi, un vieillard, vers dix heures du soir, entr'ouvrit avec précaution la porte d'une pauvre maison située dans les bas-quartiers de la ville, regarda autour de lui avec crainte, se hasarda enfin à mettre le pied dehors, et se glissa le long des murs de manière à trahir le moins possible sa présence. En dépit de la rigueur de la saison, il marchait la tête nue, et ses lèvres murmuraient des prières.

Après sept ou huit minutes d'une course pleine d'angoisses, pendant laquelle il portait souvent avec anxiété ses mains sur sa poitrine, comme un homme qui craint pour un trésor qu'il emporte, il arriva dans le haut de la ville, devant une maison dont la porte s'ouvrit avant qu'il eût donné le moindre signal, derrière laquelle il se glissa furtivement, et qui se referma subitement sur lui. Telle était l'émotion du vieillard qu'une sueur glacée ruisselait sur son front chauve, et que ses jambes le soutenaient à peine. Le bourgeois qui était venu lui ouvrir, et dont les yeux semblaient rouges et gonflés de larmes, se tenait à genoux et priait.

Le vieillard lui posa la main sur l'épaule, et cet homme, qui semblait âgé de cinquante ans, se releva, alluma une bougie, et, cette bougie à la main, marcha devant son visiteur nocturne. Ils arrivèrent ainsi jusqu'à une chambre au rez-de-chaussée, dans laquelle se trouvait une jeune fille mourante, près de laquelle pleurait sa mère.

Le vieillard se d   rrassa de la vaste houppelande qui

l'enveloppait. Vêtu d'un surplis, et l'étole sur la poitrine, il sortit alors respectueusement de son sein un petit ciboire d'argent et un autre vase du même métal, s'agenouilla, adora le pain divin, après l'avoir placé sur une sorte d'autel improvisé, adressa tout bas quelques paroles à la malade, et commença les touchantes cérémonies du viatique et de l'extrême-onction. Le cœur le plus dur, l'esprit le plus philosophique de ces tristes temps n'eût pas, sans émotion, assisté à cette cérémonie sainte, à ces consolations apportées, au péril de sa vie, par un vieux prêtre à une enfant agonisante.

A peine achevait-il les onctions de l'huile consacrée, qu'un coup violent heurta la porte, et qu'une voix rauque et bien connue, celle d'un crieur public, membre du Tribunal révolutionnaire, cria du dehors : « Ouvrez, au nom de la loi ! »

Le prêtre fit le signe de la croix et s'agenouilla en martyr, prêt à mourir pour la foi; la petite malade retrouva de la force pour saisir le crucifix placé près de son lit, sur l'autel, et le cacha dans son sein dévoré par la fièvre.

Le père, après une courte réflexion, murmura quelques mots à l'oreille de sa femme, et pendant que celle-ci entraînait le vieillard vers une cave ouvrant dans la pièce voisine, il éteignait les bougies, enlevait la nappe de l'autel, et se dirigeait, d'un pas qu'il rendait sonore à dessein, vers la porte de la rue; il ne l'ouvrit qu'après avoir longuement fait jouer une foule de verrous, de serrures et de barres de fer qu'il remuait bruyamment.

« Il y a ici un calotin ! rugit le crieur en proférant les plus horribles blasphèmes.

— Il n'y a qu'une jeune fille qui se meurt ! » répondit gravement le bourgeois.

Le sacripant et les quatre drôles qui le suivaient entrèrent, visitèrent la maison jusque dans ses moindres recoins : ils se firent ouvrir non-seulement la cave, mais encore le second étage inférieur de cette cave nommée *bove* dans le pays ; ils ne trouvèrent au logis, comme le leur avait dit le bourgeois, qu'une enfant malade et sa mère qui la soignait.

« Je l'ai pourtant vu sortir de chez lui ! Oui, je l'ai vu disparaître près de cette maison, grommela le crieur. Il y a ici quelque cachette que nous n'avons point découverte. N'importe ! s'il y est, nous le pincerons tôt ou tard, et son affaire ne sera pas longue. Toi, ajouta-t-il en s'adressant à un de ses agents, établis-toi dans ce corridor, surveille tout, je vais causer de la chose avec le citoyen représentant. »

Il sortit, emmenant ses hommes, à l'exception d'un seul, qui s'installa dans le vestibule.

« Est-il sauvé ? » murmura la jeune fille de sa voix faible qu'elle rendait plus faible encore.

Le père répondit par un signe affirmatif, et la mère se pencha vers l'oreille de la jeune fille pour y laisser tomber ces mots :

« Il est dans le souterrain. »

Nous l'avons dit, dans le nord de la France, la plupart des maisons ont deux étages de cave, dont le plus bas communique souvent avec des souterrains qui s'étendent sous une partie de la ville. C'est dans un de ces souterrains que la femme du bourgeois avait conduit le père

Eustache. En le quittant, elle avait trouvé assez de sang-froid pour répandre deux sacs de pommes de terre sur la petite trappe qui conduisait de la cave au souterrain. Le juge du Tribunal révolutionnaire n'avait pas aperçu cette ouverture.

Le lendemain matin, on vint relever de sa garde l'agent placé dans le vestibule, non sans menacer de la guillotine le bourgeois s'il avait donné asile à un ci-devant prêtre.

Dieu fit-il un miracle en faveur de ces pauvres gens? Quoi qu'il en soit, l'horrible émotion qu'éprouva la jeune fille, à l'arrivée de la bande révolutionnaire, opéra en elle une crise salutaire, et après avoir passé une nuit paisible, elle s'éveilla convalescente.

Cependant il ne fallait pas songer à faire sortir le prêtre de son souterrain. Le bourgeois apprit, dans la matinée, qu'on avait apposé les scellés dans la maison du père Eustache et que le tribunal l'avait condamné à mort par contumace. Il fallait donc s'attendre à une surveillance de tous les instants; quatre têtes tombaient, si les soupçons de Joseph Lebon et du crieur public devenaient une certitude.

Le bourgeois et surtout sa femme ne perdirent ni le courage ni le sang-froid dont celle-ci avait donné de si grandes preuves la veille. Elle attendit que minuit sonnât au beffroi de la ville, et pendant que son mari, l'oreille à la serrure, épiait les bruits du dehors, un panier à la main, elle apporta au religieux des provisions et de la lumière. Elle le trouva assis sur un quartier de roche et adossé contre la muraille. Il sourit en la voyant, et sa première parole fut pour s'informer de l'état de la jeune fille.

« Elle est sauvée! » répondit la mère, le médecin nous répond désormais desa guérison. Dieu a opéré hier deux miracles, il vous a sauvé et il a sauvé ma fille. Les agents révolutionnaires, au moment où vous sortiez de votre domicile, l'ont envahi pour vous conduire en prison. Mais vous voici dans un refuge sûr et où personne ne vous découvrira jusqu'à des temps meilleurs.

En un tour de main, et avec la prestesse et l'habileté d'une ménagère flamande, elle improvisa au père Eustache une installation presque commode : un lit, une table, un fauteuil et un excellent souper. Elle lui laissa des provisions de chandelle, un briquet et un grand vase de terre plein de braises : un véritable *brasero* espagnol. Cette dernière précaution était presque de luxe, car la température du souterrain n'avait rien de froid, ni même d'humide.

Elle termina toutes ces dispositions en moins de temps que je mets à vous les raconter, remonta près de son mari, lui fit un signe d'intelligence, et tous les deux retournèrent près de leur enfant qui dormait d'un profond sommeil, et sur le visage pâle de laquelle déjà commençaient à disparaître les traces sinistres de la maladie.

Le père Eustache appartenait à l'un des ordres les plus riches de ces contrées naguère remplies de couvents. C'était un bénédictin de Vaucelles. A ses débuts dans la vie, il avait accepté l'existence confortable d'un cloître bâti en marbre, et qui ressemblait beaucoup plus à un palais qu'à une demeure ascétique. Sa jeunesse, consacrée à des études qu'il aimait passionnément, s'était écoulée calme, heureuse, et peut-être un peu molle. Mais à

l'heure du danger et du devoir le vieillard avait renoncé
sans un soupir à cette douce existence, et refusant d'émigrer comme la plupart de ses frères en religion, il s'était
courageusement consacré à l'œuvre de Dieu. Caché sous
un habit séculier, habitant une pauvre maison qu'on lui
prêtait par charité, il allait porter aux fidèles persécutés
les consolations religieuses, sans tenir compte des périls
auxquels l'exposait cette mission sainte. Quand il se
trouva enfermé dans la crypte, sans qu'il lui fût possible
de prévoir l'heure de la liberté il songea bien un peu à ses
chers livres abandonnés aux profanations des agents révolutionnaires; Omars fangeux et impitoyables ! Mais si
ses yeux se mouillèrent d'une larme, ce fut à la seule
pensée des âmes chrétiennes qui perdaient le seul pasteur qui leur restait.

Il monta soigneusement sa montre pour connaître au
moins les heures de ces longues journées sans lumière,
récita son bréviaire et se plongea ensuite dans la prière.

Peu à peu, de la prière il tomba dans la rêverie.
Un léger bruit l'en tira tout à coup. Il leva les yeux,
et, à la clarté fumeuse de la chandelle, il aperçut un
animal qui regardait autour de lui avec surprise, et qui,
assis sur ses pattes de derrière, le nez au vent, les oreilles
aux écoutes, témoignait plutôt de l'étonnement que de
la peur à la vue du nouvel hôte du souterrain.

Tout est distraction pour un prisonnier ; l'isolement
donne du prix et du charme aux incidents les plus vulgaires. Le père Eustache se tint donc immobile pour ne
pas intimider l'animal. Celui-ci, qui appartenait à l'espèce du rat noir, presque entièrement disparue de nos

jours, flairait de plus en plus, les reliefs du dîner du moine. Évidemment il se mourait d'envie d'en prendre sa part ; le pain blanc, les restes de viande lui semblaient bien autrement appétissants que les résidus d'égouts qui composaient sa nourriture ordinaire. Il se dressa sur ses pattes, avança, flaira de nouveau, écouta, revint à la charge, et pensant enfin, comme madame de Staël, que la meilleure manière de se débarrasser d'une tentation consistait à y succomber, il marcha résolûment jusqu'à un gros morceau de pain tombé près de la table, il le saisit et il emporta, au pas de course, son butin dans un trou voisin.

Le père Eustache écrasa un autre morceau de pain, et en jalonna les fragments de distance en distance, depuis le gite du rongeur jusqu'aux pieds de la table. Le rat reparut, ramassa les miettes une à une, et recueillit la dernière entre les souliers mêmes du religieux.

Dès le lendemain il prenait sa provende dans les mains du père Eustache. Puis il grimpa sur ses genoux, puis il s'y assit en jouant avec sa longue moustache et en lissant son pelage brillant et doux comme le velours ; puis il mangea dans une assiette placée à côté de celle du prêtre ; puis enfin, ainsi qu'il arrive de tous les animaux apprivoisés, il devint le tyran de son compagnon, se montra despote, exigeant et fantasque. Ce rat était d'ailleurs une femelle, disons-le en passant.

Le religieux, savant distingué, doué d'une grande noblesse de cœur et prêtre saint et courageux, avait naturellement dans le caractère de la naïveté et de la simplesse. Il s'amusa, comme un enfant, des espiègleries du rat, se soumit à ses caprices, et ne l'eût pas contrarié même au prix d'une heure de liberté. Jacques, ce fut le nom que donna le père au rat, finit par éprouver pour ce bon serviteur une tendresse passionnée ; chaque fois qu'un autre rat, tenté par les exhalaisons du souper que l'on apportait la nuit, s'approchait de la partie du souterrain habitée par le moine, Jacques, dis-je, hérissait son poil, se ruait sur l'intrus, et lui livrait combat, jusqu'à ce qu'il l'eût mis en fuite. Il y perdit bien un morceau d'oreille et un petit bout de queue ; il revint bien parfois le dos ensanglanté, mais il resta maître du terrain : les rats convoiteurs de son bien-être finirent par émigrer dans une autre partie de la crypte, moins bien approvisionnée ; mais où du moins il ne fallait pas se battre pour manger.

Jacques, désormais tranquille, contracta une foule d'habitudes qui donnaient au reclus un spectacle vraiment divertissant et de tous les instants. Il devint délicat et connaisseur en mets, dédaigna le pain sec, choisit les morceaux les plus fins et en arriva à boire du vin, oui, du vin et même de l'eau-de-vie. Il faut en faire l'aveu, plus d'une fois ce vin lui porta à la tête ; plus d'une fois, l'œil égaré, les pattes chancelantes, le corps titubant, il tomba sur les genoux de son ami dans un état d'ivresse fort peu décent. Il s'y endormait pendant des heures entières et sans que l'excellent homme osât remuer, de peur de troubler le repos du drôle. A son réveil, fatigué, la tête lourde, Jacques se traînait jusque sur la table, passait dédaigneusement devant l'eau, et allait redemander de la force au vin ; imitant en cela le sultan Aaroun al Raschid des *Mille et une Nuits*, qui rebuvait pour guérir le mal causé par le vin?

Pendant trois mois, le père Eustache et maître Jacques vécurent ainsi, l'un supportant les défauts de son commensal, et même s'en amusant; le second ne voulant pas se séparer un seul instant de son ami, excepté lorsque le moine récitait ses offices. Alors le rat se retirait dans le panier qui contenait le linge, soulevait de temps à autre sa tête fine et la laissait retomber tant que le père se tenait agenouillé. Mais, dès qu'il le voyait se relever, il s'élançait vers lui, joyeux, tendre, comme s'il l'eût retrouvé après une séparation. Du reste, jaloux, exclusif, il fallait l'intervention du père Eustache, pour qu'il ne s'élançât pas sur la jeune fille, complétement guérie et qui remplissait près du moine l'office de pourvoyeuse.

Ces trois mois écoulés, un matin le bourgeois se précipita dans le souterrain en jetant des cris de joie.

« Nous sommes sauvés! dit-il. Joseph Lebon est arrêté! Le temps des honnêtes gens est arrivé! Il y a eu une révolution à Paris. La tête de Robespierre est tombée, — justice du ciel! — sous le couteau de la guillotine qu'il avait dressée! Vous êtes libre! »

Le père Eustache remercia Dieu avec des larmes de joie dans les yeux, et remonta précipitamment du souterrain. A l'aspect du jour et du ciel, en respirant un air pur, il se sentit pris d'un véritable vertige! Puis, il courut à la hâte chez lui, pour revoir ses livres bien-aimés. Jugez de son bonheur! ces livres n'étaient pas dispersés ou mis en lambeaux! Des agents de Lebon avaient dédaigné ces bouquins dont le papier, trop vieux, jauni par lé temps, noirci par les doigts des lecteurs pendant plusieurs siècles, leur avait paru sans valeur même pour l'épicier ! Et ses manuscrits ? Les voici dans le tiroir où il les avait laissés ! Un sentiment profondément religieux l'émut surtout à la vue de la pierre consacrée, sur laquelle il pouvait désormais célébrer les saints mystères. Il tomba à deux genoux, et ses lèvres tremblantes de bonheur murmurèrent avec transport les paroles du *Te Deum*.

Puis ce furent chez lui des visites incessantes. Ses amis venaient le féliciter et l'embrasser : ses pénitents et ses pénitentes lui demandaient de les entendre en confession ; enfin, le lendemain au point du jour, — car on n'osait point encore publiquement prier Dieu, — il célébra la messe en présence d'un grand nombre de fidèles entassés dans sa petite maison.

Cette fièvre, ce mouvement sans cesse renouvelé autour de lui, s'apaisèrent seulement après son déjeuner, quand il se retrouva seul dans son cher petit cabinet, au rez-de-chaussée, dont l'unique fenêtre ouvrait sur la rue ; sur la rue, où il voyait aller et venir les passants ! sur la rue, dont le soleil inondait de ses rayons lumineux jusqu'au ruisseau lui-même, qui en devenait éblouissant !

A cette époque-là on n'entendait jamais sans émotion des cris au dehors. Tout à coup des clameurs forcenées éclatèrent au loin et se rapprochèrent de plus en plus. Le père Eustache ouvrit sa fenêtre et regarda : une bande de polissons en guenilles, armés de pierres et de bâtons, poursuivaient un rat noir couvert de boue, blessé, éperdu.

Arrivé devant la fenêtre, le rat s'arrêta, et, malgré les gourdins et les projectiles, par un bond désespéré il s'élança sur l'appui de la fenêtre et tomba dans le giron du moine. Celui-ci reconnut Jacques, Jacques mourant, Jacques, qui, guidé par son odorat merveilleux, était venu chercher son ingrat ami à travers tant d'obstacles et de périls. La pauvre bête lécha les mains du père Eustache, jeta sur lui un regard plein de tendres reproches, et mourut.

Des larmes mouillèrent les yeux du révérend père.

« Ah ! dit-il, tu as été fidèle, et moi lâchement oublieux. Cette fois encore, la bête a le droit de faire rougir l'homme, elle a été meilleure que lui ! »

RATAPOT

Deux écrivains ont peint la fatale poésie des bagnes avec un talent et une fantaisie remarquables : le premier, c'est Henri Monnier, que son esprit d'observation place si près de Molière ; le second, c'est Léon Gozlan, qui trouva moyen de faire sourire ses spectateurs dans l'un des actes de son drame de *Pied de Fer*, où il mit en action quelques-unes des scènes à la fois burlesques et sinistres dont chaque jour deviennent témoins ces lieux maudits, où l'on trouve moins d'espérance encore que n'en gardent les damnés du Dante.

Ni l'un ni l'autre n'ont parlé cependant des ingénieuses distractions que se procurent parfois les tristes habitants du bagne, et parmi lesquelles il faut placer au premier rang l'éducation qu'ils donnent à certains animaux, comme eux habitants de l'enfer de la loi.

Ces animaux, loin de pouvoir charmer par leur beauté, seraient, partout ailleurs, un objet de dégoût et de réprobation. Mais que voulez-vous? Au bagne on ne choisit guère la nature de ses affections..... Et dites-moi dans quelles conditions et en quels lieux le cœur de l'homme peut se passer de tendresse.

Il y avait, en 1843, aux bagnes de Brest, un homme condamné aux galères perpétuelles. Je ne sais trop quel crime il avait commis; je ne sais pas davantage dans quelle condition il était né. Le poignard ou le poison, la misère ou la débauche, l'avaient-ils rendu coupable et fait mettre hors la loi? La chose n'était pas facile à vérifier : il ne restait pas même de nom à cette créature déchue; on ne la désignait que par un numéro.

Rarement d'ailleurs on a vu une physionomie plus sinistre et sur les traits de laquelle la fatalité eût imprimé d'une façon plus énergique son cachet hideux. Les mauvaises passions avaient avant le temps sillonné son front et flétri son visage. Sombre, taciturne, indiscipliné, dangereux, souvent il avait joué sa vie sur des tentatives d'évasion combinées avec une adresse peu commune, avec une audace effrayante, et que le hasard avait néanmoins fait toujours avorter. Une seule fois, parvenu à franchir l'enceinte du bagne et à gagner les champs, il avait supporté en plein cœur d'hiver, pendant près de quinze jours, les périls, le froid et la faim. Un matin on l'avait trouvé, à demi gelé et sans mouvement, au pied d'un arbre, et on l'avait ramené au bagne, où, à force de soins, on l'avait rendu à la vie et aux tortures de l'expiation. On le surveillait constamment et plus sévèrement qu'un autre; le bâton de l'argousin se tenait levé sur son dos quand il n'y tombait pas; une double chaîne augmentait le poids des fers qu'il devait traîner, et on l'astreignait aux travaux les plus pénibles. Plusieurs fois il voulut recourir au suicide pour s'arracher à une pareille existence; mais il ne parvint jamais à accomplir tout à fait ce dernier crime, et il ne résulta de ces tentatives avortées qu'un asthme causé par un clou qu'il s'était enfoncé dans la poitrine, et que la perte d'un bras qu'il s'était cassé en se précipitant du haut d'un bâtiment sur les pavés d'une cour. Après une douloureuse amputation et un séjour de huit mois à l'infirmerie, il était rentré dans le bagne, d'où il ne devait sortir qu'enveloppé du grossier linceul qui reçoit le cadavre du forçat, quand la mort l'a affranchi.

Un jour on s'aperçut, non sans surprise, que l'humeur farouche de cet homme semblait quelque peu adoucie. Après sa journée de travail il s'asseyait, avec le compagnon de misère auquel il était enchaîné, dans quelque coin du bagne, et là sa physionomie, d'habitude horrible, prenait une expression moins épouvantable; des paroles de tendresse sortaient même de ses lèvres jusque-là constamment muettes, ou qui ne s'ouvraient que pour proférer des blasphèmes. Enfin, il tenait caché quelque chose dans sa chemise, et il veillait sur cet objet mystérieux avec une sollicitude de tous les instants.

Les argousins s'inquiétèrent de ce que cachait ainsi cet homme redoutable : ils craignaient qu'il ne fût parvenu à se procurer une arme avec laquelle il comptait se livrer à quelque acte de désespoir. Deux d'entre eux s'approchèrent pour le fouiller, et ils le firent brusquement, pour ne pas laisser au forçat le temps de comprendre leur dessein et de résister. Quand il se vit en leur pouvoir, il jeta un cri de désespoir.

« Ne le tuez pas ! s'écria-t-il, ne le tuez pas ! »

Avant qu'il eût achevé ces paroles, un des gardiens s'était emparé d'un rat que le condamné tenait caché dans sa poitrine.

« Ne le tuez pas ! répéta-t-il. Battez-moi, faites de moi tout ce que vous voudrez, mais ne lui faites pas de mal ! Ne le pressez pas ainsi dans vos doigts ! Si vous ne voulez point me le rendre, mettez-le en liberté. »

En s'exprimant ainsi, pour la première fois de sa vie, il sentait dans ses yeux et sur ses joues des larmes, de grosses larmes qui retombaient sur sa poitrine.

Les gardiens, qui ne se piquent pourtant point d'une sensibilité excessive, ne purent entendre les supplications du forçat et voir couler ses larmes sans éprouver un sentiment de compassion. Celui qui tenait le rat et qui se disposait à l'étouffer ouvrit les doigts, le lâcha et le laissa tomber à terre. L'animal, effarouché, s'enfuit avec la rapidité particulière à son espèce, et disparut derrière des poutres amoncelées non loin de là.

Le forçat essuya ses larmes, suivit des yeux le rat, et ne respira librement qu'après l'avoir vu tout à fait hors de danger. Alors il se releva, et, sans proférer un mot, la tête basse, l'air sombre, il suivit son compagnon de chaîne et alla s'étendre avec lui sur le lit de camp, où un anneau de fer l'attachait à une énorme barre de même métal.

Le lendemain matin, en se rendant au travail, le visage

pâli par l'insomnie, le forçat jeta un regard inquiet et humide vers le tas de bois de la veille, poussa un petit cri auquel rien ne répondit, et continua sa route, en proie à une douleur profonde qu'il cherchait en vain à dissimuler. Un de ses compagnons fit une plaisanterie inoffensive sur le chagrin et sur la déception du forçat ; celui-ci lui répondit par un coup de poing furieux, et les châtiments des argousins intervinrent aussitôt.

Arrivé à l'endroit où il devait commencer son travail, il se mit à la besogne avec une ardeur fiévreuse ; il remuait à lui seul des pierres que deux hommes eussent soulevées difficilement, et, sans motif, il s'exposa à des périls inutiles, comme s'il eût voulu en finir avec la vie.

Il se tenait penché sur une poutre énorme qu'il s'apprêtait à transporter avec deux ou trois autres de ses compagnons, lorsque tout à coup il sentit un léger chatouillement qui caressait ses joues. Il tourna la tête et jeta un cri de joie : c'était le seul ami qu'il eût au monde, son rat, qui était venu le trouver à l'extrémité du bagne et qui s'était doucement glissé sur son épaule. Il laissa échapper la poutre, prit l'animal dans ses mains, le couvrit de baisers et le replaça dans son sein ; puis, se tournant vers un des administrateurs du bagne qui venait à passer :

« Monsieur, lui dit-il, laissez-moi cet animal, et je vous jure que je deviendrai un modèle d'obéissance, et que je ne mériterai plus de punition. »

Celui à qui il s'adressait fit un signe d'assentiment et continua son chemin. Le forçat entr'ouvrit sa chemise pour regarder encore une fois le fidèle animal, et reprit sa besogne.

Que Dieu bénisse l'administrateur qui passait là par hasard, et à qui ce hasard fit faire une si bonne action ! Les anges du ciel lui en tiendront compte à leur suprême jour, comme à ce prince musulman que les légendes orientales racontent avoir trouvé grâce aux pieds d'Allah parce qu'un jour il avait poussé du bout du pied l'auge d'un porc qui ne pouvait y atteindre.

Ce que n'avaient su faire ni l'intimidation, ni le cachot, ni le bâton, l'affection d'un rat le réalisa sans peine, et avec une promptitude qui tenait du prodige.

A dater du moment où il lui fut permis de garder l'animal nuit et jour sur sa poitrine, le redoutable forçat devint le prisonnier le plus doux du bagne ; si parfois il se souvenait de sa force herculéenne et de son énergie morale, c'était pour maintenir l'ordre parmi ses compagnons disposés à la révolte et prêts à entrer en lutte contre les employés sous les ordres desquels la loi les avait placés. Ratapot, il avait donné ce nom bizarre à l'animal, était devenu pour lui l'objet d'une tendresse qui allait jusqu'à la passion, jusqu'au fétichisme. Il partageait avec lui son pain. Il se fût plutôt passé de manger que de le laisser jeûner un instant ; enfin il s'ingénia à fabriquer, pendant ses rares heures de repos, une foule de petits ouvrages de patience qu'il vendait pour acheter à Ratapot les friandises qu'il aimait le mieux : du pain d'épice ou du sucre, par exemple. Pendant la fatigue, si Ratapot sortait de la chemise de son maître et venait se placer sur son épaule, le forçat tournait en souriant la tête vers son ami, et abattait le double de besogne. Mais, quand par une belle journée de soleil le rat descendait à terre, s'asseyait tranquillement en face de son ami, lissait sa fourrure, peignait sa longue moustache à l'aide de ses ongles fins, et caressait de ses pattes mignonnes ses deux larges oreilles, le forçat ne se sentait point de joie ; il se frottait les mains, il admirait ; il laissait échapper de joyeuses exclamations ; il échangeait des regards de tendresse avec les petits yeux noirs et malins du rongeur. Celui-ci, confiant dans la protection et dans la sollicitude de son maître, allait, venait, restait à son gré, sûr que personne n'oserait lui faire le moindre mal, car toucher à Ratapot eût été s'exposer à un châtiment terrible. Un jour, pour lui avoir lancé une petite pierre, un forçat fut obligé de passer huit jours à l'hôpital, des suites d'un coup de poing dans la poitrine que n'eût point désavoué feu Milon de Crotone, de classique mémoire, et qui tuait un bœuf en lui assénant un seul horion.

Au bout d'un an, le forçat avait passé des pénibles travaux réservés aux indisciplinés à l'atelier des mécaniciens, parmi lesquels il n'avait point tardé à se faire remarquer comme le plus intelligent, le plus habile et le plus laborieux. Ratapot, de son côté, était devenu le favori de l'atelier. Quand il ne dormait point, il se tenait en face de son maître, suivait avec intelligence les mouvements de sa lime, et, dès que la cloche du repas se faisait entendre, sautait sur lui et allait prendre ses ébats en plein air.

Quatre années s'écoulèrent ainsi, pendant lesquelles l'amitié du forçat et de Ratapot ne fit que s'accroître et devenir plus passionnée encore, s'il était possible. Le forçat avait sauvé la vie à Ratapot, qu'un chat traîtreusement entré dans l'atelier avait attaqué par derrière ; car

le rat était de taille et de force à lutter avec un chat. Le
forçat s'était élancé sur le chat, l'avait saisi dans son
unique main et broyé en quelques secondes. L'animal ne
gardait déjà plus de forme féline, que le maître de Ratapot continuait encore à en déchirer les lambeaux.

La convalescence du rat fut longue, et pendant plus
d'un mois le forçat dut panser les blessures de son ami.
Ce qui le consola un peu, ce fut l'intérêt que chacun dans
le bagne prit à l'accident survenu à Ratapot. Non-seulement employés et galériens en parlèrent comme de l'é-
vénement du jour, mais encore les sœurs de l'hôpital
fournirent des bandes et des médicaments pour le rat.
Le chirurgien lui-même ne dédaigna pas de donner
des conseils sur le mode de traitement à suivre et sur
les moyens les plus efficaces d'assurer et d'accélérer la
guérison.

Enfin, après bien des journées et bien des nuits d'inquiétude, Ratapot recouvra la santé et reprit sa gaieté;
sauf qu'il traînait un peu une de ses pattes de derrière,
et qu'on apercevait sur ses flancs et sur son dos de larges
cicatrices que le poil ne recouvrait point encore. L'animal
apprivoisé avait contracté de nouveau ses habitudes de
familiarité; seulement, à la vue d'un chat, le forçat entrait dans une violente colère, cachait Ratapot dans sa
poitrine, et immolait le malheureux minet s'il parvenait
à l'atteindre.

Une grande nouvelle et une grande joie advinrent un
matin au forçat. Grâce à la bonne conduite dont il avait
fait preuve depuis quatre ans, sa condamnation à perpé-
tuité se trouvait commuée en celle de vingt années, dans

lesquelles devaient être confondues les quinze qu'il avait déjà subies.

« C'est au bon Dieu et à Ratapot que je dois cela ! » s'écria-t-il en apprenant ce bonheur inespéré.

Et il embrassa le rat avec effusion.

Hélas ! cette liberté, redevenue possible pour lui, il ne devait pas en jouir. Un jour les galériens insurgés étaient parvenus à s'emparer d'un employé qu'ils avaient entraîné et enfermé dans un de leurs dortoirs. Ils menaçaient de le mettre à mort si l'on ne voulait point leur accorder d'abord ce qu'ils demandaient dans leurs réclamations, et ensuite amnistie pleine et entière pour leur sédition.

Le maître de Ratapot, qui n'avait point pris part à la révolte, se tenait silencieusement derrière les chefs du bagne et les soldats qu'on voulait faire tirer contre les bandits. Au moment où le feu allait commencer, il se dirigea timidement vers le directeur et lui adressa quelques mots à voix basse.

« J'accepte l'offre que vous me faites, répondit celui-ci. Vous allez jouer votre vie ; mais je vous donne ma parole que, si vous revenez vivant, vous serez libre aujourd'hui même, »

Le forçat tira de son sein Ratapot, le baisa deux ou trois fois, et, le plaçant lui-même dans le sein d'un jeune forçat à qui le rat avait souvent témoigné de l'affection :

« Si je ne revenais pas, dit-il d'une voix émue et entrecoupée de sanglots, sois bon pour lui et aime-le comme je l'aime. »

En achevant ces mots, il s'arma d'une énorme barre de fer et marcha droit au dortoir, sans tenir compte des projectiles que les révoltés lançaient sur lui de toutes parts. En trois coups de barre il fit sauter la porte, s'élança dans la salle, renversa tous ceux qui se trouvaient sur son passage, jeta sa barre de fer, s'empara de l'employé et le ramena, ou plutôt le jeta sain et sauf hors de cet antre.

Au moment où, après avoir protégé la fuite de celui qu'il avait sauvé, et lorsqu'il eut lutté quelques secondes contre les forçats furieux, il s'apprêtait à s'éloigner, il tomba tout à coup baigné dans son sang. Un des scélérats avait ramassé la barre de fer et l'avait assénée sur la tête de l'héroïque galérien qui leur avait arraché leur proie.

On le transporta mourant à l'hôpital, où ses lèvres ne prononcèrent qu'un seul mot : « Ratapot. »

Hélas ! faut-il le dire ? pendant quelques jours Ratapot se montra inquiet de l'absence de son maître ; mais il ne tarda pas à l'oublier complétement, du moins en apparence, et il finit même par prodiguer à son nouveau possesseur pour le moins autant de caresses qu'il en témoignait à celui qui était mort.

Aujourd'hui il est gras, luisant, bien portant, un peu despote et la terreur des chats, car il a pris une éclatante revanche de sa défaite d'autrefois : il en a déjà étranglé quatre, et même, qnand il en aperçoit un, il lui court sus.

Mais pas un souvenir pour le mort, pas un signe quand on prononce devant lui le numéro qui servait de nom au forçat, ce numéro qui naguère faisait dresser les oreilles à Ratapot et l'attirait d'un bout du bagne à l'autre.

Hélas ! les rats sont donc aussi oublieux et aussi peu reconnaissants que les hommes !

COCOTTE

Peu de Parisiens le croiront, mais il n'en est pas moins vrai qu'il existe encore dans beaucoup de départements français bon nombre de ces lourds coches que l'on nomme, je ne sais trop pourquoi, diligences, et dont les débris antédiluviens feront rire plus tard nos arrière-petits-fils autant qu'aujourd'hui ils excitent médiocrement la gaieté de ceux qui se trouvent condamnés à faire huit ou dix lieues dans ces instruments de torture. Dieu seul et les voyageurs connaissent les horribles cahots qu'on y subit, le manque d'air qui y suffoque, les flots de poussière qu'on y avale et dont on se saupoudre.

Or une de ces machines traversait, il y a peu de temps, les faubourgs d'une petite ville de province et ébranlait par ses secousses les vitres des dernières maisons, lorsqu'une petite femme rose et blonde fit signe au conducteur d'arrêter, et, lui jetant lestement un paquet dans les mains, cria : « Je pars avec vous! »

La chose n'était pas facile, car, sans compter les trois aristocrates du coupé et les huit reclus de la rotonde, l'impériale se trouvait encore chargée de trois voyageurs, enfin un dernier venu s'était accommodé d'une place à côté du cocher, dont il partageait le siége.

Cependant, comme je vous l'ai conté, la femme était jeune, fraiche, blonde, accorte, et voulait à toute force partir ! « Ce que femme veut, Dieu le veut ; » le proverbe l'a dit. Les possesseurs du coupé et de la rotonde restèrent inébranlables et sans pitié. Il n'en fut pas de même des hôtes de l'impériale : ils se serrèrent de leur mieux, et la jeune femme s'élança près d'eux, légère comme un chamois, et non sans montrer une jambe fine d'attaches, dont un bas bien blanc accusait élégamment les contours, et que terminait un petit pied mince, long comme un franc moineau, et chaussé d'un joli brodequin d'étoffe noire. Elle se tassa en riant au milieu de ses nouveaux compagnons, et en moins de cinq minutes elle trouva le moyen d'être à son aise, de réprimer trois ou quatre plaisanteries plus brutales qu'attiques, et de rendre sage la main d'un gros maquignon, qui avait voulu entourer la taille souple de sa voisine.

Cependant elle se sentait si joyeuse de se voir en route, qu'elle ne garda rancune à personne, et se mit à deviser gaiement et à conter même un peu de ses affaires. Son voisin de droite, qu'amusait un si franc babil, ne tarda point à savoir qu'elle avait vingt-deux ans, trois enfants, dont un garçon et deux filles; et un mari, brave fermier, à son aise, sobre comme un anachorète, excepté toutefois le dimanche soir et le lundi toute la journée ; mais, le mardi, il n'y paraissait plus, et le mercredi personne ne pouvait lutter avec lui pour la douceur du caractère et pour l'ardeur à la besogne.

Des affaires urgentes l'avaient amenée à la ville ; elle était la forte tête du ménage, et son mari l'attendait : c'est pourquoi elle avait voulu partir à toute force, même au risque d'escalader l'impériale et de montrer à des profanes un bout de sa charmante jambe.

Elle eût bien voulu connaître à son tour un peu des affaires de son voisin, qui fumait gravement un cigare, qui la laissait bavarder, et qui l'écoutait évidemment avec plaisir, mais qui ne disait point un mot qui pût satisfaire la curiosité de la communicative fermière. Elle finit par en prendre son parti ; peut-être même, un peu par esprit de rancune ; elle se tourna vers son voisin de gauche, moins discret, et avec lequel elle noua une véritable connaissance, car il se livrait à l'élève des bestiaux, et précisément c'était à l'élève des bestiaux qu'elle excellait dans sa ferme. Un journaliste agricole eût fait son profit de son entretien ; mais le voyageur silencieux n'était pas agronome, et n'entendait rien à l'engrais, au labour et aux pâturages.

Il finit cependant par prêter peu à peu attention aux paroles de la fermière.

« Encore dix minutes, disait-elle en tirant à chaque instant de sa ceinture une petite montre en or, encore dix minutes, et nous arriverons au tournant de la route.

C'est là que mon homme m'attend avec mes enfants, mon gros chien Azor et Cocotte.

— Cocotte? demanda le voyageur.

— Ah ! monsieur, que vous verrez Cocotte avec plaisir ! continua-t-elle avec un mélange d'affection et d'orgueil ; oui, vous verrez Cocotte avec plaisir ! La belle jument ! Six ans à peine ! une tête charmante, des yeux parlants comme ceux d'un homme, et des jambes fines !

— Fines comme les vôtres, madame, » dit le voyageur de droite.

La fermière rougit légèrement et se prit à sourire, non sans laisser voir une double rangée de petites dents blanches et pures comme des perles.

« Vous plaisantez, monsieur. Eh bien, je vous défie cependant de trouver à dix lieues à la ronde une jument qui puisse sans désavantage soutenir, pour la beauté, la comparaison avec Cocotte. Sans compter que Cocotte est aussi intelligente que vous et moi, sans comparaison de bêtes à gens, » ajouta-t-elle en rougissant encore un peu, car elle avait vu sourire le voyageur.

Elle reprit ensuite :

« Que voulez-vous : si j'en parle ainsi, c'est que je l'aime, et je puis bien l'aimer, car je l'ai élevée et nourrie de ma main. J'étais encore presque un enfant, — je n'ai que vingt-deux ans, monsieur, — que Cocotte me suivait ni plus ni moins qu'un chien et venait me chercher jusque dans la cuisine de la ferme. Quand plus tard je me mariai, mon père m'en fit cadeau et elle devint ma monture : dès le premier jour, elle se laissa faire par moi comme je le voulus, et ne se montra rebelle ni à la bride ni à la selle. Il me suffisait d'ailleurs de lui parler, pour la faire tourner à droite ou à gauche, marcher, s'arrêter, trotter et galoper. Mais il n'eût pas fallu qu'un autre que moi cherchât à la toucher; elle ruait, elle mordait, elle faisait les cent coups; c'était pis qu'un diable dans un bénitier. Mon mari lui-même en avait peur; et, à vrai dire, elle ne l'épargnait pas plus que les autres.

« Cependant le bon Dieu m'envoya des enfants, et Cocotte devint pour chacun d'eux aussi douce et aussi bonne qu'elle l'était pour moi. Mon petit garçon, mon aîné, se tenait à peine sur ses jambes, qu'il faisait de Cocotte tout ce qu'il voulait; il la tourmentait de cent façons; il lui donnait des coups de fouet, ce qu'elle n'eût enduré de personne, pas même de moi : il la tirait par la bride, et se jouait dans ses pieds sans qu'elle parût occupée d'autre chose que de le protéger et de veiller sur lui comme j'aurais pu le faire moi-même. Le petit démon passait toutes ses journées à l'écurie à se rouler dans la litière de Cocotte; il la suivait au pâturage, il grimpait sur son dos, je ne sais comment; jamais, enfin, on n'a vu une meilleure paire d'amis. Il en fut de même des deux petites filles qui m'arrivèrent après mon garçon.

— Et je suis sûr que Cocotte montrera une pareille amitié aux autres enfants qui ne peuvent manquer d'accroître votre famille, » dit le voyageur de droite.

La fermière rougit encore un peu et se prit à rire.

« Et pourquoi pas, monsieur? riposta-t-elle gaiement. La ferme est grande, mon mari et moi nous sommes jeunes, et c'est un grand bonheur, allez, que des marmots de tous âges, qui grouillent autour de vous, qu'il faut débarbouiller le matin, envoyer à l'école, asseoir à table, et qui vous caressent, qui vous aiment, qui grimpent sur vos genoux et qui vous disent en vous embrassant des choses dont on se sent rire et pleurer à la fois.

« Mais laissons là ces propos, fit-elle en essuyant du revers de sa main ses yeux, au coin desquels la maternité avait amené une lárme; laissons là ces propos et revenons à Cocotte.

— Cocotte est-elle mère? demanda le voisin.

— Et d'un gentil poulain, je vous prie de le croire, aussi beau qu'elle, alezan comme elle, vif, espiègle, folâtre, et faisant les cent coups comme mes enfants! Et dire que nous avons manqué de le perdre le mois passé!

— Comment cela, ma jolie voisine?

— L'histoire vaut la peine d'être contée, monsieur, et elle vous prouvera que Cocotte, dont vous n'avez pas mal l'air de vous moquer tout bas, est une bonne bête, digne de mon affection. Malgré votre mine passablement railleuse, je veux que vous partagiez un peu l'affection que j'ai pour Cocotte. Je vous en préviens, ajouta-t-elle avec l'adorable expression du despotisme que sait pouvoir exercer au besoin toute femme jolie et spirituelle, je vous en préviens, s'il n'en est pas ainsi, j'aurai une pauvre opinion de votre cœur.

— Pour ne point m'attirer un pareil chagrin, je suis prêt, d'avance, à crier avec enthousiasme : Vive Cocotte!

— Avant de gausser, écoutez, » interrompit-elle en riant, car elle trouvait toujours moyen de rire.

Elle tira sa montre, regarda l'heure et dit :

« Nous ne serons au tournant de la route que dans cinq

minutes ; j'ai donc cinq minutes pour vous conter mon histoire.

« Monsieur, continua-t-elle en se tournant vers son voisin de droite, à l'intention duquel elle faisait évidemment son récit, quoique les bestiaux soient tous familiers à la ferme, Cocotte, vous le comprenez bien, les surpasse en priviléges ; tous les jours, à l'heure des repas, on voit passer deux têtes, soit à travers la porte de la maison, soit à travers la fenêtre, si elle se trouve ouverte, et ces deux têtes, je n'ai pas besoin de vous le dire, appartiennent à Cocotte et à son poulain Tiotiot : les enfants lui ont donné ce nom, monsieur.

« Il y a quinze jours à peu près, — un dimanche, — nous étions à table, et, par extraordinaire, ni Cocotte ni Tiotiot ne se montraient ; on les avait menés au pâturage le matin, il est vrai ; mais nous savions tous que, quand la bête sentait l'heure du déjeuner, elle laissait là le pâturage et s'en revenait bravement toute seule, ou plutôt avec son poulain, à travers champs ; il y avait toujours pour les deux animaux favoris du pain, des légumes, du sucre, douceurs que Cocotte appréciait fort ; toutefois, depuis qu'elle était devenue mère, elle n'en prenait jamais sa part avant Tiotiot.

« Nous étions donc là, nous étonnant de l'absence de Cocotte, et commençant à nous en inquiéter, lorsque tout à coup voici un galop enragé qui retentit dans le potager. On entendait tout se briser sous les pas d'un cheval. Jugez de ma surprise quand je reconnus Cocotte, d'ordinaire si adroite et si précautionneuse !

« Jamais je ne l'avais vue ainsi, et j'hésitai même un

instant à la reconnaître. Tout son poil était hérissé et ses
yeux éperdus. La sueur lui coulait sur le corps, l'écume
lui sortait de la bouche; ses membres tremblaient,
comme si une main invisible les eût secoués. Elle vint
droit à moi et poussa un hennissement dont je me sentis
remuée jusqu'au fond de l'âme.

« — Il est arrivé un malheur à Tiotiot! m'écriai-je. Il n'y
a que ça qui puisse affoler ainsi ma pauvre Cocotte! Allons
vite; que chacun s'en vienne à la rescousse du poulain!

« — M'est avis que tu as raison, petite femme, me dit mon
mari; mais reste à savoir dans quel lieu se trouve ce far-
ceur de Tiotiot, qui a la rage de courir toujours au
diable, et dans les endroits les plus éloignés de la ferme.

« Chaque fois qu'elle entendait prononcer le nom de
son poulain, la jument poussait un hennissement nouveau
et tournait la tête vers la porte de la cour, comme pour
indiquer la route à suivre. Cependant, comme on continuait à délibérer, elle vint à moi, prit la manche de ma
robe dans ses lèvres, me tira deux ou trois fois et se mit
ensuite à rebrousser le chemin par lequel elle était arrivée, c'est-à-dire à travers le potager; je ne fis ni une ni
deux, et je suivis moi-même la jument. Cocotte s'arrêtait
de temps à autre et tournait la tête pour s'assurer qu'on
l'accompagnait.

« Cela dura un bon quart d'heure, au bout duquel nous
entrâmes dans une claire de tourbière, et nous ne tar-
dâmes point à apercevoir au plein milieu de la vase Tiotiot
enfoui jusqu'au cou, et ayant perdu connaissance ni plus
ni moins qu'un chrétien. Autour du poulain on remarquait
les nombreuses traces des efforts infructueux tentés par

Cocotte pour tirer son enfant de danger ; mais la vase qui fondait sous elle l'en avait toujours empêchée, et c'est alors que, convaincue de l'impossibilité de sortir son poulain de péril, elle était venue solliciter nos secours.

« On se mit bravement à l'œuvre pour retirer de là le poulain ; la chose n'était pas facile, car il fallut plus d'un gros quart d'heure de travail, sans compter des obstacles de toute nature que notre homme surmonta avec une sagacité et une ardeur sans pareilles : il savait, l'excellent cœur, combien j'aimais l'enfant de Cocotte. Enfin on ramena le malheureux vagabond en terre ferme, comme disait notre homme, qui a été marin dans sa jeunesse ; mais le pauvre poulain ne donnait plus signe de vie, et il fallut le porter à la ferme sur un brancard. Sa mère le suivait la tête basse, et dans un désespoir à faire venir les larmes aux yeux du cœur le plus dur. À tout moment elle flairait le corps inanimé de son enfant, elle le poussait doucement avec sa tête, et, quand elle voyait que rien n'y faisait et qu'il restait là immobile, elle gémissait, ni plus ni moins qu'une personne véritable.

« Arrivé à la ferme, je lavai le poulain avec de l'eau tiède, je l'enveloppai dans une couverture de laine, et je le frottai doucement par tout le corps avec de la flanelle, tandis que notre homme lui versait un peu de vin chaud dans la bouche. Cocotte nous regardait faire dans une attente douloureuse. Tout à coup Tiotiot fit un petit mouvement, ouvrit les yeux et respira. Cocotte nous repoussa de façon à nous renverser et passa la tête sur le cou de son enfant avec des transports de joie que l'homme le plus habile à parler ne saurait exprimer ; après quoi elle se retira à l'écart pour ne point nous gêner dans les soins que nous donnions au poulain.

« Mais ce fut quand il se releva sur ses quatre pieds et qu'il alla à sa mère qu'il fallait voir celle-ci ! Non, monsieur, jamais on n'a vu et jamais on ne verra bonheur pareil, exprimé de pareille façon. Elle pleurait véritablement, monsieur ; j'ai vu des larmes tomber de ses yeux ; des larmes grosses comme cela, » ajouta la narratrice en montrant au voyageur le bout d'un doigt tout rose et tout mignon. -

Tout à coup elle s'interrompit, se leva à demi sur l'impériale, et s'écria :

« Voici notre homme et les enfants ! »

Elle héla quelques personnes qui l'attendaient au tournant de la route où nous venions d'arriver.

En moins de temps que je ne mets à le dire, elle s'élança de l'impériale, et, alerte comme un chat, elle se glissa le long de la diligence sans même laisser à la voiture le temps d'arrêter.

Elle embrassa ses enfants, vida dans leurs petites mains des friandises qu'elle leur avait apportées de la ville, et présenta sa joue à son mari, grand et fort garçon qui paraissait avoir demandé au cabaret un peu trop de consolations pour supporter l'absence de sa femme.

« Tu ne seras donc jamais raisonnable, notre homme ? lui dit-elle d'un ton moitié sévère et moitié maternel, qui attestait de quel côté s'exerçait l'autorité conjugale dans le ménage.

« Il faut s'amuser, mais pas trop ! ajouta-t-elle en se tournant vers son voisin de diligence : je n'étais pas là, et

il a profité de mon absence pour ne point sortir du cabaret. Ah ! je ne devrais jamais le quitter d'une minute. Il
est plus enfant que les enfants ! »

Tout à coup un double galop se fit entendre : c'étaient
une jument et son poulain qui accouraient au-devant de
la fermière.

En ce moment le cocher de la diligence fouettait ses
chevaux, la voiture se remettait en marche, et un tourbillon de poussière ne tarda point à dérober aux regards
du voyageur la femme, son mari, les enfants, la jument
et le poulain.

Comme dit Shakspeare, « le tableau avait disparu : il
ne restait déjà plus que le souvenir. »

LA PEAU DE PHOQUE

Il y a, dans la mer du Nord, un amas de vingt-cinq îles, que les géographes appellent scientifiquement les Faer-Oeerne, et que l'on nomme vulgairement les Feroë. Elles appartiennent au Danemark, qui ne retire guère d'autre avantage de cette possession que d'accabler d'impôts de fort modique rapport les pauvres habitants de ces contrées sauvages et stériles. Thorshawn, la capitale et la seule ville de l'humble colonie, se compose tout au plus d'une centaine de maisons qui forment des rues étroites et rocailleuses, dominées par une forteresse en terre, qui compte bien quatre canons et qu'habite une garnison de vingt-cinq soldats. La population des îles Feroë s'élève environ à sept mille habitants éparpillés dans ces petites îles et séparés les uns des autres par la moindre agitation de la mer.

C'est sur la grève de Store Diman, la plus petite, la plus solitaire et la plus lointaine de ces îles, que s'élevait la cabane d'Oulie Gudman. Store Diman surgit beaucoup au-dessus du niveau de la mer. On ne peut arriver à ses côtes escarpées qu'en deux endroits, où vient s'ouvrir un sentier difficile ; aucun bâtiment ne saurait aborder cette île, à cause de la violence des courants : les barques de quelques hardis pêcheurs osent seules, à force d'habileté et d'habitude, accoster le nid étrange habité par la famille d'Oulie Gudman. Le père du jeune homme avait péri dans une pêche au dauphin. Depuis le jour fatal qui rendit veuve sa mère, Oulie s'était retiré avec la pauvre femme dans la maisonnette bâtie au bord de la mer, son unique héritage, avec une barque et des filets. En des jours plus heureux, dame Raghild avait bien jadis rêvé pour son fils une profession plus honorable et moins laborieuse. Le soir, avec son mari, elle s'entretenait du bonheur qu'ils auraient à envoyer leur fils à Copenhague, d'où il reviendrait médecin, mais la mort du digne homme avait renversé tous ses projets ; Oulie savait à peine lire, et la destinée voulait qu'il continuât à faire le métier de pêcheur, auquel son père l'avait habitué dès l'enfance. Il exerçait seul ce métier, et par conséquent au prix de beaucoup de fatigue et de périls.

Avant le jour il mettait sa barque à la mer et la ramenait le soir avec le produit de sa pêche. Une partie servait à le nourrir, lui, sa mère et une vieille femme, leur servante autrefois et maintenant leur amie. Trois fois la semaine, un marchand venait avec son canot acheter ce qu'il leur restait de poisson et apportait en échange du

pain, de la viande, des étoffes pour les deux femmes, des
harpons et des habits pour Gudman ; car ce dernier, depuis la mort de son père, n'allait guère à Thorshawn
qu'une ou deux fois par année. Il passait le peu de temps
que la pêche lui laissait libre à rêver devant la haute
cheminée, entre sa mère et la vieille servante, qui filaient.
Ou bien il se laissait aller à ses pensées, couché sur les ga-
lets de la mer, au bruit des vagues et sous le ciel gris et
mélancolique de ces contrées brumeuses. Il y avait cependant des jours où il ne pouvait ni rester en place ni
rêver : en proie à une agitation fébrile, il parcourait à
grands pas le rivage et cherchait à briser par la fatigue
les idées qui s'élevaient dans son imagination.

Souvent alors, quoiqu'il ne fît que revenir de la pêche,
il remettait sa barque à la mer, partait sans filets, et, après
avoir erré des heures entières, au hasard, sur les flots, il
revenait s'asseoir au foyer de sa cabane. La tête appuyée
contre la cheminée, il restait ainsi fort longtemps, sans
proférer un mot, à écouter les histoires que se contaient
les deux vieilles femmes, qui pas plus qu'Oulie ne savaient
lire, mais qui avaient appris, dans le grand et fantastique
livre que l'on nomme la tradition, les légendes dont les
vieilles Fersennes s'émerveillent depuis tant de siècles.
Elles se redisaient dans leur langue, sorte de patois scan-
dinave, auquel se mêlent des mots irlandais, norvégiens
et danois, des histoires cent fois écoutées par elles, sur
les *huldefolk*, les *mara* et les *nikars*, monstres ou fées
de ces contrées mystérieuses.

Les nikars sont des esprits qui viennent errer sur le rivage, enveloppés dans une peau de phoque. Si quelque

beau jeune homme passe au bord de la mer, la nikar sou-
lève sa peau tachetée et laisse entrevoir le sourire céleste
de ses lèvres roses. Elle rassemble autour de sa tête les
longues nappes de sa chevelure blonde, et attache sur
l'imprudent qui la contemple avec transport les regards
humides de ses grands yeux bleus. Alors il sent s'allumer en son cœur un amour que rien désormais ne saurait
étouffer, et qui le livre sans défense à la nikar, à moins
que, par un dernier reste de raison, il ne se précipite sur
la peau de phoque et ne s'en empare. Alors, la nikar
éperdue se voit obligée de le suivre sur le rivage, d'entrer
dans sa cabane, et de vivre et de se vêtir comme si elle
était une simple femme. Tant que le jeune homme reste
possesseur du talisman, il faut qu'elle lui obéisse. Souvent
des pêcheurs ont épousé des nikars tombées ainsi en leur
puissance, et jamais ménages ne furent plus heureux que
les leurs, car le temps n'altérait point leur beauté, et elles
se montraient adroites, bonnes et d'une douceur inalté-
rable.

Une famille de Stromœ, — l'une des îles de l'archipel Feroë, — doit son origine à une de ces mystérieuses unions[1].

Il faut que le mari de la nikar veille avec soin sur la
magique peau de phoque, il faut qu'il la tienne enfermée
dans un coffre clos à triple serrure et trop lourd pour que
sa femme puisse l'emporter ; car tel est l'amour de la fée
pour sa première vie, qu'elle cherche sans cesse à s'emparer du talisman. Si elle y parvient, elle quitte tout sans
hésiter, époux, enfants, famille ; elle se précipite dans la

____
[1] *Voyage de M Marmier au cap Nord.*

mer, et jamais elle ne revient consoler ceux qu'elle aban-
donne si cruellement.

Telle était l'une des nombreuses légendes de la vieille
Raghild et de Laja, sa compagne septuagénaire, légendes
qu'elles se redisaient d'autant plus souvent qu'elles parvenaient ainsi à tirer Oulie de son morne abattement. Peu
à peu il relevait la tête et prêtait une oreille attentive aux
histoires de sa mère : son œil brillait, son cœur battait,
puis il se laissait aller de nouveau à des rêveries ; mais
celles-là du moins n'avaient rien de douleureux ni d'amer.

Un soir, Oulie écoutait les histoires de Laja, dont la
voix avait bien de la peine à se faire entendre de ses deux
auditeurs ; car la mer mugissait avec violence et un terrible ouragan soulevait ses vagues lourdes et glacées.
Tout à coup le jeune pêcheur fit signe à sa mère de s'interrompre ; il avait cru distinguer, à travers le tumulte
de la tempête, les coups de canon que tire, en signe de
détresse, un bâtiment prêt à sombrer. Sans écouter les
deux femmes, il s'élança hors de la cabane et courut à
sa barque, une torche à la main.

Quelles ne furent pas son émotion et sa surprise, lorsqu'il trouva, se cramponnant des mains au bord de ce
canot, une jeune femme qui s'efforçait d'y entrer, pâle,
demi-nue, et ses longs cheveux noirs en désordre !

A la vue de Gudman, elle proféra de ses lèvres convulsives quelques sons rauques qui ne paraissaient appartenir à aucune langue humaine puis elle retomba dans
la mer, soit que la subite apparition du pêcheur l'eût effrayée, soit que ses forces épuisées lui manquassent
enfin.

Oulie n'eut point de peine à la saisir, à l'enlever dans ses bras et à l'emporter dans sa cabane.

On peut juger de l'effet que produisit un événement si dramatique dans la vie monotone des deux vieilles femmes. Elles placèrent l'inconnue sur la meilleure des trois couches du logis, et la débarrassèrent de ses vêtements trempés par l'eau de la mer, non sans se récrier sur l'admirable beauté de la blanche créature. Celle-ci se laissa faire sans résistance. Elle portait autour d'elle des regards qui n'exprimaient ni l'émotion ni la surprise. Elle abandonnait son bras à Gudman, qui interrogeait son pouls ; elle buvait le breuvage chaud que Laja présentait à ses lèvres. Tout lui restait indifférent ; elle semblait avoir oublié les périls qu'elle venait de courir et ne pas s'apercevoir des soins qu'on lui prodiguait. Peu à peu, néamoins, les effets que Raghild attendait de son mélange d'eau chaude, de sucre et d'eau-de-vie, commencèrent à opérer. Les paupières de la jeune fille s'alourdirent et s'abaissèrent sur ses yeux, et elle s'endormit d'un profond et paisible sommeil. Gudman contemplait en silence la beauté surnaturelle de l'inconnue qu'un hasard si étrange venait d'amener dans sa cabane. En vain sa mère, avant d'aller partager le lit de Laja, engagea Oulie à prendre quelque repos ; rien ne put le faire s'éloigner. Il semblait sous la fascination d'un pouvoir magique, et dame Raghild, avant de s'endormir et après avoir achevé sa prière, qu'elle fit plus fervente encore que de coutume, dit à sa vieille compagne :

« Dieu veuille que le malheur ne vienne pas s'asseoir à notre foyer, Laja ! »

Oulie ne quitta la cabane qu'au point du jour, à l'heure de partir pour la pêche. De nombreux débris du naufrage de la veille couvraient le rivage; des ballots de marchandises gisaient çà et là dans le sable, mêlés à des restes de cordages et de planches brisées. Le pêcheur recueillit ces épaves et les transporta dans sa cabane. Parmi ces débris, il remarqua une peau de jeune phoque blanc, doublée de satin rouge et façonnée en aumônière, sur laquelle étaient brodés des chiffres orientaux. A la vue de cet objet, un sourire entr'ouvrit ses lèvres, il se rappela involontairement les légendes de sa mère sur les nikars. Tout en riant de sa superstition, il n'en prit pas moins le petit sac, le cacha sur sa poitrine et l'emporta dans la cabane pour examiner à son aise les objets qu'il contenait.

Enfermé dans sa chambre, il brisa la serrure d'argent qui fermait l'aumônière et trouva des bijoux, un anneau d'or, une boucle de cheveux et plusieurs lettres écrites dans une langue qu'il ne comprenait pas, lui pauvre pêcheur qui ne parlait même pas le norvégien. Il supposa que ces objets pouvaient appartenir à la jeune femme, et cette pensée l'attrista ; car l'anneau et la boucle de cheveux semblaient révéler qu'elle aimait, et il aurait voulu que l'étrangère n'aimât personne. Il résolut de s'assurer aussitôt de la réalité de ses suppositions, et il vint déposer l'amônière sur le pied du lit de la naufragée. Puis il s'assit à quelques pas de là, dans un coin obscur, et attendit. Quand la jeune fille s'éveilla, elle porta autour d'elle des regards de surprise, passa ses deux mains sur son front, rassembla ses souvenirs, et, lorsqu'elle eut tout compris, se mit à pleurer. Enfin elle aperçut l'aumônière :

elle la saisit avec précipitation, s'assura qu'il ne manquait rien des objets qu'elle renfermait, et parut éprouver une sorte de joie triste à les retrouver tous. Elle ouvrit les lettres et les regarda sans les lire, porta à ses lèvres la boucle de cheveux, et passa l'anneau à l'un de ses doigts effilés ; puis elle laissa tomber de nouveau sa tête sur sa poitrine et ses sanglots recommencèrent.

Oulie, tandis qu'elle regardait un à un les objets contenus dans l'aumônière et lorsqu'elle avait effleuré les cheveux de ses lèvres, l'avait maudite ; mais, quand il la vit pleurer, il courut à elle et il prit dans ses rudes main une des petites mains de l'étrangère. Elle fit un mouvement de frayeur et rajusta à la hâte sur ses épaules le mantelet dont l'avait couverte la vieille Raghild ; puis, revenue un peu de cette émotion, elle tourna la tête vers Gudman et reconnut son sauveur. Elle serra doucement la main qu'il tenait dans les siennes et posa l'autre sur son cœur ; elle montra ensuite ses lèvres, comme pour expliquer qu'elle était muette, prit un crayon dans l'aumônière, écrivit quelques mots sur le revers d'une des lettres et les présenta à Oulie. Celui-ci ne put les comprendre, car, je vous l'ai dit, il savait à peine lire, et d'ailleurs aurait-il compris la langue dans laquelle elle écrivait ? Il fit signe que ces mots restaient inintelligibles pour lui.

Alors la jeune fille secoua tristement la tête ; puis elle expliqua par une pantomime animée et expressive qu'après avoir subi le bouleversement d'une tempête, elle avait été jetée par les flots vers la rive et qu'elle l'avait gagnée à la nage. Elle ajouta qu'elle habitait un pays éloigné, sur le bord de la mer; puis elle montra le sachet en peau de phoque, la boucle de cheveux et la bague. Ses larmes coulèrent de nouveau, et elle pleurait encore lorsque dame Raghild et la vielle Laja parurent. Elles s'étaient réveillées plusieurs fois, et l'étrangère, durant ces insomnies, n'avait cessé d'être le sujet de leur entretien. La manière étrange dont elle était arrivée la nuit, au milieu d'une tempête et à la nage, les remplissait d'une crainte vague dont elles cherchaient en vain à se défendre. Mais, quand le matin elles eurent appris que l'inconnue était privée du don de la parole, lorsque surtout elles eurent vu au grand jour sa rare beauté, ces craintes prirent un caractère encore plus sérieux. Laja surtout, apercevant l'aumônière en peau de phoque, cachée soigneusement sous le chevet de la jeune fille, se sentit frissonner; elle alla chercher sa Bible et laissa tomber tout bas le mot de *nikar*.

La physionomie de leur hôtesse, par son caractère singulier, surtout dans un pays du Nord, ne laissait pas que de justifier quelque peu les pressentiments de la superstitieuse. On ne voyait sur ses joues entièrement pâles rien de la fraîcheur des jeunes filles de la Norwége; son teint doré et d'un coloris méridional rappelait les tons d'une statue de bronze florentin que Laja avait vue dans le seul voyage qu'elle eût jamais fait à Thorshawn. Ses grands yeux noirs, d'une expression à la fois douce et mélancolique, prenaient, lorsqu'elle cherchait à faire comprendre son langage de signes, une expression surnaturelle, et quand, après avoir indiqué qu'elle désirait des vêtements, elle descendit du lit par les soins de Laja, celle-ci resta stupéfaite devant la souplesse accomplie de sa taille svelte et merveilleuse. Et puis il était impossible de voir un pied plus mignon, des mains aussi pures de contours, des doigt mieux effilés.

Après avoir revêtu le costume de fête qui servait jadis à Laja, et que la vieille servante avait gardé précieu_ sement comme un souvenir de sa jeunesse, elle sut, par un art naïf, donner tant de grâce au mantelet de tricot qui serrait étroitement sa taille et laissait nus, depuis le coude, ses bras élégants; elle ajusta si coquettement sur ses abondants cheveux noirs un charmant petit bonnet de soie écarlate qui découvrait son front pur et s'aplatissait au sommet de la tête, qu'une fée, avec toute sa puissance, n'eût pu se donner plus de grâce. Elle prit le petit sachet de peau de phoque et voulut sortir; mais le vent soufflait avec violence et la pluie tombait à grands flots. Il lui fal- lut donc rentrer dans la cabane; elle s'assit tristement sur une chaise faite avec des ossements de phoques, et resta quelques instants rêveuse et affaissée sur elle-même. Mais tout à coup, par une résolution rapide, elle sembla reje_ ter les pensées douloureuses qui l'oppressaient et s'ap- procha du rouet avec lequel Laja, alors occupée du soin du ménage, filait tout à l'heure de la laine. Elle essaya de l'imiter et fit signe à dame Raghild de lui donner une le- çon. Celle-ci céda à son désir, et presque aussitôt la jeune fille se mit à filer avec une intelligence et un savoir-faire qui tenaient du prodige. Cependant elle ne tarda point à se fatiguer de ce travail mécanique et elle alla se placer près de la fenêtre, où elle passa de longues heures à contempler la mer et à pleurer.

Pendant deux jours entiers, le mauvais temps l'empêcha de sortir de la cabane. Lorsque la tempête et la pluie s'apaisèrent enfin, Oulie avait fait disparaître tous les débris du naufrage; car, supposant que la jeune fille était à bord du bâtiment échoué sur la côte, et que ces objets réveilleraient sa douleur, il avait passé les deux nuits à les enfermer dans un hangard voisin du corps de l'habitation principale ou à les rejeter dans les flots. La jeune fille, arrivée au bord de la mer, fixa ses regards à l'extrémité de l'horizon, et sembla y chercher un objet qu'elle n'y découvrait pas; puis elle se laissa tomber à genoux, cacha son visage dans ses deux mains, et resta là jusqu'au moment où Gudman, qui la contemplait avec tristesse, la prit doucement par la main et la ramena dans la cabane.

Huit jours s'écoulèrent sans que l'agitation de la mer permît à Oublie d'aller à la pêche et au marchand qui achetait son poisson d'aborder la petite île. Le jeune homme passa tout ce temps près de l'étrangère, à l'entourer des soins les plus tendres et les plus ingénieux. Ils ne pouvaient s'entretenir que par signes, mais bientôt ils se comprirent à merveille. Oulie prévenait les moindres désirs de la jeune fille, et trouvait à chaque instant mille moyens de lui rendre moins triste le séjour de la cabane. Il se sentait heureux quand il parvenait à faire naître un sourire sur ses lèvres. Lorsqu'il lui fut possible de retourner à la pêche, les deux vieilles femmes furent surprises de voir qu'il revenait quatre heures plus tôt qu'il n'avait l'habitude de le faire. Le marchand qui achetait le poisson pêché par Oulie reçut l'ordre d'apporter à son prochain retour des bijoux, des chaînes d'argent et des bagues.

à petits grelots que l'étrangère trouva à son réveil déposés sur une table près de son lit.

Ce soir-là, Oulie resta en mer plus tard que de coutume. Quand sa barque revint au rivage, il aperçut de loin la jeune fille qui l'attendait et qui lui tendit la main. Elle était parée des bijoux et les lui montra avec un geste reconnaissant et joyeux ; puis elle passa son bras sous le bras du pêcheur, et tous les deux se dirigèrent vers la cabane. Oulie n'aurait pas donné pour tous les trésors de la Norwége le bonheur qu'il éprouvait en sentant le bras de la jeune fille appuyé sur le sien.

« Pourquoi n'ai-je point appris à mieux lire ? lui fit-il comprendre par ses gestes et par l'expression de sa physionomie ; je pourrais m'entretenir avec vous de mille choses que ne sauraient me dire vos signes. Je connaîtrais du moins votre nom. »

A cette plainte du jeune homme, elle sourit, leva vers le ciel un de ses petits doigts effilés, et montra à son compagnon une étoile qui brillait au ciel, puis elle ramena ce doigt sur ses lèvres.

« *Stierna*[1], vous vous nommez Stierna ? » demanda-t-il. Elle répondit : « A peu près, » par un geste si plein de grâce, que le pauvre Oulie se sentit près de tomber à genoux et de lui faire l'aveu de son amour. Mais il regarda la céleste créature et comprit toute la distance qui les séparait l'un de l'autre. Son bonheur se changea en amertume. Il déclara à sa mère en rentrant qu'il se sentait fatigué, et il se retira dans sa chambre. Il en fallait beau-

---

[1] *Stierna*, dans la langue feroë, signifie étoile.

coup moins pour désespérer les vieilles femmes, qui se figurèrent que leur cher enfant se trouvait dangereusement malade.

Lorsqu'elle les vit s'inquiéter et pleurer, Stierna leur fit signe de se rassurer, et alla frapper doucement du doigt à la porte que Gulmann avait refermée sur lui au verrou. Il reconnut Stierna. Il vint ouvrir, quoiqu'il eût résisté aux supplications de sa mère, qui le conjurait de ne point s'isoler ainsi quand il avait besoin de soins. Stierna lui adressa de la main un reproche affectueux, l'amena vers la table où se trouvait le souper abandonné de tous, l'obligea à s'asseoir, le servit elle-même et lui ordonna d'en prendre sa part, avec tant de grâce et de mutinerie, qu'il sentit son chagrin s'en aller. De triste il devint bientôt joyeux, et passa le reste de la soirée à mille jeux naïfs avec Stierna.

« Dieu veuille que ce ne soit point par des sortiléges qu'elle exerce tant d'influence sur mon jeune maître ! » se dit la vieille Laja, le soir, en repassant dans son esprit avant de s'endormir les événements de la journée.

Le caractère d'Oulie se trouva complétement changé : de taciturne il était devenu prévenant et doux. Il se laissait bien aller encore à des accès de tristesse, mais la présence de Stierna les dissipait toujours, et de quelque nuage que s'assombrît le front du jeune homme, il suffisait d'un signe de la jeune fille pour qu'il s'assérénât aussitôt.

Cependant la bonne saison commençait à venir, et Oulie, tout en comprenant bien que le jour où il perdrait Stierna serait le dernier jour de bonheur de sa vie, ne cédait pas moins au sentiment généreux qui lui faisait un devoir de rendre la jeune fille à sa patrie. Mais cette patrie, il ne la connaissait même pas. La muette n'avait pu la lui dire. Il résolut de l'emmener à Thorshawn, afin de la mettre en rapport avec des personnes qui sussent lire et à qui Stierna écrivît ce qu'il lui avait été impossible d'exprimer par des signes. Un matin donc il fit monter la jeune fille dans sa barque, rama vers la capitale du petit archipel, et conduisit Stierna chez le ministre protestant, comme le plus capable et le plus savant de la ville. Le digne ecclésiastique ne parlait que le norwégien ; il ne comprit rien aux caractères que traça la jeune fille.

Oulie parcourut la ville et s'adressa à plusieurs négociants et au médecin ; personne ne connaissait la langue dans laquelle écrivait Stierna. Tous conseillèrent à Oulie d'attendre, pour résoudre le problème, l'arrivée de quelque navire étranger aux îles Feröe, car il ne fallait guère compter sur les capitaines des bâtiments norwégiens, gens peu lettrés et habitués à naviguer seulement sur les côtes de la mer du Nord.

A cette époque, vers 1805, il était fort rare que des vaisseaux étranger visitassent l'archipel de Feröe, et Oulie revint dans son îlot, à la fois triste et joyeux de n'avoir point réussi.

Deux années s'écoulèrent, durant lesquelles la tristesse de Stierna se dissipa peu à peu, et lui firent apporter plus d'attention à l'amour du jeune pêcheur dont elle commençait à comprendre le langage.

Oulie ne comptait pas plus de vingt-cinq ans ; sa figure, à la fois noble et régulière, exprimait une intelligente bonté ; il portait avec grâce son costume national, assez semblable aux vêtements des Tyroliens. Dans les fréquents voyages qu'il faisait à Thorshawn avec Stierna pour rendre moins fatigant à la jeune fille le monotone séjour de l'île, il se parait d'une veste ronde de velours bleu, qui se détachait avec élégance sur un gilet de laine diapré de boutons d'argent et il plaçait sur ses longs cheveux blonds, qui retombaient en deux longues nattes; un petit chapeau à larges bords que nul ne savait porter avec plus de fierté. Un jour qu'il revenait d'un de ces voyages et qu'un vent favorable lui permettait de quitter la rame et de laisser le vent souffler doucement dans la voile, il se pencha vers Stierna, assise près du gouvernail qu'elle dirigeait.

« Stierna, lui dit-il, tant que j'ai espéré vous rendre à votre patrie je ne vous ai point parlé de mon amour; mais voici que deux ans se sont écoulés depuis votre arrivée parmi nous, sans que mes efforts aient pu même m'apprendre le nom de votre pays. Si vous vouliez devenir ma femme, vous rendriez le plus heureux des hommes un pauvre pêcheur qui mourrait le jour où vous vous éloigneriez de lui. »

Stierna se pencha vers lui. Pour toute réponse elle effleura de ses lèvres le front du jeune homme qui frissonna sous ce chaste baiser. Sa joie tint du délire. Il prit les rames, fendit l'eau avec la rapidité de la flèche, toucha au rivage et s'élança dans la cabane, apportant Stierna dans ses bras:

« Mère, s'écria-t-il, joie et bonheur à tous ! Bénédiction à Dieu ! Voici ta fille ! Laja, voici ta maîtresse ! Stierna consent à devenir ma fiancée dans quinze jours: Dans quinze jours, oui, dans quinze jours les noces ! Nous les célébrerons à Thorshawn, car le ministre qui vient nous visiter ici une fois l'an n'aurait pas de chapelle pour nous marier, et d'ailleurs je veux que les jeunes gens de la ville soient témoins de mon bonheur! »

Il passa toute la soirée à faire des projets de félicité entre sa mère et sa fiancée.

Dame Raghild se réjouissait franchement du mariage de son fils, car elle était habituée à ne penser qu'au bonheur d'Oulie et à ne guère voir que par les yeux de son cher enfant. Il n'en était pas de même de Laja : celle-ci s'obstinait secrètement à chercher dans Stierna une créature surnaturelle, et elle passa la nuit sans dormir, en proie à de vives inquiétudes. Tandis qu'elle méditait sur ces soupçons, un bruit léger dans la chambre de la fiancée attira son attention. Elle se leva sur la pointe du pied et vit la jeune fille qui sortait de sa couche, ouvrait avec précaution la fenêtre et se glissait doucement hors de la chaumière. De sinistres soupçons envahirent l'esprit de la vieille, déjà plein de défiance contre Stierna, qu'elle suivit de loin.

Stierna, qui ne soupçonnait point sa présence, se dirigea vers le bord de la mer. Là, elle laissa tomber à ses pieds la longue robe qui la couvrait et se plongea dans les flots.

« C'est une nikar! J'en étais sûre! » murmura Laja.

Et plus elle regardait Stierna nager gaiement à la clarté de lune, fendre audacieusement l'eau de ses bras mignons et lutter en riant contre les plus formidables vagues, plus la vieille femme se confirmait dans ses idées superstitieuses. Elle rentra dans la cabane et alla trouver sur-le-champ dame Raghild pour lui conter le mystère qu'elle venait de découvrir.

« C'est bien la peine de m'éveiller, folle que tu es ! répliqua la mère d'Oulie. Quand veux-tu donc que Stierna se baigne ? Doit-elle choisir l'heure de midi ? Laisse-moi dormir en repos. »

Laja regagna son lit en déplorant l'aveuglement fatal de sa maîtresse : pleine d'inquiétude sur le sort que présageait à Oulie un pareil mariage, elle épia le retour de Stierna. Celle-ci revint quelques instants avant que le jour parût ; elle ferma la fenêtre, alluma du feu dans la cheminée pour faire sécher ses vêtements, puis elle alla prendre, dans un coffret qui renfermait ses bijoux, l'aumônière de peau de phoque. Elle la contempla quelque temps avec tristesse, ensuite elle la plaça au milieu des flammes, qui la dévorèrent. Quand il ne resta plus que des cendres dans la cheminée, elle regagna sa couche et s'endormit d'un profond sommeil.

« Ah ! voilà qu'elle détruit son talisman, pensa Laja. Est-ce pour rester fidèle à mon jeune maître ? ou n'est-ce pas plutôt, hélas ! quelque opération magique pour retourner vivre dans la mer quand elle le voudra ? »

Quinze jours après, les fiancés reçurent à Thorshawn la bénédiction nuptiale. Malgré le désir que lui en avait exprimé Stierna, Oulie, pour ne pas affliger sa mère, convia à ses noces un grand nombre de pêcheurs, et le mariage fut célébré avec les solennités traditionnelles aux îles Feroë. Après le repas, un chanteur se mit à dire, sur un récitatif mélancolique, les strophes d'une vieille ballade, composée spécialement pour les fêtes nuptiales, et tous les assistants commencèrent une sorte de ronde dans laquelle les danseurs se livrent aux mouvements les plus passionnés, tandis que les femmes restent calmes et presque immobiles.

Au plus fort de cette danse, un garçon de noce frappa sur une poutre pour avertir la mariée qu'il était temps de se retirer dans sa chambre, et déjà dame Raghild prenait Stierna par la main pour l'emmener, quand tout à coup un des convives entra précipitamment dans la salle.

« Grande nouvelle ! s'écria-t-il. Un navire italien vient d'entrer dans le port. Il se nomme la *Stella*, et a pour capitaine il signor Luighi Capello. Déjà l'équipage a mis pied à terre, et j'ai invité les officiers à venir prendre part aux fêtes de la noce. »

En ce moment solennel, dame Raghild, sans prêter attention au récit du garçon de noce, regarda Stierna, sa belle-fille ; elle la vit qui devenait pâle comme une trépassée : on eût dit que la foudre l'avait frappée.

« Venez, ma fille, dit-elle doucement, nous prierons Dieu ensemble pour qu'il vous rende heureuse ? »

Stierna repoussa la main que lui tendait sa nouvelle mère, et s'enfuit éperdue.

Dame Raghild s'empressa d'aller raconter cet incident à Oulie, qui se mit en souriant à la recherche de sa femme. Mais bientôt il partagea les alarmes de sa mère, car Laja accourut hors d'elle-même raconter qu'elle avait vu, de la fenêtre, Stierna courir vers la mer et se précipiter dans les flots.

« Je savais bien, ajouta-t-elle, que ce n'était point une femme, mais une nikar ! »

Cette opinion trouva de nombreux partisans quand, après d'inutiles et longues recherches, on ne put parvenir à savoir ce que Stierna était devenue. On prétendit bien que le capitaine du navire italien avait parlé d'un bâtiment naufragé plusieurs années auparavant sur les côtes de l'Archipel, et à bord duquel se trouvait une jeune fille, sa fiancée, mais jamais on n'eut de preuves certaines de la réalité de ce propos.

Oulie Gudman refusa de s'éloigner du rivage de la mer jusqu'au moment où il mourut de chagrin, ce qui arriva trois mois après la disparition de Stierna.

« Preuve évidente, continuait de dire la vieille Laja, que la muette était une nikar, qui avait jeté un maléfice sur le pauvre jeune homme. »

LES CRUAUTÉS D'UN SAVANT

Si l'on voulait énumérer toutes les bizarreries, toutes
les cruautés qu'inspire la science et que commettent les
savants, quatre immenses pages de journal n'y suffiraient
point. Les animaux fournissent d'innombrables victimes
à ces hommes, insatiables de surprendre quelques-uns des
secrets de la nature. Il y a, de par le monde, un anato-
miste qui consent à passer sa vie dans un grenier et à
vivre dans un état voisin de l'indigence, pour disséquer à
son aise des animaux, et pour examiner jusque dans leurs
parties les plus microscopiques l'appareil nerveux, le
système digestif, la circulation, la respiration et toutes
les merveilles de l'organisation de certains êtres. Cet
homme, ce Décius de l'histoire naturelle, fait imprimer
à ses frais des ouvrages que personne ne lit et surtout

13.

n'achète en France, et qui font l'étonnement et l'admiration des savants étrangers. Parlez de lui aux savants bre-
vetés de nos établissements publics, ils hausseront les
épaules avec dédain. Il est vrai que cet original, comme
ils l'appellent depuis quarante ans et plus peut-être, n'a
encore consacré son temps, sa fortune, sa santé et sa vie
qu'à étudier deux espèces d'animaux : les hannetons et les
chats ; ajoutons que ces études donnent la clef de tout le
système d'organisation des insectes et des mammifères.
Qu'importe! le malheureux n'a pas la plus petite pension, n'est rien au Muséum d'histoire naturelle, et laisse
les autres s'emparer de ses découvertes, ou les lui con-
tester. On ne peut se montrer vraiment plus original !

Nous avons connu, il y a quelques années, au collége
de France, un jeune homme d'un grand talent, dont le
nom aujourd'hui jouit d'une juste célébrité scientifique, et
qui a obtenu un des prix Monthyon pour avoir exercé, pendant je ne sais combien de temps, le métier de tortureur
d'animaux. Il avait rassemblé le plus grand nombre possible de chiens sans domicile, et il les soumettait à des
supplices dont frémirait l'imagination la moins douée de
sensibilité. Aux uns il inoculait d'affreuses maladies ; sur
les autres il pratiquait des opérations dangereuses, laissait
parfaitement guérir ses victimes, et les égorgeait ensuite
pour connaitre le résultat de ces opérations. Il les mai-
grissait, il les engraissait à son gré ; tantôt c'était du blanc
d'œuf qu'il leur servait pendant des mois entiers, et tantôt
de la gélatine. Il ne se passait point un jour sans qu'il
n'empoisonnât ou ne désempoisonnât plusieurs de ses
prisonniers. Il les amputait, il les saignait pour leur in-

jecter ensuite dans les veines diverses matières. Enfin, je garderai toute ma vie le souvenir d'un malheureux cygne qui vécut quinze jours dans l'amphithéâtre de M. Magendie, la poitrine ouverte, pour qu'on pût étudier à l'aise sur cet infortuné volatile les mouvements du cœur et les phénomènes de la circulation du sang.

Sans compter que ces drames ont lieu non-seulement au collége de France, mais au Jardin des Plantes, mais partout où il y a un naturaliste. Dieu sait le nombre de chacals, de renards, de chiens qu'a immolés M. Flourens, sans compter les porcs qu'il a nourris de garence et qu'il a égorgés ensuite pour constater la manière dont les couches des os se forment et se superposent chez les êtres vivants.

En notez bien que si j'ai cité des noms de membres de l'Institut, et que si j'énumère les assassinats scientifiques auxquels ils se livrent, ce n'est pas sans raison, car j'ai à vous conter un des plus odieux exemples de cruauté qu'ait fait commettre le fanatisme de la science ; je me trouve, hélas ! uni au coupable par une amitié longue et éprouvée : or, par le temps qui court, dites-moi s'il existe beaucoup d'amitiés que n'aient point brisées ou du moins altérées le temps et des tristes épreuves ?

Tant il y a que c'était en 1848, quand les terribles émeutes de juin menaçaient Paris, qu'on s'éveillait au bruit de la générale et qu'on attendait avec anxiété le fatal lever de rideau d'un drame prévu depuis trop long-temps, hélas !

Un matin, je reçus un billet qui me disait : « Viens me voir ; j'ai une expérience curieuse à faire, je veux que tu en sois le témoin. »

Celui qui m'écrivait ainsi habitait, à trois ou quatre lieues de Paris, une manière de petite maison de campagne moitié chaumière, moitié château. La révolution avait fait aux gens de lettres des loisirs qui, pour n'être pas doux, n'en étaient pas moins complets : je me rendis à l'invitation de mon ami.

Je le trouvai assis sur le seuil de sa maisonnette, bâtie au milieu des ruines d'un ancien château ; il m'aborda le sourire sur les lèvres, et parut fort étonné quand, dans une préoccupation bien naturelle, je lui parlai des troubles qui agitaient Paris.

« Bah ! dit-il, fais comme moi, ne lis pas un seul journal ; mets à la porte de chez toi, encore à mon exemple, tous les colporteurs de nouvelles, et laisse faire au bon Dieu, il est grand et plein de miséricorde ! ».

Là-dessus, il me prit la main et m'emmena dans une immense cave, qui ressemblait beaucoup à un souterrain, et dont la porte, brisée depuis quelque vingtaine d'années, permettait aux reptiles et aux chauves-souris d'y établir en toute liberté leur domicile.

« Tiens, regarde, dit-il, en élevant, après l'avoir ouverte, une lanterne sourde, vois quelle quantité de chauves-souris habite cette crypte. As-tu jamais trouvé une plus belle collection de vespertilions ? »

En effet, je vis dans les anfractuosités que le temps avait ciselées à la partie supérieure de la voûte, une assez grande quantité de chauves-souris, suspendues par leurs pattes de derrière, la tête en bas, et enveloppées de leurs ailes comme d'un manteau.

« Depuis trois mois je me suis fait l'ami de ces animaux,

pour amener à bonne fin l'expérience que je projette, continua-t-il en refermant sa lanterne sourde; je lâche dans cette cave tous les jours une immense quantité d'insectes que je recueille à l'entour de ma cabane. Plusieurs chauves-souris prennent même ces insectes dans ma main, entre autres un petit murin (*vespertilio murinus*), qui certainement me reconnaît, et peut-être même a de l'affection pour moi. C'est une femelle, et elle a établi son domicile là-bas tout au fond de cette caverne. »

Il me prit par la main, m'emmena de nouveau au milieu d'une obscurité profonde jusqu'à l'extrémité de la cave, et rouvrit sa lanterne.

Je vis alors, en effet, une chauve-souris suspendue comme les autres à la voûte; en voyant mon ami, elle ne parut pas le moins du monde effarouchée, ouvrit la gueule, jeta un petit cri et montra une double rangée de belles dents aiguës et blanches.

Il tira de sa poche une boîte en fer-blanc, pleine de phalènes, et présenta un de ces papillons de nuit à la chauve-souris, qui le happa et le croqua avec le meilleur appétit du monde.

« Ce n'est pas tout, regarde, elle vient à mon appel. »

En effet, il siffla, et cette fois le murin, se détachant de la voûte, tournoya autour du naturaliste, et saisit au vol, plusieurs fois et avec une adresse remarquable, le phalène qu'il lui présentait dans ses doigts. Pendant qu'elle se livrait à cet exercice, je me rappelais involontairement avec quelle admirable justesse d'expression et d'observation Buffon décrit le vol bizarre des chauves-souris, qu'il nomme un espèce de voltigement incertain exécuté avec effort, et d'une manière gauche. En effet, elles ne s'élancent de terre que péniblement, ne s'élèvent jamais à une grande hauteur, et ne peuvent qu'imparfaitement précipiter, ralentir ou même diriger leur vol, qui n'est ni rapide ni bien direct; il se fait par des vibrations brusques, dans une direction oblique et tortueuse. Malgré toutes ces difficultés que lui avait imposées la nature, le murin n'en saisissait pas moins, sans jamais y revenir à deux fois, les papillons que lui présentait mon compagnon.

Quand l'animal se trouva rassasié, il se raccrocha, par ses pattes de derrière, à la voûte : le naturaliste tira alors de sa poche un bout de fil de fer enfoncé par une de ses extrémités dans un manche en bois, et me pria de faire rougir ce fil à la flamme de la lanterne.

« Tu le sais, me dit-il, pendant que je m'acquittais du soin qu'il m'avait confié, les chauves-souris savent se diriger au milieu de l'obscurité la plus profonde. Dans les cavernes complétement privées de lumière, elles parcourent, en volant, les nombreux détours de leur demeure, sans hésitation, sans jamais se heurter contre les angles avancés des roches, ou les parois des voûtes. Un oiseau n'agirait point avec autant de sûreté et de précision, même en plein jour. D'où vient cela? Tu m'allègueras que les animaux nocturnes ont la faculté de concentrer dans leur pupille très-dilatable les plus faibles rayons de lumière, et parviennent ainsi à distinguer assez les objets pour se guider, voir leur proie et la saisir. Mais dans une obscurité totale, absolue, leur pupille a beau se dilater, elle ne peut percevoir des rayons qui n'existent pas, et en pareil cas une chauve-souris se trouve tout aussi aveugle qu'un autre animal. Cependant elle agit comme si elle y voyait parfaitement.

— Georges Cuvier, ce grand génie de l'histoire naturelle, avait remarqué ce phénomène, répondis-je. Si ma mémoire ne me trompe point, il l'expliquait même en disant que les oreilles des chauves-souris, presque toujours fort grandes, forment avec ses ailes une énorme surface membraneuse, presque nue et tellement sensible, que ces animaux peuvent se diriger dans les trous obscurs qu'ils habitent, probablement par la seule diversité de l'impression de l'air.

— N'est-ce pas plutôt un sixième sens dont la nature a doué les chauves-souris? reprit-il. N'est-ce pas un de ces organes sans analogue avec les sens de l'homme, et qui par conséquent échappent aux recherches anatomiques de nos naturalistes? Nous allons bien voir! Ton fil de fer est-il rougi?

— A blanc, » répliquai-je.

Il éleva la main vers la voûte, y prit la petite chauve-souris, qui se laissa faire sans résistance, et se livra avec un confiant abandon à celui qu'elle regardait, qu'elle aimait peut-être comme un ami.

Le bourreau saisit le fil de fer rouge que je tenais, le promena sur les deux yeux de la chauve-souris, l'aveugla et la déposa à terre.

La pauvre petit bête jeta d'abord des cris de douleur et se débattit sur le sol pendant quelques minutes ; tout son corps tremblait convulsivement et ses ailes s'ouvraient et se fermaient avec les signes les moins équivoques de la douleur.

Lui, un genou en terre, il la regardait faire avec une attention impassible.

La chauve-souris finit par se calmer. Elle étendit à droite et à gauche ses deux oreilles, se dirigea, en se traînant, vers un mur, y grimpa lentement, mais sûrement s'éleva à la hauteur de deux ou trois pieds, se laissa tomber, étendit ses ailes, prit son vol et regagna sans hésitation, et comme si elle y eût vu parfaitement, la place qu'elle occupait quand le naturaliste l'avait saisie, pour la traiter avec la cruauté dont avait été jadis la victime le petit roi Arthur de la légende écossaise.

« Laissons-la en repos, dit-il, nous reviendrons ce soir continuer notre expérience. »

Nous remontâmes chez lui. Pendant toute la journée il parut préoccupé, prêta une attention médiocre à ce que je lui disais, et pendant que nous dînions repoussa tout d'un coup son assiette, tira sa montre et s'écria :

« Elle doit commencer à avoir faim, le moment est proprice. »

En achevant ces mots il se leva de table, et il me fallut, bon gré, mal gré, le suivre de nouveau dans la cave.

Arrivé devant la chauve-souris aveugle, il fit entendre le sifflement à l'appel duquel il avait habitué le murin. Celui tressaillit visiblement, secoua les oreilles et étendit un peu les ailes.

Le naturaliste prit alors dans ses doigts un phalène qu'il tenait par une aile, et qui, pour échapper à la main qui le serrait, se mit à bourdonner.

Alors la chauve-souris se détacha de la voûte, décrivit autour de nous deux ou trois cercles, passa comme un trait devant la main de mon ami et saisit le papillon nocturne avec autant de sûreté que si elle eût encore conservé l'usage de ses yeux.

« Cuvier a raison ! m'écriai-je.

—Peut-être! me répondit-il en renouvelant cinq ou six fois l'expérience qui avait coûté la vue à la pauvre chauve-souris. Peut-être aussi est-ce le sixième sens dont j'ai parlé. »

Nous nous séparâmes. Je revins à Paris. C'était le 21 juin 1848.

Le 22, Paris était en proie aux horreurs de la guerre civile ; des barricades désolaient toutes nos rues, le canon mitraillait les insurgés, le sang coulait partout, nos plus illustres généraux tombaient sous des balles françaises, et l'archevêque de Paris payait de sa vie la courageuse tentative qu'il avait faite pour sauver des ouailles égarées ou coupables.

La première lettre que je reçus après ces fatales journées était de mon ami le naturaliste : il ne m'y parlait que d'études anatomiques qu'il avait entreprises pour tâcher de saisir le secret du sixième sens donné par la nature à la chauve-souris.

Hier je suis allé le visiter, je l'ai trouvé encore courbé sur les mêmes études. Plus de cinq cents chauves-souris ont été victimes de ses investigations scientifiques ; la cave est tout à fait dépeuplée de ses hôtes nocturnes, et il n'y reste plus qu'une seule chauve-souris : le murin aveugle.

« Au moins, dis-je à ce fanatique, tu as épargné celle-là en souvenir du supplice cruel dont tu l'as rendue victime ?

—Ah ! me répliqua-t-il en soupirant, si elle ne me servait point pour étudier chez les vespertilions les instincts
que leur crée la cécité, il y a longtemps que je l'eusse dis-
séquée comme les autres. Tu ne peux te figurer la difficulté que j'éprouve aujourd'hui à trouver des chauves-
souris. Il n'en existe plus une seule à cinq lieues à la
ronde. »

Vous le voyez, l'amour de la science est un fanatisme...
si ce n'est une monomanie, comme le disait Esquirol, qui
passait sa vie, lui, non pas à disséquer des chauves-souris, mais des cerveaux humains.

LA PIE D'ABERNETHY

John Abernethy, mort à Londres en 1831, a occupé une grande place dans l'histoire de la chirurgie anglaise.

Abernethy est une petite ville d'Écosse près de laquelle naquit John, et dont il prit le nom faute d'autre plus légal. Il ne connut jamais que sa mère, pauvre paysanne fort adonnée au gin, vivant du travail de ses mains, et qui regarda comme un grand bonheur pour elle de se débarrasser de lui en le faisant admettre, en qualité de gardeur d'oies, chez un petit fermier du voisinage. Un beau jour elle disparut du pays, et jamais on ne sut ce qu'elle était devenue.

John comptait dix ans quand il se trouva investi du soin de mener paître une centaine des grandes oies blanches particulières à l'Écosse. Jambes et pieds nus, à peine couvert de vêtements en lambeaux, il quittait avant le jour la grange où il dormait sur une botte de paille, pour conduire le troupeau à trois milles de là, dans une prairie, au fond d'une vallée, près d'un grand étang marécageux. Il ne revenait qu'à la nuit close et passait absolument isolé les longues heures du jour. Adossé contre un rocher, seul abri qu'il trouvât contre le froid, il employait ces heures, quoiqu'il ne connût guère que ses lettres, à déchiffrer les pages d'un livre qu'il avait trouvé : c'était un volume dépareillé de Gillis.

Un matin la fatigue de ses yeux et de son attention finit par ne plus lui permettre de continuer cette laborieuse étude. Il se mit donc à regarder un grand chêne placé en face de lui et dont il connaissait par cœur, à force de les contempler, chacun des rameaux et pour ainsi dire chacune des feuilles.

Un mouvement inusité semblait se passer au sommet de cet arbre. En effet, deux pies commençaient à y construire leur nid. Déjà les oiseaux qui travaillaient en commun avaient jeté les fondements de leur habitation. Avec la vue nette et longue, privilége des enfants, John distingua fort bien les travaux ébauchés, et qui se composaient de bûchettes, longues, flexibles, habilement entrelacées, reliées entre elles par de la terre gâchée et présentant l'aspect d'une petite forteresse. Tandis que le mâle, à l'aide de son gros bec, achevait de donner les derniers perfectionnements à la maçonnerie, la femelle recueillait au bord de la mare des branches épineuses. En apercevant John, son premier mouvement avait été de s'envoler, mais elle revint bientôt avec l'audace particulière à ces

oiseaux, s'approcha, ramassa des branches que l'enfant
avait cassées et jetées devant lui, et finit par venir les
prendre à ses pieds ; puis, chargée d'un petit fagot habilement serti, elle regagna le sommet de l'arbre. Elle continua ce manége, et, avant la nuit, les rameaux formaient
une sorte de couverture, à claire-voie et d'une grande
solidité, grâce à leur habile agencement. Il ne restait
plus pour pénétrer dans le nid qu'une ouverture circu-
laire ménagée sur le côté et combinée de façon à ne laisser
passer que le corps des oiseaux.

Peu à peu, une espèce d'intimité s'établit entre l'enfant
et les habitants du chêne. Ceux-ci ne tardèrent pas à comprendre qu'ils n'avaient rien à craindre du pâtre, et que
les bribes du grossier pain d'orge qu'il émiettait autour
du rocher valaient la peine d'être ramassées. Quant à
John, son cœur battait de joie en voyant les pies s'appri-
voiser, sautiller autour de lui, passer de la défiance à la
familiarité, et de la familiarité à l'impudence. Au bout
de huit jours elles n'attendaient plus qu'il leur jetât son
pain, elles venaient le prendre dans ses mains en poussant des cris d'impatience, s'il tardait à le leur servir.

Au grand regret du jeune pâtre, bientôt un seul des
deux oiseaux, le mâle, continua à lui rendre de ces visites
intéressées. Pendant quatorze jours, la femelle ne parut
pas. Ces quatorze jours écoulés, des cris sortirent du nid,
jusque-là silencieux, et la femelle s'abattit aux pieds de
John, maigre et affamée. A peine la moitié du déjeuner
de son ami suffit-elle à la rassasier. Elle profita même
d'une maladresse de l'enfant, qui laissa tomber le reste
de son pain pour s'en emparer et l'emporter dans sa de-

meure aérienne. Les piaillements redoublèrent, puis s'apaisèrent peu à peu et se turent complétement. Tout dormait là-haut, sauf le mâle, qui, perché à l'extrémité d'une branche, faisait sentinelle et veillait sur sa femelle et sur ses petits.

Plus d'un oiseau de proie avait déjà flairé le nid de pies; le père et la mère, renfermés chez eux et se fiant à la solidité de leur construction, n'avaient donné d'autres signes d'alarme que des murmures sourds et peu fréquents; les piats arrivèrent donc à compter trois semaines sans qu'aucun danger sérieux les eût menacés.

Hélas! il n'en fut pas longtemps de même. Un matin, un point noir apparut au haut du ciel. Peu à peu ce point grandit, devint plus distinct et laissa voir deux grandes ailes et une tête armée d'un formidable bec. Puis un aigle descendit en formant un vaste cercle qu'il rétrécissait peu à peu. A peine l'oiseau de proie se fut-il montré que les deux pies inquiètes commencèrent à jeter des cris discordants, sortirent du nid et voltigèrent à l'entour en redoublant de clameurs.

L'aigle, comme un magnétiseur, continua ses passes mystérieuses autour de l'arbre, puis il s'arrêta et plana. Alors on l'eût cru immobile. Tout à coup sa lourde masse s'abattit sur le nid, et à grands coups de bec, il commença à le démolir.

Les pies désespérées, sans tenir compte de leur propre danger, se ruèrent sur l'agresseur. Celui-ci, par un mouvement brusque, étendit ses ailes, en frappa les pauvres oiseaux, redoubla, les étourdit, et finit par saisir dans ses serres le mâle, qu'il égorgea. La femelle ne tarda point à

périr elle-même après une courte lutte, et tomba sanglante dans les branches. L'aigle continua impitoyable-
ment son œuvre de destruction, dispersa les matériaux
du nid et reprit son vol, emportant dans une de ses serres
le père et la mère, et dans l'autre quatre petits.

Pendant le combat, John n'était pas resté inactif. Il
n'avait cessé de lancer des pierres à l'aigle. Mais son bras
était si faible et l'arbre si haut, qu'il ne put même effaroucher le brigand. Néanmoins, au moment où ce dernier reprit son vol, un caillou l'atteignit à la patte. La
douleur l'obligea à lâcher deux des oisillons qu'il empor-
tait et qui tombèrent près de la mare, parmi les hautes
plantes aquatiques qui foisonnaient sur ses bords.

John ramassa les orphelins : l'un était mort, l'autre
gravement blessé à la poitrine, dans laquelle avaient pé-
nétré les ongles tranchants du meurtrier. L'enfant étancha
comme il put le sang de l'oiseau, le pansa avec des herbes
fraiches, et le plaça dans son sein, où, après avoir longtemps crié le piat finit par s'endormir. A son réveil, il se
sentit mieux, car il ouvrit son bec largement fendu pour
demander à manger. Du pain détrempé et quelques insectes apaisèrent son appétit. Après quoi, replié sur lui-
même, tremblotant de froid, il gémit, regarda le chêne,
entr'ouvrit les ailes comme pour retourner à son nid,
tomba lourdement à terre et finit par sauter sur les genoux de l'enfant, qui se hâta de le replacer dans sa veste.

Le blessé se guérit vite, grâce aux soins de son ami.
Ses plumes achevèrent de pousser : il grandit, il se for-
tifia, et devint, en un mot, une pie magnifique, qui, chaque soir, rentrait à la ferme avec John, et s'endormait là

nuit sur son sein. Le lendemain, elle le suivait à la prairie, tantôt en volant d'arbre en arbre, tantôt en suivant les oies, auxquelles elle assenait quelque bon coup de bec, quand il leur prenait fantaisie de s'écarter du droit chemin. Le pâtre n'eut bientôt plus besoin de lever à chaque instant les yeux de dessus son livre, pour surveiller le troupeau ailé. Madge (c'est le nom qu'il avait donné à la pie) suppléait son ami avec un zèle et une intelligence remarquables. D'ordinaire, elle se tenait perchée sur l'arbre où elle était née. A peine une oie tentait-elle de franchir les limites de la prairie, que la pie s'abattait sur elle, la saisissait par une aile ou par une patte, et l'obligeait, bon gré mal gré, à rentrer dans les bornes de la soumission. La plupart du temps, Madge ne prenait même point la peine de descendre; il lui suffisait d'un cri pour que l'oie indocile s'arrêtât et rejoignit, en se dandinant et en caquetant, ses compagnes, moins disposées au vagabondage.

Un matin, tandis que John étudiait son livre qu'il était parvenu à lire couramment, et que la pie veillait sur le troupeau, un poney débusqua brusquement dans la vallée. La jeune lady qui le montait, pâle et les cheveux épars, faisait de vains efforts pour l'arrêter; l'animal enragé, qui avait pris le mors aux dents, redoublait de vitesse, et il allait entraîner son écuyère dans l'étang où elle eût péri étouffée par la vase, quand John sauta résolûment à la bride du cheval, le saisit par les naseaux, et, avec une force qu'on n'eût point attendue de son âge, l'arrêta et le fit plier sur ses reins. Le poney se vengea en frappant l'audacieux de ses pieds de devant; le sang jaillit de là

poitrine du pâtre, qui ne cessa pourtant pas de maintenir la bête furieuse jusqu'à l'arrivée d'une troupe de
chasseurs accourue au secours de la jeune fille. Alors
seulement il lâcha le poney et tomba évanoui.

Quand il rouvrit les yeux, celle qui lui devait la vie
soutenait sa tête sur ses genoux et lui faisait respirer des
sels ; un vieillard achevait de poser un appareil sur les
blessures, et Madge, jetant des cris de détresse, voletait
de buisson en buisson. En voyant le pâtre soulever la tête,
sans tenir compte de tous les inconnus qui entouraient
son ami, elle oublia sa peur, vola sur l'épaule du blessé
et lui prodigua des caresses. On voulut l'écarter, elle répondit par des coups de bec. John, fit signe qu'on la
laissât près de lui.

« Mon enfant, dit celui qui avait pansé les blessures,
tu t'es conduit aujourd'hui en homme et en homme courageux. Je te dois la vie de ma fille unique. Tu as en moi,
dès à présent, un ami et, s'il en est besoin, un protecteur.
Je me nomme le docteur Blick. Enseigne-moi où tu de-
meures, afin que nous puissions t'y transporter.

John d'une voix faible indiqua la ferme de son maître.
Les chasseurs le placèrent sur une civière improvisée avec
des branches d'arbres et recouverte du plaid de la jeune
lady ; Madge vola sur le chêne pour bien s'assurer qu'on
ramenait le blessé chez lui : elle allait le suivre, quand
tout à coup elle entendit le cri d'une oie. Elle descendit
aussitôt de l'arbre, rassembla le troupeau, comme l'eût
fait lui-même le petit pâtre, et obligea les volailles à reprendre le chemin de la ferme.

Les oies rentraient sans qu'il en manquât une seule,

au moment où le docteur Blick et sa fille achevaient, en lui offrant une guinée, de décider le fermier stupéfait à donner un lit pour y déposer le pâtre et s'installaient près de lui ; on ne pouvait sans danger le transporter de suite à Abernethy.

Madge laissa les oies dans la basse-cour et vint rejoindre John. Elle trouva d'abord singulier le bon lit qui remplaçait la botte de paille, couche ordinaire de son camarade ; mais, après avoir interrogé à coups de bec les draps et l'oreiller, après avoir regardé la jeune fille et le vieillard, assis au chevet, et surtout après avoir reçu une caresse de la main tremblante de l'enfant, elle prit bravement son parti de ces nouveautés, se fourra sous la couverture et s'endormit.

Le lendemain, au petit jour, elle sortit de sa retraite, doucement, sans bruit, avec une précaution de garde-malade, se glissa hors de sa chambre, alla aux oies, les fit sortir de la ferme, et les conduisit au pâturage.

Le fermier, surpris le matin de ne plus voir ses oies, et ayant appris d'un de ses voisins qu'elles s'étaient rendues comme d'habitude dans la vallée, courut jusqu'à la mare, moins pour avoir le mot de cette énigme que pour s'assurer que ses oies n'étaient pas perdues.

Il trouva Madge remplissant ses devoirs de pâtre avec une activité et un soin qui ôtèrent au cultivateur les craintes qu'il avait conçues sur le sort de son troupeau. De retour chez lui, il raconta au docteur Blick le singulier spectacle dont il avait été témoin. Aussi, le soir, quand la pie ramena à la ferme le troupeau complet, tous les habitants du logis, les voisins et le docteur lui-même, se tenaient rassemblés sur le seuil pour admirer tant d'intelligence.

Madge s'acquitta modestement des devoirs qu'elle s'était imposés, mit les oies en sûreté, et alla retrouver John, dont l'état s'était amélioré au delà des espérances de sir Blick et de sa fille.

A cinq jours de là le docteur déclara qu'on pouvait transporter le blessé à la ville, et annonça au fermier que non-seulement il comptait emmener avec lui l'enfant jusqu'à sa guérison, mais encore le garder désormais, et s'occuper de son avenir. Cette nouvelle se trouvant accompagnée de quatre guinées, le fermier estima que tout était pour le mieux dans le meilleur des mondes possibles.

Le lendemain, au point du jour, les domestiques du docteur attelèrent des chevaux de poste à une berline amenée la veille d'Abernethy ; et ces apprêts de départ causèrent un mouvement inusité dans la cour. Madge, qui se disposait à emmener ses oies au pâturage, regarda avec inquiétude ce qui se passait autour d'elle. Elle allait et venait de la chambre du malade à la voiture, de la voiture chez le malade, cherchant à comprendre pourquoi le docteur transportait avec précaution l'enfant dans cette machine inconnue.

Ce fut bien pis quand le postillon fit claquer son fouet et que la berline partit au galop.

Après une courte hésitation, la pie vola sur un arbre et regarda la voiture s'éloigner dans un tourbillon de poussière. Quand elle ne l'aperçut plus, elle prit son essor de nouveau, et, d'arbre en arbre, elle arriva dans la ville d'Abernethy en même temps que les voyageurs.

Elle se percha sur le toit de la cour de l'auberge dans laquelle étaient descendus le docteur et John, sauta sur l'appui de la fenêtre de la chambre où ils se tenaient, et frappa de son bec contre les vitres jusqu'à ce qu'on lui eût ouvert.

Ce fut alors un déluge de caresses et de reproches prodigués par l'oiseau à l'ingrat qui avait pu partir sans elle; Madge émut par sa tendresse tous les spectateurs de cette scène touchante. Aussi, le lendemain, quand la berline prit le chemin de Londres, Madge occupait la meilleure place dans la voiture, à côté de John. De temps à autre, cédant à sa turbulence naturelle, elle s'envolait par la portière, allait picorer dans les champs, et ne tardait pas à revenir près de son ami.

John Abernethy et Madge firent de la sorte leur entrée dans la ville de Londres, le 23 juin 1775, en compagnie de miss Mary Blick et du docteur son père, chirurgien en chef de l'hôpital de Saint-Barthélemy et rival des célèbres professeurs Hunter et Marshall.

John croyait rêver en se voyant vêtu de beaux habits, logé dans une jolie chambre, comblé de soins, servi par un domestique, et initié à une vie nouvelle par son protecteur et par sa fille. L'orphelin, qui n'avait jamais reçu de sa mère, abrutie par la misère et par le gin, que de mauvais traitements, ne pouvait croire à la réalité des paroles affectueuses de cette belle jeune fille de vingt ans devenue pour lui une fée qui l'entourait d'une constante sollicitude.

Quant à mistress Madge, elle ne s'étonna point de son

changement de position, prit sans autre façon possession
du jardin de l'hôtel, se mit au mieux avec la cuisinière
qu'amusait la familiarité de la nouvelle commensale, et
trouva moyen de se concilier les bonnes grâces de toute
la maison, par son aplomb, ses agaceries et son sans-
gêne. Quoiqu'elle cultivât les communs, surtout à l'heure
des repas, elle n'en tenait pas moins avantageusement sa
place au salon ; enfin, quand John revenait du collége,
elle se trouvait toujours sur le seuil de l'hôtel à l'attendre.
Si bien qu'elle devint un personnage populaire dans le
quartier comme au logis. D'autant plus que, sans professeur, elle apprit d'elle-même, avec la facilité d'imitation
qui caractérise son espèce, à prononcer nettement quelques mots d'anglais. Du plus loin qu'elle apercevait John,
elle lui criait un : *How do you do?* des plus purs. Aussi,
l'heure du retour de l'écolier était-elle connue de tous les
voisins, surtout des enfants, qui s'ameutaient devant la
porte pour jouir de la conversation et du manége de la
pie savante.

Sir Blick tint fidèlement sa promesse d'assurer l'avenir
de John Abernethy. Celui-ci dépassa même les espérances
de son bienfaiteur. A vingt-quatre ans, il remplaçait dans
ses cours publics Pott qui venait de mourir, et il finit par
occuper, avec un succès sans exemple, une chaire au collége royal de chirurgie : sa clientèle devint immense.

Madge contribua pour sa petite part à la fortune de son
ami. Pendant qu'il donnait ses consultations, elle ne
quittait pas le cabinet, et ne dédaignait pas de se mêler
à la conversation par quelques mots bizarres qu'elle débi-
tait avec une gravité doctorale, ajoutant son excentricité

à l'excentricité d'Abernethy, qui en prit le surnom de *docteur à la pie.*

Ce dernier, malgré la direction maternelle de miss Mary Blick, conserva toujours dans sa nature quelque chose des habitudes du pâtre. Brusque, original, humoriste, le premier il ébranla l'amas confus des théories incohérentes sur lequel la science médicale reposait à cette époque dans les trois royaumes. Il s'éleva surtout contre les habitudes d'intempérance des Anglais, et prêcha et amena la sobriété dans un pays où la mode voulait que les femmes quittassent la table au dessert et que les hommes restassent seuls à s'enivrer. « L'estomac est tout, « disait-il, c'est la cuisine de la maison. La cuisine en « désordre amène le trouble dans le grenier, qui est la « tête, et chacune des chambres s'en ressent. Réparez le « dommage de la cuisine, tout ira bien ; pour cela mettez- « vous à la diète. Les uns ont des boutons au visage ; les « autres, un nez monstrueux ; les autres, mille maladies, « tout cela vient de l'irritation des membranes de l'esto- « mac, et l'anatomie nous apprend que la peau forme une « continuation de la membrane qui tapisse l'estomac ; les « tissus délicats de la bouche, des lèvres, du nez et des « yeux ne sont pas autre chose. »

Abernethy mourut le 20 avril 1831, laissant une réputation glorieuse et méritée, une grande fortune et un grand nombre d'ouvrages, encore fort estimés aujourd'hui, entre autres : un *Traité sur la théorie et la pratique de la chirurgie,* réimprimé par les soins de Willis.

Le premier, il conçut et osa exécuter une opération devenue aujourd'hui facile et vulgaire, mais qu'on regardait à cette époque comme inaccessible aux ressources de la chirurgie : la ligature de l'artère iliaque externe dans les anévrismes de l'origine de la crurale. Cette tentative, alors audacieuse et couronnée d'un éclatant succès, produisit à la fin du dix-huitième siècle un immense effet dans le monde médical.

Abernethy mourut dans un âge peu avancé.

Madge survécut à son maître. Après la mort de celui-ci, elle devint farouche, inquiète, sauvage, ne se laissa plus approcher, finit un beau jour par s'envoler et ne reparut plus.

SUR L'IMPÉRIALE DE L'OMNIBUS

Les personnes qui répètent encore de bonne foi cette plaisanterie fruste : « Avec les chemins de fer on ne voyage pas, on arrive, » n'ont qu'à monter sur l'impériale de l'omnibus qui conduit du Panthéon à la barrière des Martyrs : ils voyageront beaucoup plus qu'ils n'arriveront, je le leur atteste.

On ne saurait, toutefois, voyager d'une façon plus charmante. En plein air, commodément installé, le cigare aux lèvres, on voit se déployer devant soi le double panorama des rues. Ou bien on abaisse ses regards vers les flots de passants qui roulent tumultueusement sur le pavé, et au milieu desquels navigue une véritable flotte de voitures de toutes les formes et de tous les usages, depuis le carosse amiral d'un prince jusqu'au camion, humble barque de transport.

Aussi, l'impériale des omnibus réunit-elle à la fois, sur sa double banquette, les flaneurs, cette race spirituelle et poétique qui n'existe qu'à Paris, et les gens qui ne sont pas fâchés, moyennant quinze centimes, d'épargner leurs jambes et leurs souliers. Les premiers, pour rien au monde ne voudraient se priver du plaisir d'escalader l'échelle aérienne qui conduit aux places élevées de l'arche ambulante. Sans faire arrêter, ils sautent au vol sur le marche-pied, et d'un bond s'élancent jusqu'au haut de la voiture.

Quand il s'agit de descendre, ils déploient la même agilité. L'autre soir, un des hommes les plus spirituels de Paris et qui possède ma foi un charmant coupé, m'avouait qu'il préférait l'impériale de l'omnibus à sa propre voiture, et que souvent il allait plus loin qu'il ne le voulait, pour ne pas subir le désappointement de descendre, quand les chevaux ne marchaient point de leur meilleur pas.

Les voyageurs positifs en veulent au contraire pour leur argent. Il faut que l'omnibus fasse halte quand ils montent ; il faut qu'il fasse halte quand ils descendent. Une fois établis à leur aise, ils se félicitent de leur bonne idée de profiter d'une voiture qui ne coûte que quinze centimes, parcourt ils ne savent combien de kilomètres, et procure une véritable économie de chaussure. Presque toujours quelqu'un répond avec emphase à ces gens timorés : « Moi ! j'aimerais mieux payer douze sous ces places que six celles de l'intérieur ! » L'un se justifie de sa prodigalité. L'autre de sa parcimonie.

L'autre jour, au sortir de la bibliothèque Sainte-Geneviève, je montai à la station même sur l'impérial de l'omnibus.

Presque aussitôt un employé donna, par un coup de sifflet, le signal du départ. Le cocher fit claquer son fouet. Le conducteur compta et sonna les voyageurs. Par un premier et violent effort, les roues broyèrent et ébranlèrent le pavé, et la voiture se mit en route.

Cinq personnes siégeaient déjà sur la double banquette : un de nos plus savants bibliophiles, un vieux statuaire, un peintre de chevaux, un ouvrier badigeonneur en blouse grise, tachée de toutes les couleurs imaginables, et votre très-humble serviteur.

A dix pas de là, rue Soufflot, monta un apprenti pâtissier, revêtu du costume sacramentel, et portant une corbeille pleine de gâteaux. Place Saint-Michel, un vieillard qu'enveloppait une houppelande et qu'armait un gros bâton de houx, le suivit. Un lycéen ne tarda point à survenir. Nous atteignions les latitudes de la place Saint-Sulpice.

Cependant, tandis que nous descendions la rampe de la rue Monsieur-le-Prince, le statuaire avait allumé un cigare, et chacun aussitôt se sentit piqué d'une sorte de tarentule de tabac. Je tirai mon étui de ma poche, le peintre m'imita ; le badigeonnneur, l'homme à la blouse et l'homme à la houppelande bourèrent leurs pipes. Le lycéen avait d'abord regardé dédaigneusement le petit pâtissier, et s'était reculé pour ne pas frotter son uniforme contre la veste farineuse de son voisin. Quand il le vit rouler une cigarette, il se pencha vers lui et avoua qu'il avait oublié « son tabac. » — Le gâte-sauce lui présenta chevaleresquement sa cigarette et s'en fabriqua une seconde. On échangea du feu ; les cigares passèrent de main en main pour allumer les pipes et les papellos ; cette coutume plus démocratique que ragoûtante établit une sorte d'intimité entre les voyageurs.

Ceci se passait en face de l'Odéon.

L'homme à la blouse et le vieillard à la houppelande commencèrent, sur les chevaux de la voiture, une discussion à laquelle ne put s'empêcher de prendre part le cocher. Les deux gamins constatèrent, rue Saint-Sulpice, que les billes coûtaient beaucoup plus cher sur la rive droite que sur la rive gauche. Quant au bibliophile, qui seul ne fumait point, il feuilletait avec amour un livre qu'il venait d'acheter en bouquinant.

Sur ces entrefaites, nous avions laissé derrière nous la place et l'église de Saint-Sulpice, nous commencions à entrer dans les méandres boueux, embouchures crottées, de la rue Cassette et de la rue Beurrière ; et nous allions franchir le carrefour de la Croix-Rouge, quand un domestique monta sur l'impériale. Il portait à la main une cage, et il demanda deux fois, d'abord au conducteur, puis ensuite au cocher, si l'omnibus allait bien dans la direction de l'embarcadère du chemin de fer du Nord.

Tous les regards des voyageurs se portèrent sur l'oiseau que contenait cette cage. Il semblait triste et ne sautait pas sans cesse comme ses congénères ; il y avait même dans ses mouvements je ne sais quelle contrainte et quelle défiance qui faisaient peine à voir.

« Qu'est-ce que cet oiseau ? » demanda le petit pâtissier avec l'aplomb particulier au gamin de Paris.

Et en même temps il fourrait ses doigts à travers les barreaux de la cage.

« A bas les pattes ! répliqua le domestique : ne touche pas cette bête-là. Elle vaut plus d'argent que toi ! On m'envoie tout exprès à Hazebrouck pour l'y porter, sans qu'il lui arrive malheur. Toi, on te laisse voyager tout seul.

— Mais qu'est-ce que c'est ?

— Un pinson.

— Et pourquoi qu'il vaut tant ?

— Parce qu'il n'y a pas un plus fameux chanteur que lui, en Belgique et en France. »

L'homme à la houppelande jeta un rapide regard de connaisseur sur l'oiseau.

« Je ne m'attendais guère à trouver une pareille bête à Paris, dit-il. La poitrine large, les couleurs vives, un magnifique poseur de huit ans !

— Qu'est-ce qu'un poseur et à quoi sert-il ? demanda le peintre.

— Un poseur, monsieur, c'est un pinson chanteur, élevé et dressé pour les concours de chant. Ces concours de chant mettent les frontières du département du Nord et les frontières de Belgique en plus grand remue-ménage que vos théâtres de Paris. On ne se rosse pas ici pour un chanteur; là-bas, on s'y échine trop souvent à coups de bâton, quand on ne s'y donne pas des coups de couteau ! »

Il soupira et tira convulsivement de sa pipe cinq ou six grosses bouffées.

« Je voudrais bien voir un de ces concours, dit le peintre, évidemment pour faire parler cet homme.

— Ah ! c'est une belle chose, reprit l'autre avec passion. D'abord, il faut se procurer un poseur, et, avant de trouver un pinson qui réunisse les qualités voulues, il y a de la peine à prendre! Les pinsons se plaisent surtout dans les vergers. On dispose donc de grands filets sur les buissons et sur les haies qui ferment les enclos des jardins, et on cache sous les feuilles un pinson pris de la veille et enfermé dans une cage. Le prisonnier crie de toutes ses forces ; les oiseaux de son espèce accourent pour lui venir en aide et se prennent dans les lacs. Alors on choisit ceux dont on veut faire des poseurs. Regardez celui-là ; il réunit les qualités voulues, sauf toutefois que le bec me paraît un peu court.

— En quoi consiste l'éducation de ces oiseaux? demanda le bibliophile, au moment où nous franchissions le ministère de l'instruction publique, et que nous côtoyions le ministère de l'intérieur.

— Ah! dame, ça n'est pas gai pour les pauvres oiseaux ni pour celui qui en est chargé. On commence par les tenir enfermés pendant une semaine dans une petite cage, afin qu'ils s'habituent à la vie de prisonnier. Après cela, on touche à chaque bord leurs paupières avec un fer rouge et on les réunit. Elles se collent l'une à l'autre, se cicatrisent, et l'oiseau reste aveugle sans que l'œil ait été blessé.

— Et pourquoi les aveugler?

— Pour que rien ne puisse les distraire à l'extérieur et les détourner de chanter ! pour qu'il ne leur reste qu'une joie au monde : chanter ! Ce n'est pas tout : on place ensuite la cage au fond d'une armoire, dans une chambre solitaire, où l'on n'entre que les pieds nus. Il faut que

l'oiseau qui ne peut plus rien voir n'entende jamais aucun bruit. »

Le bibliophile semblait prendre de l'intérêt au récit du
vieillard. Mais, comme on arrivait devant la Chambre des
députés, il aperçut un bouquiniste qui ouvrait une de ses
caisses recouvertes de toile cirée, et qui commençait à
étaler des livres sur les parapets du pont.

« Arrêtez ! » cria-t-il au cocher.

Et sans attendre que la voiture s'arrêtât, il se précipita sur le marchepied plutôt qu'il n'en descendit, et resta
quelques secondes titubant, et prêt à tomber dans l'attitude disgracieuse des gens inexpérimentés en gymnas-
tique d'omnibus.

« Et que fait-on des prisonniers? dit d'un air distrait
le sculpteur, qui sans doute se demandait tout bas pourquoi l'on n'élevait pas sur le pont douze belles statues
en marbre, commandées à un artiste de talent, à lui, par
exemple.

— On les laisse là pendant quatre ou cinq ans, jusqu'à ce qu'ils soient dressés au combat ou à l'assaut. Combat se dit plus généralement.

— Va pour combat!

— On les exerce d'abord deux à deux, c'est-à-dire qu'on
place la cage de deux de ces oiseaux l'une à côté de
l'autre. Ils s'entendent, et se mettent à chanter à la fois
et au plus fort. On les réunit ensuite en plus grand
nombre. Bref, au bout de six à sept ans, le pinson devient
un vrai poseur.

— Sept ans de tortures pour arriver au talent! inter-
jecta le peintre.

— Posséder un poseur ! A cette idée, je me sens revenir à vingt ans. J'ai connu quelqu'un, monsieur, qui n'eût
point vendu son poseur pour une fortune. Il l'avait pris
au filet, aveuglé, élevé et dressé de ses propres mains.
C'était le seul qui lui restât de vingt autres pinsons soumis au même régime. Aussi, quand il l'apportait au combat, tout le monde voulait parier pour lui... Le combat !
Figurez-vous les cages placées chacune sur une chaise,
séparées entre elles au moins par une distance de trois
mètres ; disposées à quatre pieds d'un mur pour que le
vent ne souffle pas sur les oiseaux, et exposées au couchant pour que le soleil n'incommode pas les poseurs !

« On tire les places au sort, car elles exercent une
grande influence sur le succès de l'assaut. Par exemple,
si le poseur est fort, il vaut mieux qu'il se trouve entre
deux oiseaux également forts ; plus il entendra chanter,
plus il chantera lui-même. Est-il faible, au contraire ? des
voix plus éclatantes que la sienne le feraient taire. On répute pour les plus mauvaises places les deux extrémités
de la lice. »

L'omnibus débouchait en ce moment sur la place Vendôme.

« Vous ne descendez pas, vous voici devant votre porte,
demanda le statuaire au peintre.

—Non. Ce diable d'homme m'intéresse avec son histoire. J'irai dîner à la barrière Montmartre.

—Le signal est donné ! continua le vieillard qui n'entendit point ce court dialogue, tant il était animé par son récit.
Le signal est donné ! L'assaut va commencer ! Deux jurés
se placent assis devant chacune des cages. Autant de

cages, autant de paires de jurés ! Les pinsons, accoutu-
més à l'air froid et renfermé de leur prison habituelle,
s'agitent et s'animent, en respirant à l'aise. Ils se ré-
chauffent à la chaleur du soleil. On dirait des oiseaux
gelés qui se dégèlent, des morts qui ressuscitent !

« Ensuite ils se mettent à chanter. Oh ! quel moment !
monsieur, quel moment ! Oui, ils chantent tous à la
fois, de plus fort en plus fort ! Il faut une oreille bien
fine, allez, une oreille de bon éleveur de poseurs pour
distinguer, au milieu de tous ces cris, le cri de l'oiseau
qui lui appartient. Les deux jurés, placés en face de chacune des cages, marquent avec de la craie, sur un morceau de bois carré, les coups de chant de l'oiseau. Tout
mauvais chant ne doit pas être marqué ; le chant double,
sans répétition, ne doit l'être que d'un simple coup ! Il
n'y a pas à s'y tromper. Les jurés, choisis parmi les forts
amateurs, distinguent, non-seulement les coups, mais
encore un prélude, un roulement et un final ; enfin, ils
donnent des noms particuliers à chacune des reprises.
On exige trois de ces reprises pour composer un chant
entier ; on estime surtout la dernière.

« Il y a des poseurs qui se taisent après deux ou trois
coups de chant ; les bons font de deux à trois reprises, et
j'en ai connu un qui faisait jusqu'à cinq de ces reprises,
ce qu'on n'avait jamais entendu de mémoire d'amateur !
Seize fois il concourut et seize fois il resta vainqueur ! On
ne parlait que de ce poseur-là à trente lieues à la ronde.
Le seigneur d'Hesdin en offrit trois cents écus à son éleveur, sans que celui-ci voulût le vendre.

« Le vendre ! vendre un oiseau sans pareil ! un oiseau

élevé par lui ! un oiseau que sa cousine Madeleine soignait comme on soigne un enfant ; un oiseau à qui chaque matin elle portait pieds nus sa nourriture.

« Et cependant, cet oiseau a failli coûter la vie à son maître, et il l'a rendu malheureux pour le reste de ses jours ! » ajouta-t-il avec un de ces soupirs qui révèlent une douleur invétérée.

Sa pipe venait de s'éteindre, le peintre lui présenta un cigare. Il l'alluma brutalement ; ses doigts le serraient à le briser ; il en tirait la fumée avec violence et par secousses.

L'omnibus avait dépassé le faubonrg Montmartre et commençait à gravir la pente roide et malaisée de la rue des Martyrs. Encore quelques secondes et on allait atteler le cheval auxiliaire qu'amenait un gamin monté sur le dos de la haridelle. Nous ne restions plus que quatre sur l'impériale, le peintre, le domestique, moi et l'homme à la houppelande.

« Oui, monsieur, reprit-il après un instant de silence, un poseur a mis à jamais dans le chagrin toute une famille. Le maître du poseur avait un frère, pareillement grand amateur de pinsons. Un soir, au cabaret, échauffé par la bière, ce jeune homme paria une grosse somme qu'au prochain combat un de ses poseurs vaincrait le poseur de son frère : l'invicible, comme on l'appelait. On le défia, on l'excita, on mit en jeu sa vanité, et le lendemain, Madeleine entrait la nuit dans la chambre où se trouvait renfermé l'oiseau, l'enlevait de sa cage, le remettait au frère de son fiancé et le remplaçait par un *pataud*, c'est-à-dire par un pinson pris dans le nid et élevé à la

brochette. Jugez du désespoir de l'autre, lorsque en plein
concours il reconnut ce vol! Il le reprocha à son frère,
violemment, trop violemment peut-être, et devant tout le
monde. Alors le malheureux jeune homme lui répondit :
« Oui, je t'ai volé ton oiseau! et je t'ai aussi volé Made-
« leine. Épouse-la, tu seras père d'un neveu! »

« Son frère, dans une rage que vous comprenez,
n'est-ce pas? s'élança sur lui. Un coup de couteau en
pleine poitrine l'arrêta et le jeta mourant au pied des cages des poseurs. Vous devinez tout ce qu'il s'ensuivit; le
blessé en revint, mais son frère fut condamné à vingt ans
de galères, et Madeleine mourut en mettant au monde un
enfant qui, par malheur, lui survécut, et que son oncle a élevé. Le bâtard est à présent sergent de spahis en
Algérie! Heureusement qu'il y a trente ans que toutes ces
misères se sont passées et que peut-être aujourd'hui je
suis le seul qui s'en souvienne!

— Ma foi non! dit le domestique, qui, la cage à la
main, posait déjà son pied sur la première marche de
l'impériale. Mon maître, qui envoie ce poseur au combat
d'Hazebrouk, parle souvent de Nicolas Watremetz et de
son frère Jacques. A la maison, les enfants eux-mêmes
savent cette histoire; au village, les jours de combat, on
ne raconte que cela. »

En achevant ces mots, il toucha terre devant la rue de
la Tour-d'Auvergne.

Le vieillard à la houppelande s'était couvert le visage
de ses deux mains tremblantes.

Il resta dans cette attitude jusqu'au moment où l'omnibus, atteignant le terme de sa longue course, s'arrêta.

« Nous sommes arrivés ! » lui dit le peintre qui lui frappa sur l'épaule.

Le vieillard tressaillit et porta autour de lui des yeux humides de larmes.

« Où suis-je donc? demanda-t-il.

— Barrière des Martyrs.

— Et moi qui voulais aller faubourg Saint-Honoré ! » s'écria-t-il.

Il descendit et reprit le chemin de Paris. Nous le vîmes quelques instants marcher d'un pas saccadé et convulsif, puis il disparut derrière la grille de l'octroi.

LES POULES DE BROUSSAIS

Je lisais tout à l'heure, dans un journal de médecine, un long article destiné à démontrer que la gastrite n'était pas un vain mot, et que, sous peine d'illégalité thérapeutique, il fallait la classer parmi les maladies véritables, légales, patentées et incontestables, reconnues par la Faculté, avec garantie.

Hélas! les choses ont bien changé depuis trente ans!

Il y a trente ans, on ne connaissait qu'une seule, unique et vraie maladie : la gastrite ; tout se résumait par ce mot fatidique : gastrite! gastrite !On haussait dédaigneusement les épaules quand un vieux médecin osait incidemment élever la voix contre tant d'enthousiasme et d'exclusion. On ne permettait à personne l'éclectisme en matière de gastrite, encore moins l'incrédulité. Donc, on repoussait du pied toutes les antiques doctrines ; on eût rougi de pres-

crire un purgatif ; un médecin de quelque importance
ne pouvait admettre que deux auxiliaires : la diète et la
saignée ; disons même mieux, les saignées, — les saignées
répétées ! les saignées à blanc ! les saignées jusqu'à ex-
ténuation ! Et puis les sangsues, — les sangsues et encore les sangsues ?

D'où il advint qu'un charlatan, prenant cette monomanie au rebours, opéra des cures merveilleuses et fit
fortune, rien qu'en réconfortant, par des côtelettes de
mouton et de succulents biftecks, les malades qu'avaient
débilités et affamés les pertes de sang et la privation de
nourriture. Cet homme ne guérissait pas de la gastrite ;
il ne guérissait que du traitement de la gastrite.

On ne l'en mit pas moins au ban du corps médical, et
la gastrite devint plus à la mode que jamais.

Cette singulière monomanie était l'œuvre d'un homme
de génie : il s'était un peu trompé, et surtout ses disciples
s'étaient trompés beaucoup en exagérant et en faussant
outre mesure ses doctrines, formulées dans trois beaux
livres intitulés : *De l'irritation et de la folie, Traité des
phlegmasies chroniques* et *Examen des doctrines médicales.*

Broussais, que j'ai beaucoup connu, était un esprit enthousiaste, hardi jusqu'au paradoxe, avide de popularité,
et surtout dans sa vieillesse, enfourchant une idée parce
qu'elle avait l'allure brillante plutôt que le pas sûr. Ne
l'a-t-on pas vu, à ses derniers jours, dans une guinguette,
au salon de Mars, rue du Bac, professer la phrénologie,
dont il ne savait même pas les principes, et dont un
adepte venait lui enseigner les éléments, chaque matin,
avant que sonnât l'heure de monter en chaire ?

15.

Quoi qu'il en soit, le célèbre physiologiste, qui menait une vie de luttes scientifiques, de luttes morales et de luttes intestines, oubliait toutes ses préoccupations quand il pouvait s'occuper quelques minutes d'une basse-cour située sous les fenêtres mêmes de son cabinet de travail.

Je l'ai vu souvent quitter son bureau, laisser là ses travaux les plus graves et les plus urgents, et se pencher sur le balcon pour assister à un combat de coqs, ou pour contempler une poule qui conduisait ses petits à la picorée. La main qui a écrit, d'un style si relevé, tant d'admirables livres sur la philosophie médicale, jetait complaisamment des poignées de grains à des volailles et se réjouissait de les voir accourir à ses pieds. Ce grand esprit éprouvait une joie d'enfant lorsqu'une des poules, nées dans la basse-cour, levait la tête à la voix de son maître, et répondait par un gloussement amical au nom qu'elle en avait reçu.

Mais le favori de Broussais, le bien-aimé entre tous, était un grand coq de la race cochinchinoise, race alors fort rare en France. Hissé sur deux pattes gigantesques, il faisait la loi à tous, ne permettait à aucun autre de manger avant lui, d'élever la voix en sa présence, et même de l'approcher. Malheur à l'imprudent que l'amour ou la faim amenait trop près de l'autocrate! il payait son audace par de grands coups de bec qui tombaient sur lui comme la grêle, le dépouillaient en partie de ses plumes, et le reléguaient, honteux et blessé, dans quelque coin obscur de la cour.

Broussais qu'avaient cependant touché plus d'une fois au vif les plaisanteries de ses adversaires qui le compa-

raient au Sangrado, si grotesquement dépeint par Lesage,
n'en avait pas moins donné à son coq favori le nom de
ce personnage du roman de *Gil Blas*. Sangrado justifiait
du reste, par son intelligence, par sa beauté, par ses proportions formidables et par le sang que faisait jaillir chacun de ses coups de bec, son nom et la prédilection de
son maître. Broussais s'approchait-il de la fenêtre, sans
même l'ouvrir, aussitôt le coq cochinchinois accourait,
la crête droite, les ailes au vent et la queue redressée.
Sa poitrine dilatée sonnait une fanfare éclatante en l'honneur de son maître et il fallait que celui-ci, bon gré, mal
gré, ouvrît la fenêtre et se penchât pour faire accueil à
Sangrado. Sangrado, afin de mieux recevoir les caresses
de son maître, sautait sur une borne accolée au mur.
Alors sa voix, qui naguère eût étouffé le chant d'un saxhorn, devenait douce et tendre : il jetait de petits cris de
bonheur et tremblait de tout son corps. Il se pâmait, il
entr'ouvrait le bec, et on avait beau lui jeter de pleines
poignées de provende, il n'en ramassait pas un grain tant
que Broussais promenait sa main blanche et forte sur le
dos du bel oissau.

Un matin, Broussais, à son retour de l'hôpital du Val-
de-Grâce, appela Sangrado, qui sortit de dessous un tas
de paille, les plumes ternes et hérissées, l'œil éteint et
la voix enrouée ; il ne marchait plus ; il se traînait à peine.
Le lendemain, on le trouva étendu roide mort sons la fenêtre.

Ce fut un chagrin vrai, presque un chagrin sérieux pour
Broussais ; il perdait à la fois un ami et une habitude. Or,
comme le dit Montaigne, l'habitude est une seconde na-

ture, si ce n'est la nature elle-même. Broussais se sentit donc triste et vide de la mort de son coq, plus qu'il n'eût voulu l'être, et surtout plus qu'il n'eût voulu le paraître. Il ne pouvait s'empêcher d'en parler sérieusement à ses amis, qui s'étonnaient de tant de sensibilité pour la perte d'un coq, chez un homme qui ne professait pas précisément une grande sensibilité.

La mort de Sangrado était le prélude de la perte entière de la basse-cour. Une épidémie mortelle et rapide dans ses effets décima les poules et les coqs, et frappa si vite et si cruellement ces galinacés, qu'à la fin de la semaine il n'en restait plus un seul vivant; enfin on trouva morte sur ses œufs une couveuse cochinchinoise favorite de feu Sangrado.

Quand je dis qu'il n'y resta plus un être vivant, je me trompe, il y restait un chapon.

Pauvre bête, jouet même des moindres poulets, ce chapon, d'ordinaire, se tenait honteusement dans quelque coin bien obscur et ne pouvait faire un pas sans recevoir des coups de bec. Sa démarche dégingandée, sa voix douceâtre et son allure équivoque, ne manquaient jamais d'exciter les sarcasmes des élèves de Broussais, et même le sourire du maître qui, cependant, ne souriait guère.

A cette époque, les fours ingénieux qui font éclore artificiellement les œufs étaient encore à peu près inconnus, ou du moins fort incomplets dans leurs résultats. Il fallait donc se résigner à voir périr la race de Sangrado. Broussais, en dînant, ne put s'empêcher d'exprimer plusieurs fois à ses commensaux l'ennui qu'il en éprouvait.

Broussais avait pour servante une bonne grosse fille de campagne, maître Jacques femelle, qui adorait son maître et passait sa vie à le contrecarrer. Quand Josette avait parlé, il n'y avait pas à en revenir.

« Pardieu ! dit-elle en posant sur la table un gigot succulent, cuit à point, et qui eût fait venir l'eau à la bouche aux malades qu'affamait le médecin célèbre, pardieu ! je ne vois pas ce qui vous embarrasse tant !

— Oui-da ! fit Broussais ; je serais curieux de savoir comment tu t'y prendrais pour faire couver des œufs sans poule.

— La chose n'est point difficile, répliqua Josette avec une confiance pleine de fatuité.

— Est-ce que tu sais fabriquer des fours comme les Égyptiens ?

— A moins que Josette ne veuille couver les œufs elle-même, comme on dit que la chose se fait en Amérique, » ajouta un plaisant.

Josette rougit de colère.

« Vous êtes là un tas de savants, à ce que vous dites, riposta-t-elle, et vous ne savez rien de rien, à l'exception de monsieur. Et encore, si je tombais malade... »

Elle s'arrêta et changea rudement et brusquement l'assiette du convive placé devant elle.

« Voyons, Josette, dit Broussais d'une voix conciliante, au lieu de nous disputer commé des savants, allons au fait. A ma place, que ferais-tu ?

— C'est bien simple ; je ferais couver les œufs par le chapon. »

Broussais leva la tête et regarda en face la brave fille.

« Ça n'est pas plus malin que ça, dit-elle avec un imperturbable aplomb. Dans mon village, j'ai vu bien souvent et j'ai fait souvent moi-même couver des œufs par un chapon.

—Je serais curieux de voir la chose ! » s'écria Broussais.

Et se tournant vers ses amis : « En voilà des préjugés de paysans ! Cette histoire est le véritable pendant des œufs de coq.

— Oui-da ! eh bien, on verra une fois de plus Gros-Jean en remontrer à son curé ! Ah ! vous êtes des savants ! Ah ! le pauvre monde vous paye vingt francs chacune de vos visites ! Eh bien, vous ne savez pas tout, si toutefois vous savez grand' chose ! Venez avec moi à la basse-cour, et rira bien qui rira le dernier ! »

Elle descendit dans la basse-cour et voulut s'emparer du pauvre chapon, qui poussa des cris lamentables et se mit à fuir de toutes ses forces. Cette chasse lui déplaisait au dernier point, et l'effrayait d'autant plus que, depuis deux jours, jamais chapon ne s'était estimé plus heureux ! Il ne recevait plus ni poussées ni coups de bec ; il picorait et mangeait abondamment et à son loisir. Je crois même qu'il se carrait un peu et que sa timidité commençait à dégénérer en outrecuidance.

Josette s'essouffla longtemps à le poursuivre : il ne se laissa prendre que de guerre lasse et quand ses forces se trouvèrent épuisées.

Une fois maîtresse du récalcitrant, la brune campagnarde, avec un peu plus de rudesse que peut-être il n'était nécessaire, serra d'une main la pauvre bête contre sa poitrine, et de l'autre lui arracha, sans pitié et à grosses poignées, les plumes du ventre. Elle le mit à nu et le rendit à moitié semblable au coq que Diogène jeta dans l'école de Platon, en lui disant : « Tiens, voilà ton homme : un animal à deux pieds et sans plumes. »

Nous la regardions faire avec surprise.

« Allons, dit-elle, que maintenant un de vous aille me chercher dans ma cuisine une bonne poignée de poivre. »

J'avoue humblement que je me chargeai de cette mission, et que j'apportai la poivrière tout entière, non; je l'avoue encore, sans éternuer un peu.

Elle frotta longtemps avec ce poivre le ventre nu du chapon, le rubéfia jusqu'au sang, et quand elle eut terminé cette exécution, elle plaça la victime sur les œufs de la défunte cochinchinoise.

Nous nous attendions à voir le chapon, devenu libre et encore tout effarouché, abandonner le nid et se sauver. A notre grande surprise, il se plaça commodément sur les œufs, entr'ouvrit les ailes pour mieux abriter ces œufs, et se mit à l'instant même à couver, ainsi qu'eût pu le faire la poule la plus experte en pareille matière.

Comment la maternité était-elle entrée dans l'instinct de ce pauvre eunuque? Je n'en sais rien. Mais ce que Broussais, ses élèves et ses amis constatèrent, c'est que jamais maternité ne se manifesta avec plus de dévouement et d'abnégation A peine le chapon se dérobait-il quelques instants à sa couvée pour aller prendre un peu de nourriture. Il mangeait à la hâte, il revenait aussitôt à ses œufs, et les retournait doucement et avec soin pour qu'ils reçussent chacun une part égale de la chaleur de son corps. Il maigrit tellement à cette besogne, qu'on finit par placer

à portée de son bec une provende abondante et récon-
fortante; il avait fini par ne plus vouloir quitter sa couvée, même pour manger.

Broussais suivit avec une attention sérieuse toutes les
phases de ce singulier phénomène. Un matin, comme
j'entrais chez lui, il vint, ou plutôt il accourut au-devant
de moi, et, sans me laisser le temps d'échanger quelques
mots avec lui, me prit par la main et m'entraîna dans la
basse-cour. Les petits poulets étaient éclos et le chapon
veillait sur eux en véritable mère. Il grattait la terre de
ses pattes, pour leur déterrer des graines, et poussait
devant eux les bribes les plus appétissantes. Au moindre
danger réel ou imaginaire, il appelait les poussins par un
cri d'alarme, les abritait sous ses ailes hérissées, et, le
bec entr'ouvert et menaçant, il se tenait prêt à combattre
et à mourir pour ses poussins.

A quelques jours de là, un événement dramatique
n'attesta que trop la réalité de ce dévouement maternel.

Un chat du voisinage pénétra furtivement dans la basse-
cour et attaqua les petits poussins. Le chapon se rua sur
lui, lui asséna plusieurs coups de bec dans les yeux, et
poussa de tels cris de rage et de détresse, que Broussais,
attiré par le bruit, s'empressa d'accourir au secours de
la pauvre bête et de mettre le chat en fuite.

Ce fait singulier d'un chapon transformé, par une préparation matérielle, en couveuse et en mère, préoccupa
beaucoup Broussais, qui dut, tout profond physiologiste
qu'il était, s'incliner avec respect devant les lois impénétrables de la nature.

Il y avait encore un autre problème qui le déconcertait

beaucoup. « Comment, se demandait-il, les fermières sont-elles arrivées à recourir à ce singulier expédient ? Par quelles séries d'observations ont-elles dû passer pour s'ingénier à ce moyen ? Le bon sens, concluait-il en soupirant, est bien souvent embarrassant pour la science ! »

Quoi qu'il en soit, l'expérience fut renouvelée plusieurs fois, et elle finit par coûter la vie au pauvre chapon, transformé en poule ; il se noya dans une mare, en cherchant à retirer de l'eau des petits canards dont on lui avait donné à couver les œufs.

Du reste, ces anomalies de maternité existent nonseulement chez les monstres produits par la main de l'homme, mais encore chez les monstres produits par la nature. M. Isidore Geoffroy Saint-Hilaire a raconté à l'Académie des sciences l'histoire d'un bouc à qui la nature avait donné des mamelles, qui non-seulement sécrétait du lait par ces mamelles, mais encore donnait à teter à des chevreaux. Le bouc avait couvert la chèvre, mère des petits ; cette chèvre était morte par accident, et le bouc était devenu père et mère tout à la fois.

Le docteur Schlossberger raconte un pareil fait dans les *Archives d'anatomie, de physiologie et de médecine scientifique*, de F. Muller, 1844.

Ainsi dans la grande loi de la nature, les exceptions, si rares qu'elles soient, ont leurs règles, et le désordre a son ordre !

Pour en revenir à Broussais, il se sentait piqué au vif de ne pouvoir se rendre compte d'un fait vulgaire, résultat d'observations populaires, et restant pour lui à l'état de mythe impénétrable. Je ne le voyais guère sans qu'il me parlât de ce chapon, couard et égoïste, que la perte de quelques plumes et une friction de poivre sur le ventre avaient transformé en mère intelligente poussant la tendresse et l'abnégation jusqu'à ne point hésiter devant la mort.

Toujours en proie au doute, il voulut chaponner lui-même de jeunes poulets, afin de bien s'assurer qu'il n'avait point eu affaire à une poule, ce qui, soit dit en passant, ne laissa point que de donner à rire à Josette ; attendu que des trente chapons faits par son maître, il en périssait infailliblement vingt-neuf des suites de l'opération. Elle, au contraire, n'en perdait jamais un seul.

Les chapons, opérés par Broussais, se conduisirent littéralement comme les chapons de Josette, et devinrent des couveurs émérites.

« Hélas ! disait un jour Broussais à l'un de ses amis, après avoir longuement reparlé de la maternité du chapon ; hélas ! que de mystères restent encore et resteront à jamais impénétrables à l'intelligence des hommes !

— Et pourtant, réprit cet ami, dans le nombre des hommes qui ne comprennent rien à ces choses, même aux plus petites et aux plus humbles, il y en a qui refusent de croire à Dieu, parce qu'ils ne sauraient le comprendre ! »

Broussais étouffa un soupir.

L'OISEAU DE LA CHORISTE

Montaigne professe qu'il faut *quitter la vie à reculons.*
N'exprime-t-il point là un paradoxe? Quand un poëte
nomme *tourment de la pensée* la félicité passée qui ne
peut revenir ; quand Bossuet dit : « Laissez derrière vous
la vaine fumée de ces cendres éteintes, et portez vos
regards en avant, en haut! » ne se montrent-ils pas plus
vrais? Le souvenir n'apporte-t-il point à l'âme plus d'a—
mertume que de consolations? Autrefois n'afflige-t-il pas
aujourd'hui?

Telles sont les pensées que soulevait en moi, il y a
quelques années, chaque fois que je la rencontrais, le
matin, presque au petit jour, une femme les pieds chaus-
sés de socques, le corps enveloppé d'un tartan, le visage
à demi caché sous un voile et un livre d'heures à la
main.

Hélas ! de tous ceux qui l'avaient jadis admirée, applaudie, que sait-on ? aimée peut-être, bien peu l'eussent comme moi reconnue, sous cet humble costume ! Encore m'avait-il fallu plus d'un effort de mémoire, pour que cette démarche lourde, ces larges bandeaux blonds de cheveux faux, et ces traits flétris parvinssent à évoquer en moi le souvenir de Madeleine G..., qui, pendant bien des années, resta une des plus intelligentes et des plus utiles choristes de l'Opéra.

Quoique la vie de Madeleine soit un roman vulgaire, elle n'en est pas moins un roman.

Vers les derniers temps de la Restauration, une jeune fille débuta au Théâtre-Italien, à côté de Bordogni et de Garcia. Lorsque, l'opéra terminé, elle rentra dans la coulisse, madame Malibran lui sauta au cou et lui prédit une grande carrière artistique. Tout se réunissait pour confirmer la prédiction de la célèbre cantatrice ; la voix pure et étendue de Madeleine, sa méthode accomplie, son jeu plein d'intelligence, de finesse et de drame!... Hélas? un an à peine s'était écoulé, qu'il fallait que la jeune débutante abandonnât le théâtre et rompît son engagement. Elle ressentait les atteintes de la maladie mystérieuse et incurable qui, plus tard, étouffa également, au milieu de leurs plus grands triomphes, la voix de madame Mainvieille-Fodor et de mademoiselle Cornélie Falcon.

Par un caprice de cet horrible mal, bizarre comme toutes les affections nerveuses, Madeleine, à de certaines heures impossibles à prévoir, chantait comme aux plus beaux jours de ses succès. A d'autres heures également inconnues, une main invisible étreignait sa gorge, et l'infortunée ne pouvait proférer que des sons rauques et dis-cordants. Elle recourut à tous les remèdes de la science et du charlatanisme ; elle parcourut l'Italie et l'Allema-gne, demandant sa guérison tantôt au climat, tantôt aux médecins ; enfin, après quatre années de déception et de désespoir, elle revint à Paris sans avoir obtenu le moin-dre symptôme de convalescence, dénuée de ressources et en compagnie de sa tante.

Cette tante avait recueilli Madeleine, restée orpheline à seize ans, lorsque sa voix promettait déjà les merveilles si fatalement et si vite disparues. Dure et brutale pendant le noviciat artistique de sa nièce, humblement servile pendant sa prospérité éphémère, du jour où elle recon-nut le néant des spéculations qu'elle avait bâties sur le talent de la jeune fille, elle redevint hargneuse et sans pitié.

Quoiqu'elle n'eût guère rendu d'autre service à sa nièce que de lui manger le modeste héritage laissé par son père ; quoiqu'elle eût voyagé au frais de la canta-trice malade, quoiqu'elle se fût octroyé de bons petits ho-noraires sur ce quelle nommait la caisse commune, elle n'en proférait pas moins, du matin au soir et du soir au matin, des jérémiades sur ses propres malheurs et sur l'ingratitude témoignée à son abnégation et à son dévoue-ment. Bref, de retour à Paris, elle déclara nettement qu'elle se sentait lasse de tant de larmes versées par Ma-deleine, que le spectacle incessant d'un désespoir déraison-nable finirait par la rendre elle-même malade, et qu'en-fin elle allait demander à la campagne le calme et le repos dont elle éprouvait tant de besoin.

Elle partit donc et laissa Madeleine seule, sans protection et sans argent.

Cette triste situation prenait d'autant plus de gravité que, depuis les quatre années d'absence de Madeleine, tout se trouvait changé à Paris par la révolution de 1830. Ses protecteurs avaient quitté la France ; enfin, la clientelle du Théâtre-Italien n'était plus la même. Parmi les spectateurs qui remplissaient les loges et l'orchestre, bien peu avaient entendu parler de Madeleine ; encore ceux-là l'avaient-ils sans doute complétement oubliée !

L'excès même de son malheur lui rendit du courage. Elle essuya ses larmes, alla trouver Habeneck, et lui demanda une place dans les chœurs de l'Opéra. C'était une bonne œuvre ; le bourru bienfaisant la fit sans hésiter.

Le chef d'orchestre croyait avoir enrôlé une figurante muette ; il ne tarda point à reconnaître, non sans surprise, que les chœurs se trouvaient renforcés par une voix puissante, qui dominait et dirigeait toutes les autres. Inexplicable maladie ! Pendant vingt et un ans que Madeleine chanta parmi ses compagnes de l'Opéra, elle ne se sentit pas, une seule fois, atteinte des crises qui paralysaient les sons dans sa poitrine. Un seul soir, elle se hasarda à chanter quelques phrases d'un rôle de coryphée : elle ne put l'achever ; la voix lui manqua.

La triste vie de Madeleine se trouva désormais tracée. Elle s'y résigna peu à peu. Dans les premiers temps, elle eut bien la pensée de se créer un autre genre d'existence, de quitter l'Opéra et de donner des leçons de chant. Hélas ! elle ne trouva qu'un petit nombre d'élèves qui la payaient peu et mal, et qui finirent par quitter leur obscur professeur sans qu'il s'en présentât d'autres pour les remplacer. Il fallut encore renoncer à ce rêve.

Tout le temps que Madeleine ne consacrait pas aux devoirs de son théâtre, elle l'utilisait à des travaux de broderie, dans lesquels elle excellait. Un dimanche, elle planta des capucines et quelques plantes grimpantes sur le rebord de sa fenêtre, et en disposa les tiges en grappes et en guirlandes ; une autre fois, elle acheta une cage, et la peupla d'oiseaux ; enfin elle entoura de toutes les petites jouissances que permet la pauvreté la vie solitaire et mélancolique qu'elle menait dans sa mansarde.

Naturellement, la cage reçut pour premiers hôtes une paire de ces affreux serins dégénérés, comme on n'en rencontre que chez les portiers de Paris, et dont la voix terne et le plumage farineux feraient sourire de dédain un amateur de canaris belges ou hollandais. Les vulgaires amours de ces oiseaux, abrutis par une inintelligente captivité et une déplorable insouciance de races, leur paternité émoussée n'intéressèrent que médiocrement Madeleine. Bientôt elle se fatigua de voir la femelle laisser ses petits grelotter de froid et mourir de faim dans leur nid ; le mâle, qui tuait les oiselets à coups de bec, la révolta ; bref elle finit par donner la cage et les serins à son portier.

A peine partis, elle regretta ses oiseaux qui lui donnaient sur les nerfs, dont il lui avait fallu se débarrasser à tout prix. Sa mansarde lui sembla plus solitaire et plus muette ; elle en éprouva presque de la peur. Chaque fois qu'elle passait devant la loge du portier, elle jetait un regard furtif sur la cage ; et le jour où elle aperçut, accroché sur cette cage, un bouchon de paille, en signe de mise en vente, elle songea, dans un premier mouvement, à la racheter.

Trois motifs l'arrêtèrent : le manque d'argent, — on arrivait à la fin du mois,—un sentiment d'amour-propre, et par-dessus tout la crainte de déplaire à l'autocrate du cordon. Elle étouffa donc son désir, ou du moins elle n'osa pas le manifester. Le soir, lorque peut-être elle se sentait décidée à faire ce rachat, cage et serins étaient vendus.

A quelques jours de là, en passant devant la boutique d'un oiseleur, elle remarqua deux petits passereaux exotiques, gros à peine comme un linot, et un peu différents l'un de l'autre, quoique évidemment ils appartinssent à la même famille. De la main elle soupesa sa bourse dans sa poche, et le cœur palpitant, elle demanda au marchand le prix de ces oiseaux.

« Oiseaux rares ! madame, répondit-il : un *loxia malacca* et un *loxia cantans !* ils arrivent de Java. Vingt francs les deux. »

Vingt francs, une somme folle pour une pauvre fille !

Elle proposa un prix inférieur, discuta, essuya la réplique et les refus de l'oiselier, et finit par emporter les oiseaux et la cage.

Son cœur battait de joie ! Elle ne songeait ni aux travaux d'aiguille, qu'il faudrait prolonger bien avant dans la nuit, ni aux privations qu'il faudrait s'imposer pour payer ces oiseaux ! Elle n'allait plus se sentir seule !

Disons bien vite qu'en échange de ces sacrifices, elle trouva des jouissances réelles dans la possession des deux loxies. Non-seulement ils étaient familiers, mais, toute la journée, ils nouaient aux barreaux de leurs cages les brins de fil qu'ils pouvaient attraper ; enfin, si le malacca restait muet, en échange le loxie chanteur — nous leur restituons leurs noms vulgaires — possédait un brillant gosier : seulement, comme trop de grands artistes, il se montrait capricieux, et ne chantait qu'à son bon plaisir.

Le malacca éprouvait pour les roulades de son congénère un véritable enthousiasme, une passion effrénée. Dès que l'artiste commençait à préluder, le dilettante venait à tout vol se placer en face de l'objet de son admiration. Le cou tendu, l'oreille pour ainsi dire collée au bec du chanteur, il restait des heures entières plongé dans une véritable extase.

L'autre, soit fatigue, soit caprice, se taisait-il, le mélomane l'engageait à recommencer. Il insistait en agitant doucement les ailes, en ouvrant à demi le bec, en tremblottant de tous ses petits membres. L'artiste le laissait faire avec une fatuité de ténor, et désespérait son fanatique par de persévérants refus. Si parfois, de guerre lasse, le fat mettait un terme à ces manières et recommençait à chanter, la joie de l'amateur de musique éclatait, et il témoignait sa reconnaissance par des battements d'ailes passionnés. Ces scènes, qui rappelaient à Madeleine les temps où, elle aussi, charmait et fascinait un auditoire ému, l'intéressaient et la faisaient pleurer. Mais le temps se traînait pour elle avec une lenteur moins désespérante. Souvent, en jetant les yeux sur sa petite pendule d'albâtre, elle s'étonnait que l'heure de se rendre aux répétitions se trouvât déjà si près de sonner.

Chaque jour, d'ailleurs, amenait des scènes plus ou moins drôlatiques, entre le chanteur et le dilettante. Le premier devenait insupportable d'orgueil et de despotisme; il ne souffrait point que l'autre s'approchât de l'auge, quand lui, l'artiste, y becquetait des graines; il perchait sur un bâton à part, le plus élevé de la cage; bref, il se livrait à toutes les ridicules fantaisies qu'inspire le talent allié à une médiocre intelligence; cas beaucoup moins rare qu'on ne pense. Je connais même sur ce point bon nombre d'artistes qui sont loxies.

Un matin que le ténor s'obstinait à se taire, quoique depuis deux jours il n'eût point émis un son, le malacca, qui supportait ses boutades avec une patience qui impatientait Madeleine, prit tout de bon fantaisie d'entendre de la musique. Comme jadis le roi Saül, il voulait sans doute dissiper sa mauvaise humeur et calmer ses nerfs surexcités. Il pria, supplia, rampa même... il n'obtint rien. L'autre ne l'écoutait pas; il voletait de bâton en bâton, dénouait aux barreaux de la cage un fil pour le renouer, et se livrait à toutes sortes de déplaisantes simagrées. A la fin, la patience échappa au malacca : il se rua sur l'impertinent, le roua de coups de bec et d'ailes, l'accula dans un coin et le battit jusqu'à ce qu'il consentît à chanter. Le loxie, effrayé, éperdu, se résigna lâchement à obéir et préluda.

Madeleine, qui suivait de l'œil ces débats, sentit tout à coup sa voix s'éveiller en elle. Elle fit une roulade pure, brillante, fraîche, soutenue.

Le malacca s'arrêta tout court, écouta, ne prit plus garde au loxie, et courut se suspendre à la partie de la

cage la plus raprochée de Madeleine. Celle-ci commença
un air d'une difficulté extrême et d'un charme infini, le
deh viani, non tardar, des *Noces de Figaro*. Le malacca
haletait et laissait échapper parfois des petits cris d'enthousiasme, comme les bravos à demi-voix qu'arrache,
aux spectateurs qui n'osent l'interrompre, une phrase
merveilleusement dite par une prima dona.

Le loxie, jaloux de Madeleine et dépité de l'abandon
de son admirateur, se prit soudain à chanter de toutes ses
forces pour troubler sa rivale, l'obliger à se taire ou du
moins empêcher le malacca de bien l'entendre. Celui-ci,
furieux, s'élança d'un bond sur le malencontreux inter-
rupteur, lui brisa la tête de deux coups de bec, le tua
roide et revint prendre sa place devant Madeleine, sans
plus d'émotion de son meurtre qu'un amateur qui a fait
le coup de poing à la queue d'un théâtre pour conquérir
un billet de stalle.

Madeleine, — hélas! les femmes sont trop souvent ainsi
faites! — n'eut point le courage d'en vouloir longtemps
à une dilettante capable d'un crime pour lui prouver son
admiration. Une amitié étroite s'établit même tout de
suite entre l'oiseau et la choriste. Le malacca, en liberté,
volait dans la mansarde, se perchait sur la fenêtre et
attendait patiemment qu'une crise bienfaisante rendît à
sa maîtresse le don de la voix. Quand il la voyait pâlir
aux approches de cette crise, il se perchait sur ses genoux, et l'écoutait religieusement. Lorsqu'elle se taisait
et qu'elle laissait tomber tristement sa tête sur sa poitrine, il la comblait de caresses, semblait vouloir la consoler, et la consolait réellement.

N'avait-elle pas retrouvé une société, un auditoire et une admiration fanatique?

Aujourd'hui, Madeleine a cessé de figurer parmi les choristes de l'Opéra.

Depuis deux ans, je ne la rencontre plus le matin; sa maison, démolie, a fait place à un magnifique hôtel. Qu'est-elle devenue? Qu'est devenu le malacca?

Dieu seul le sait.

LE MOINEAU FRANC

Quand nous cherchons au loin le merveilleux et l'inconnu, nous ressemblons singulièrement à l'homme de la fable courant après la Fortune tandis que la Fortune l'attend chez lui. Les Parisiens les plus Parisiens n'ont besoin ni de sortir de leur appartement, ni même de quitter leur fauteuil pour se trouver en face de faits qu'ils ignorent et qui les intéresseraient certes plus que tous les romans du cabinet de lecture voisin. Qu'ils regardent par leur fenêtre : deux minutes ne s'écouleront pas avant qu'ils constatent l'exactitude de mon assertion.

Je ne parle pas des gaz qui se forment dans le ruisseau, qui soulèvent des milliers de bulles s'irrisant de couleurs

et de reflets à rendres jalouses les perles du plus splen-
dide Orient, qui brisent leurs cloches d'hydrocarbure,
et qui s'envolent dans l'atmosphère, où les attendent des
combinaisons et des transformations sans nombre.

Je laisse de côté les milliards de mystérieux crypto-
games qui naissent, meurent, renaissent sur les pavés
qu'ils verdissent, entre l'intervalle d'une ondée et d'un
rayon de soleil. Je ne mentionne pas la vorticelle, qu'on
trouve sur la pierre moussue des balcons; être étrange,
se desséchant à la chaleur, et à la moindre humidité fré-
tillant plus vivace qué jamais; tour à tour poussière ou
insecte, et passant ainsi vingt fois en un jour de l'existence au néant.

Non; je me contente de vous signaler le brin d'herbe
dont le vent caresse les feuilles vertes, flexibles, taillées
en lames, découpées en charmantes rosaces ou ventrues
et rebondies comme les statues de Vitellius. Qui sait — si
ce n'est Dieu qui l'a semée? — qui sait comment la graine
est arrivée là? Comment elle s'est fixée eutre les interstices des moellons? Comment les racines s'y sont déve-
loppées? Comment la tige s'alimente? Comment les feuilles
restent fraîches? Comment les fleurs adviennent? Comment se forment les semences qui doivent rapidement
tout peupler alentour de nouveaux brins d'herbe?

Mais voici mieux encore: regardez-ce joli moineau franc
à la tête de velours, au corps svelte, qui s'abat tout à coup
en plein milieu de la rue pour y ramasser quelque bribe.
A peine daigne-t-il s'écarter lorsque survient un passant.
Quant aux charrettes et aux chevaux, il s'en inquiète peu, il
se dérange juste ce qu'il faut pour qu'ils ne l'écrasent pas,

et continue en paix sa picorée. Comme son congénère, son ami et quelquefois son bourreau, le gamin de Paris, le moineau s'empare de tout, niche partout, gruge partout, frétille partout, piaille partout. Gai, insolent, insoucieux, audacieux, il règne despotiquement au Jardin des Plantes, au Luxembourg, aux Tuileries, aux Champs-Élysées, dans les gouttières, sur les toits, n'importe où !

A la campagne, ni plus ni moins que Molière, il prend son bien où il le trouve. Il s'établit dans les fermes, dans les ruines, et jusque dans les pigeonniers. « J'ai trouvé, dit M. Moquin-Tendon, un de nos plus savants et de nos plus charmants observateurs, j'ai trouvé un nid de moineaux, à Pelleville, près de Revel, dans un pigeonnier, au milieu de sept nids d'hirondelles de cheminée. Une masse de paille et d'herbes sèches, particulièrement de brins de luzerne et de tiges de fétuque, composait ce nid ; il s'ouvrait sur le côté ; des plumes en tapissaient la cavité, profonde de quinze centimètres, et contenait trois petits prêts à s'envoler. »

Buffon avait reçu des nids de moineaux pris sur de grands noyers et sur des saules très-élevés. Ils étaient placés au haut des arbres et construits avec du foin en dehors et de la plume en dedans; mais ce qu'il y a de singulier, c'est qu'ils présentaient par-dessus une espèce de calotte qui les recouvrait de manière à les garantir de la pluie. Il y avait une petite porte sur le côté.

Les moineaux placent quelquefois leur nid dans le voisinage d'un oiseau de proie.

On a vu côte à côte, éloignés seulement de dix à quinze centimètres, un nid de moineaux et un nid de scops ou petits-ducs, dans deux trous d'une façade de maison.

Schinz assure que, dans les nids énormes des cigognes placés sur les toits des fermes de l'Alsace et des maisons de Strasbourg, l'épaisseur des bords fournit parfois un asile à des nids de moineaux.

M. Malherbe rapporte qu'une nichée composée de deux aiglons fut découverte en Sicile, gisant au milieu de squelettes de lapins et de reptiles ; mais ce qui occasionna le plus grand étonnement, ce fut de trouver, au-dessous de cette grande aire, sept nids de moineaux contenant des œufs et des petits.

Il est des moineaux paresseux ou pressés de pondre, qui profitent des nids abandonnés par d'autres oiseaux ou qui s'emparent de certains nids habités, après en avoir chassé les propriétaires : bruans, pinsons ou fauvettes. On a trouvé trois œufs de moineau dans un nid de geai. Comme la couchette était un peu grande pour le nouveau ménage, le couple usurpateur y avait accumulé une énorme quantité de plumes.

M. Moquin-Tendon a vu six œufs du même oiseau dans un nid d'hirondelles de cheminée. Quand les moineaux s'établissent dans un nid d'hirondelles, ils augmentent aussi les matériaux qui composent le matelas intérieur : ils y apportent de la paille, du foin, des plumes ; tous ces nouveaux éléments dépassent souvent les bords de l'ouverture.

Laissons parler maintenant le docteur Auzias-Turenne :

« A peine âgé de douze ans, j'avais une vive passion pour les moineaux. Je faisais nicher ces oiseaux dans des pots à fleurs dont le trou avait été agrandi, et que je

suspendais, suivant l'usage, la grande ouverture appliquée contre le mur, près d'une fenêtre.

« On sait que, lorsque le nid est installé et que la ponte
a été faite, les moineaux ne sont pas faciles à déconcer-
ter. On peut alors, sans beaucoup de précautions, visiter
le nid de temps en temps et en examiner les œufs.

« Voici ce que j'ai fait : une femelle couvait ses œufs,
depuis environ huit jours, avec une grande assiduité ;
pendant la nuit, je mis une main sur le trou du pot et
glissai l'autre contre la muraille, dans le pot lui-même.
Je m'emparai de l'oiseau, que je plaçai immédiatement
dans une cage.

« Le lendemain, dès le point du jour, je vis le mâle[1]
dans une inquiétude et une agitation extrêmes, parcou-
rant tout le voisinage et poussant des cris perçants. Puis
il se perchait sur le nid et redoublait son vacarme. Cela
mettait en mouvement et attirait les moineaux d'alentour,
qui venaient en bon nombre, comme par curiosité, et
s'en allaient aussitôt ; quelques-uns se présentaient plusieurs fois de suite. Enfin, vers dix heures, une femelle
se décida à rester, et entra dans le nid après avoir reçu
quelques caresses amoureuses. A partir de ce moment
cette femelle se conduisit comme si elle était la véritable
mère.

« Celle-ci mourut bientôt de faim et de tristesse.

« Les petits éclorent au bout de huit jours de cette seconde incubation (ajoutés aux huit jours de la première).
Il n'y a donc pas eu de temps de perdu.

---

[1] Les mâles ne couchent pas d'habitude dans le nid quand les fe-
melles couvent.

« J'ai répété à plusieurs reprises cette expérience avec le même résultat.

.« Une fois, je me suis emparé de la femelle et d'une première nourrice à quelques jours d'intervalle ; le mâle trouva une seconde nourrice.

« Pour que l'expérience réussisse, il ne faut pas enlever la mère trop tôt ; c'est-à-dire après deux ou trois jours d'incubation seulement, car les œufs disparaissent bien vite du nid. »

Presque chaque jour, on peut voir se passer un drame singulier dans le Jardin des Plantes ; on le sait rempli de nids de moineaux. Vers midi, une bande de choucas (*corvus mondulus*) arrive des tours de Notre-Dame et des toitures de Bicêtre, s'abat au milieu des arbres, et se divise par groupes de deux. Chacun de ces groupes va droit à un gîte de moineaux ; tandis que l'un des choucas poursuit le père et la mère, l'autre démolit le nid, saisit dans son bec un ou deux des petits, et s'envole vers sa propre demeure. Mais les moineaux, attaqués dans ce qu'ils ont de plus cher, n'ont point perdu un instant ; ils ont appelé à leur aide tous leurs congénères, qui se forment en bande, s'acharnent à la poursuite des choucas, et les relancent souvent même jusqu'à leur repaire, où ils les attaquent avec vigueur. Les braves petits assaillants ne se retirent que devant un nombre supérieur de choucas venus à leur tour en aide à leurs complices.

Le moineau n'est pas toujours aussi héroïque. Mes devoirs d'historiographe me mettent dans la triste nécessité de le montrer sous des couleurs moins favorables. Alerte comme Arlequin, insolent comme Polichinelle, avare

comme Géronte, larron comme Scapin, amoureux comme
Léandre, gourmand comme Pierrot, il tranche trop souvent du libertin et du don Juan à la petite patte. M. Florent Prévost a étudié au Jardin des Plantes les coupables
menées d'un moineau qui avait deux nids et deux ménages. Les nids se trouvaient placés aux extrémités
opposées d'un grand toit, de façon que les escapades adul-
tères du drôle restassent ignorées de ses deux femmes.
Jamais du reste il ne se rendait de l'un à l'autre de ses
domiciles sans faire un immense détour destiné à mettre
en défaut la jalousie de ses épouses.

Quoi qu'il en soit, il donnait à chacune de ses deux familles les mêmes soins et une égale provende; plus moral
en cela que certains de ses collègues humains, qui
laissent la gêne dans leur ménage légitime, pour prodiguer à l'autre le superflu.

Le moineau se familiarise avec une extrême facilité.
Tous les habitués des Tuileries ont connu cette singulière
femme qui se prétendait fille du duc d'Orléans Philippe
Égalité, et qui livrait aux moineaux un magnifique appartement qu'elle occupait rue de Rivoli, en face du château
royal. Les moineaux nichaient partout, venaient se disputer jusque dans les mains de leur hôtesse les graines
qu'elle leur distribuait, et l'assaillaient à coups de bec
quand elle se permettait de se présenter au milieu d'eux
sans provisions.

En cela, ils se montraient plus égoïstes et plus brutaux
qu'un autre moineau dont tous les amis de M. Ad. Sax ont
connu la tendre affection pour une perruche de Cayenne.

Cette perruche, vieille et assez misérable en plumes,

pouvait à son gré habiter une cage dont la porte restait toujours ouverte, ou se promener en liberté dans le jardin. Peu à peu elle fit la connaissance d'un gros moineau mâle, qui, avec le sans-façon de son espèce, ne tarda point à venir chaque matin, à la même heure, prendre dans la cage de son amie la créole une ample part du chenevis et des fruits que chacun prodiguait à l'oiseau exotique.

Quand sonnait l'heure habituelle du rendez-vous, le moineau se trouvait-il en retard, la perruche éprouvait une vive agitation ; elle regardait autour d'elle, caquetait fiévreusement, et finissait par grimper au haut d'un arbre de Judée au tronc duquel on accrochait sa cage. Là, avec une extrême fidélité d'imitation, elle répétait tous les cis qu'elle avait entendu pousser à son cher moineau, et ne se taisait qu'à l'arrivée du gros fat. Celui-ci, en moineau qui se sait aimé, accordait à peine quelque caresse à celle qui l'appelait avec une si tendre impatience, et se hâtait de voler dans la cage où l'attendaient de bonnes graines.

La perruche le suivait, lui faisait les honneurs de ses provisions, lui émiettait les morceaux de pain trop durs, le caressait de son gros bec, lui disait ses plus belles chansons, et lui répétait à satiété : *Bonjour, mon petit Coco!* Une fois repu, le moineau se perchait dans le meilleur coin, plaçait sa tête sous son aile et s'endormait. Il est souvent arrivé que, le soir, on ait rentré la cage avec les deux oiseaux, sans que le moineau s'en effarouchât autrement. Il finit même par ne plus s'inquiéter des saxhorn et des saxophones ; il semblait prendre plaisir à leurs formidables symphonies, et tous les musiciens de régiment, qui venaient répéter chez le célèbre facteur, s'amusaient beaucoup de l'amateur assidu et effronté, qui, du haut d'un pupitre, les regardait, les écoutait et les jugeait peut-être..

Un chat du voisinage dévora un jour les deux amis ailés. On le massacra sur place à coups d'épée, tant la mort des pauvres bêtes excita d'indignation.

Quelque courageux qu'il soit, le moineau ne s'empare presque jamais impunément du nid d'une hirondelle. Dès que la propriétaire, chassée de ce nid par la violence, a dû céder la place à un usurpateur, elle court rassembler ses compagnes, qui arrivent toutes avec une pincée de terre glaise dans le bec. En moins de temps que je n'en mets à vous le raconter, le moineau se trouve, comme feu Ugolin, muré dans le nid volé. J'ai possédé longtemps, dans ma jeunesse, un moineau qui avait subi deux heures d'une semblable captivité. Grâce à moi, il en sortit, mais mourant, hébété, éperdu de terreur : il ne voulut plus dès lors me quitter. Au cri d'une hirondelle, il tremblait de tous ses membres, hérissait ses plumes, claquait du bec, et se réfugiait au fond de ma poche. Pendant dix ans, il resta mon compagnon fidèle, mais despotique. Il finit même par nicher dans un coin de l'imprimerie de mon père, et ceux de mes amis d'enfance que la mort n'a point encore fauchés autour de moi peuvent se rappeler que, plus d'une fois, mon bureau se trouva couvert d'une bande de moineaux de tout âge et de tout sexe, qui se disputaient les restes de mon déjeuner et qui pillaient mes pains à cacheter.

Le moineau est-il nuisible à l'agriculture? Telle est la question qu'on se pose depuis longtemps, sans l'avoir plus résolue que l'Académie de médecine n'a résolu la question de la fièvre puerpérale. Le moine Polycarpe Poncelet, dans son *Historia tritici* (Histoire du blé), Rougier de la Bergerie, Bosc, Sonnini, le signalent comme un fléau et crient haro sur lui. Au rebours, M. Tiébaut de Berneaud le défend avec passion; enfin voici la note que m'envoie mon ami Florent Prévost, auteur d'études ingénieuses et patientes sur la nourriture des oiseaux :

« Le moineau se nourrit d'insectes depuis le mois d'avril jusqu'à la fin de septembre.

« L'hiver, dans les campagnes, il habite près des fermes et mange des graines.

« Dans les villes, sa nourriture consiste en pain, grain d'avoine, hannetons, vers, mouches et débris de légumes.

« L'automne; il attaque les fruits. »

C'est toujours, on le voit, la vieille histoire de la langue d'Ésope, la meilleure et la pire chose, et l'opinion de Corneille sur le cardinal de Richelieu :

Il m'a fait trop de bien pour en dire du mal;
Il m'a fait trop de mal pour en dire du bien.

Le moineau ne se trouve que dans les lieux habités par les hommes. Quel que soit le climat, le moineau les suit partout; dès que les déserts se peuplent, le moineau, qu'on n'y avait jamais vu, bâtit son nid sur le toit de la première cabane. C'est un fait qu'on remarque constamment en Amérique, en Sibérie et dans la Polynésie.

Pourquoi? comment? qui l'appelle? qui le guide? qui l'amène? A cela, comme à tant d'autres questions, il n'y a encore, hélas! de réponse que le : *Que sçais-je?* de Montaigne.

PHYSIQUE

ET CHIMIE

LÉANDRE ET DON JUAN

Le bois de Boulogne est devenu un parc merveilleux, un jardin de fée. Je connais pourtant quelqu'un qui ne peut s'y promener sans laisser échapper un soupir, sans avoir une pensée de regret pour le vieux fouillis d'arbres incultes, ou peu s'en fallait, qu'on y voyait jadis ; pour les herbes drues et sauvages qui foisonnaient dans les massifs, et qui usurpaient insolemment jusqu'aux chemins eux-mêmes.

C'est que ces arbres, ces herbes, cet amas de feuilles sèches, ces branches en décomposition, ces coins pierreux et humides, recélaient des myriades d'insectes de toutes sortes. C'est que souvent l'entomologiste y découvrait, le cœur palpitant de joie, des espèces rares ! C'est qu'il pouvait y étudier, en paix et à loisir, les mœurs de ce petit monde encore presque tout à fait inconnu, même à ceux que l'on cite comme des savants. Le livre de la création se compose de millions de pages, dont l'esprit humain sait à peine épeler quelques lignes. Mais ces lignes sublimes, qui révèlent la puissance infinie de Dieu dans sa plus éclatante splendeur, récompensent par des joies indicibles l'observateur heureux et patient qui parvient à les comprendre.

Un homme qui cherche, humblement agenouillé, à déchiffrer les mystères recelés dans les êtres les plus dédaignés, traversait, il y a bien longtemps, le bois de Boulogne. Jeune encore, il marchait portant en son âme une de ces douleurs, privilége exclusif de la jeunesse, dont on se désespère à vingt ans, et vers lesquelles, à cinquante, on reporte des regards de regrets et d'envie. La nuit était profonde ; il avançait sans trop savoir où il allait ; il se demandait sérieusement si le fardeau de la vie valait la peine qu'on le portât. Je crois même, s'il m'en souvient bien, qu'après avoir baisé en sanglotant une lettre de femme, il la déchira et la jeta avec les cheveux qu'elle contenait.

Tandis qu'il subissait ces angoisses poignantes, car on ne sourit des folles souffrances de la jeunesse que lorsqu'on est vieux, il crut apercevoir, au plus épais du gazon, là où précisément il venait de jeter les cheveux et la lettre, une petite lueur. D'abord vaguement phosphorescente, cette lueur prit de la netteté et finit par projeter un véritable éclat. Elle s'élevait, elle s'abaissait, elle devenait plus vive, elle s'éteignait tout à coup, et se rallumait plus brillante.

Bientôt apparut dans les airs une seconde lueur, mais celle-là presque imperceptible. Feu follet dont le disque bleuâtre atteignait à peine la proportion d'un grain de millet, elle tournoyait autour du phare qui resplendissait de plus en plus. Peu à peu la mignonne étoile qui virait dans les airs s'abaissa, plana au-dessus de la lumière mystérieuse et se confondit avec elle.

Le naturaliste l'emporta un moment sur l'amoureux : notre désolé plongea vivement sa main dans les herbes et en retira deux insectes enlacés.

Au premier coup d'œil, à la clarté de la lune qui venait de se dégager d'un nuage, ils semblaient des êtres dé nature complétement différente. En effet, l'un des insectes, le corselet noir, le corps enveloppé de deux élytres enfumées, rappelant un manteau couleur de muraille, dressait sur sa tête, en guise de panache, deux courtes antennes grises.

L'autre, complétement dépourvu d'ailes, portait un vêtement d'un noir éclatant, entrecoupé par de riches galons d'or, à la façon des basquines espagnoles. Rien ne manquait, on le voit, à ces deux amants, dont l'un allumait un fanal comme Héro, pour montrer au loin le lieu de sa retraite, tandis que son Léandre se servait d'une lanterne pour annoncer plus tôt son arrivée.

Le promeneur nocturne ramassa un des morceaux de la lettre qu'il avait naguère jetée, en fit un cornet, y plaça ses deux prisonniers, et, cette fois, d'un pas délibéré il reprit le chemin de Paris.

De retour chez lui, il s'installa commodément dans son cabinet et il examina sa double capture. L'insecte au manteau couleur de muraille ne vivait déjà plus. Telle est l'inexorable loi de la nature pour les insectes. Dès qu'ils ont accompli l'œuvre pour laquelle Dieu les a créés, ils meurent. La femelle restait donc seule vivante, mais la frange lumineuse qui ornait l'extrémité des riches plis de sa robe s'était éteinte pour toujours.

Tandis qu'il considérait d'un côté ce cadavre, de l'autre cette splendeur perdue, qu'il se livrait à ses pensées, et qu'il s'avouait tout bas que ce n'était point seulement chez les insectes qu'un amour imprudent tuait le corps et dépouillait l'âme d'une lumière céleste, il entendit sa porte doucement s'ouvrir. Le sang lui monta au visage... Un moment il crut distinguer le frôlement d'une robe de soie... Ce n'était qu'un ami qui venait s'asseoir à ses côtés.

« Oh! oh! dit celui-ci, je ne m'attendais pas à te trouver face à face avec des lampyres. Tant mieux! Je tiens pour convalescents les malades qui connaissent le remède à leur indisposition. Tu reviens à l'étude, te voilà sauvé. Bâh! ce que tu pleures ne vaut pas tes larmes ; demain tu partageras mon opinion à cet égard. Mais l'entomologie vaut mieux que mes consolations... Bonsoir.

— Demeure! lui répondit son ami. Je ne veux pas rester seul. J'ai besoin de distraction et de mouvement autour de moi. J'ai besoin d'entendre une voix qui me parle. Dis-moi ce que tu voudras, n'importe quoi! Tiens, tu es chimiste et physicien, explique-moi la cause et le mécanisme de la lumière du ver luisant.

— Que t'importe une description anatomique qui repose plus encore sur des suppositions que sur des documents positifs? Ne te suffit-il pas de connaître que le lampyre ouvre et ferme son fanal à son gré, comme une lanterne sourde? que les feux en sont produits par une matière phosphorescente qui résiste à l'action de différents gaz et sur laquelle la chimie n'a pu encore dire son mot? Ne sais-tu donc pas que toutes les études humaines aboutissent au « Que sçais-je? » de Montaigne? As-tu oublié que Socrate disait qu'il ne savait qu'une seule chose, c'est qu'il ne savait rien? L'homme, à chaque instant, dans ses études, se sent arrêté par des obstacles insurmontables, qu'il ne voit pas, mais qu'il sent, comme un poisson rouge dans son bocal! Du reste, si les amours mystérieuses t'intéressent, si tu éprouves plus de besoin de distraction que de sommeil, et j'ai bien peur que ma supposition ne soit juste, viens dans mon laboratoire. La nuit commence à se dissiper; le jour ne tardera point à paraître; l'heure est propice aux opérations magiques! Accompagne-moi! Je te montrerai un héros ardent, indiscret, inconstant, renfermé non dans une prison, mais dans un bocal, à l'instar du diable boiteux. L'héroïne habite une tour également en verre, mais cette fois une tour obscure digne de Richard Cœur-de-Lion. Vêtue d'une robe d'or, elle monte si haut qu'elle peut monter, comme feu madame Marlborough! Tu retrouveras dans ces deux amants, véritables sylphes dont l'un est invisible, tous les phénomènes de passion que présentent l'homme et le lampyre? aspirations insurmontables vers l'objet adoré, résistance, coquetterie, scandale, furie, éclatantes indiscrétions, trahison, abandon! Viens donc assister à mon roman chimique. Si mon prospectus ne te détermine pas, je t'offre, en guise de prime, un verre de vin d'Espagne auquel, mon drame joué, pourrait bien succéder un déjeuner chez le marchand de vin du coin, notre Café anglais, à nous autres étudiants. »

Les deux amis sortirent, appuyés sur le bras l'un de l'autre, un cigare aux lèvres, et se dirigèrent vers le collége de France, où le consolateur, à cette époque simple préparateur d'un cours de chimie, devait, quelques années plus tard, y professer avec tant d'éclat.

« Attention, le rideau se lève! dit-il quand ils eurent bu leur vin d'Espagne : remarque sur les rayons de cette étagère un bocal qui semble vide. Il renferme un don Juan, sans couleur, sans goût, sans odeur, dont la découverte date de 1777, et dont le parrain se nomme Çavendish ; aucun autre corps ne l'égale en légèreté ; on le nomme hydrogène.

« A côté de lui, je place ce second flacon en verre bleu, qui ne ressemble pas mal à la tour obscure promise. J'en enlève le dôme, le bouchon, veux-je dire. Observe vitement la vapeur d'un jaune verdâtre qui s'en échappe, mais respire-la toutefois avec précaution. Dona Anna, ou le chlore, appelle-la comme tu voudras, est dangereuse, et d'une saveur caustique. Si la méchante introduisait dans tes poumons, en guise de soupirs, quelques-unes de ses bulles, elle y produirait des suffocations violentes, et·peut-être même des lésions suivies de crachements de sang. Hâtons-nous donc de fermer sa prison.

« J'ôte le bouchon de cristal limée à l'émeri de la bouteille qui contient l'hydrogène ; je le remplace par une épaisse couche de papier qui le ferme hermétiquement.

Tiens! le voilà déjà qui s'échappe, malgré ces obstacles! Son courant gazeux traverse le papier; j'approche
une allumette de l'ouverture close; une flamme rapide
atteste que le prisonnier commence à reconquérir sa liberté.

« Quel usage penses-tu qu'il fait déjà de cette liberté?
Qu'il se répand dans les airs? Non pas. Attiré par un attrait invincible, il pénètre, à travers les interstices du
bouchon, dans le vase qui contient le chlore. Si je ne
m'opposais pas à son ardeur, lentement mais sûrement,
hydrogène et chlore finiraient par se réunir dans un rendez-vous mystérieux, où, sans réaliser encore leur hy-
ménée, ils pourraient du moins contracter de chastes et
tendres fiançailles.

« Cet amour sage, lent, patient, pudique, ne saurait
s'accomplir qu'à la lumière diffuse. Cependant, si j'expo-
sais la fiancée, dans un vase transparent, aux rayons du
soleil, la chaleur vivifiante de l'astre donnerait au chlore
une ardeur qui le déterminerait à conclure immédiatement, avec l'hydrogène, un mariage qui les transforme-
rait tous les deux en acide chlorhydrique. Mais je leur
réserve une autre destinée. Tenons-nous-en aux fiançailles.

« Je n'aurais qu'à placer les amants dans un lieu obscur, jamais on n'entendrait parler d'eux. Plaidoyer élo-
quent en faveur de la vie à l'ombre et du bonheur caché!
Mais que je mette ces tourtereaux pacifiques et modèles
dans des conditions moins obscures, adieu à leur bonheur
et à leur union! Éteins la lampe qui nous éclaire; le jour
ne pénètre encore que vague et indécis dans ce labora-

toire, quoique le soleil naissant brille déjà au dehors. Je vais compléter l'union des deux gaz, puisqu'il faut, hélas ! appeler mes acteurs par leur nom scientifique. »

Il versa le chlore dans un bocal violet, introduisit l'hydrogène dans ce même bocal, à l'aide d'un syphon de verre qui pénétrait par ses extrémités recourbées dans les deux bouchons de liége, fermeture des bocaux. L'hydrogène et le chlore réunis, il ferma le vase violet et l'enveloppa d'un épais voile noir, à l'une des extrémités duquel il attacha une longue cordelette.

« Dans un vase bleu, dans un vase noir, dans un vase rouge, dans un vase vert, dans un vase jaune, ils resteraient purs et paisibles. Dans ce vase violet, il faut un voile pour les empêcher de finir, comme trop de coupables ménages, par un éclat et par une séparation. Gaz ou homme, notre bonheur et notre paix dépendent des milieux dans lesquels le sort ou un préparateur de chimie nous placent. »

En achevant gaiement ces mots, le jeune savant, qui faisait tous ses efforts pour distraire son ami et le ramener à des pensées moins tristes, monta l'escalier du laboratoire souterrain et humide, plaça la bouteille violette, toujours voilée, à l'extrémité de la cour, et revint près de son ami, en tenant dans sa main le bout de la ficelle nouée à l'un des coins du voile.

« Adieu à nos amants ! » s'écria-t-il.

Il tira la corde et enleva l'étoffe noire.

Au même instant retentit une explosion violente ; une flamme, rapide comme un éclair, accompagna cette brusque détonation, et les débris du flacon volèrent en éclats. L'un de ces éclats blessa même légèrement à la lèvre le chimiste.

« Bravo! dit-il, je m'en tire mieux que Dulong, à qui cette expérience, si je m'en souviens bien, coûta deux doigts.

« Quelle morale je pourrais te faire! continua-t-il. Médite sur les conséquences d'un éclat! L'hydrogène et le chlore, après leur bruyant divorce, ont pris leur volée chacun de leur côté. Le premier s'est déjà uni, en véritable libertin, à l'oxygène et à l'azote de l'air... Double bigamie! Union asiatique! Commencement d'un sérail! Car il ne s'en tiendra pas là! L'eau finira par l'accaparer, et, grâce à ses nouvelles unions, peut-être fera-t-il un jour, à l'état de vapeur, marcher les wagons d'un chemin de fer.

« Quant au chlore, il va se livrer à toutes sortes de méchancetés. Il altérera les matières colorantes, dans lesquelles il poursuivra avec acharnement et jalousie l'hydrogène qui l'a délaissé. Il s'unira, l'adultère! avec plusieurs corps simples, — assez simples pour croire à sa pureté, — le potassium, l'antimoine, l'arsenic même! Suis bien, je te prie, cette triste décadence! Du jeune potassium, tomber jusqu'au vieil antimoine, et même jusqu'à ce scélérat, cet empoisonneur d'arsenic!... Il suffit, pour prouver ce que j'avance, de réduire ces corps en poudre fine et de les jeter dans un flacon rempli de chlore.

« Eh bien, qu'en dis-tu? continua le chimiste : l'existence des corps que nous étudions ne ressemble-t-elle pas à la vie humaine? T'ai-je trompé? Ce que je t'ai montré reste-t-il au-dessous des promesses de mon affiche? »

En achevant ces mots, il se tourna en riant vers son ami.

Celui-ci, vaincu par les fatigues d'une nuit sans sommeil, par une journée de violentes agitations et par les vapeurs enivrantes du vin d'Espagne, mollement caressé par les tièdes rayons du soleil du matin, bercé enfin par la voix de son camarade, s'était profondément endormi dans un grand fauteuil de cuir, confortable meuble du laboratoire.

« Allons, fit le chimiste avec un sourire fraternel, te voilà dans l'état où je te voulais, mon pauvre garçon ! Heureux ceux qui dorment ! comme dit le psaume. Je veillerai moi-même à ce qu'on respecte ton sommeil. Quand tu te réveilleras, nous déjeunerons gaiement, et je te verrai renaître et oublier tes grosses peines. A notre âge, le chagrin passe vite ! Et puis, n'avons-nous pas le centon de l'école de Salerne : Corps sain, esprit sain ? »

Et il se dépouilla de son vêtement de dessus pour en couvrir le dormeur, avec la sollicitude d'une mère.

VOYAGE AU CIEL

Il y avait en 1803, dans la ville d'Altona, capitale du Holstein, un savant que l'on nommait Ludwig Klopstock. Quand je dis savant, je n'exprime point l'opinion générale de ses concitoyens à son égard, car ils prétendaient généralement que le pauvre homme ne possédait d'autre mérite et d'autre savoir que de porter le grand nom de Klopstock. Son unique titre à l'intérêt, selon eux, consistait à être le neveu du poëte de la *Messiade*.

Ludwig justifiait, en apparence du moins, le peu de cas que l'on faisait de lui. Toujours distrait et rêveur, il cherchait les lieux solitaires, passait des heures les yeux levés vers le ciel, n'avait point de moments réglés pour ses repas, et ne savait point gagner un écu par son travail. Il vivait, tant bien que mal, du revenu modique

d'une ferme qu'il possédait au village d'Oltenzen, et d'une
rente de huit cents livres environ, produit d'un capital
placé chez un négociant de la rue Pallmail. Du reste, ni
ses méditations en plein air, ni ses études de douze
heures sans interruption dans le cabinet où il s'enfermait,
n'avaient jamais produit le moindre résultat connu. Quand
on l'interrogeait sur ce qu'il faisait au milieu de ses instruments de physique et sur ce qu'il voyait à travers un
gros télescope établi au plus haut du toit de sa maison, il
rougissait, il bégayait, il se déconcertait, et le question-
neur s'éloignait en haussant les épaules, bien convaincu
que Ludwig n'était qu'un imbécile.

Cette conviction devint plus unanime encore dans Altona, lorsqu'on apprit que Ludwig Klopstock allait se
marier. Son mariage, en effet, devait paraître bien singulier, car la jeune fille que le pauvre savant épousait
était une orpheline de seize ans ; la mort de son père la
laissait abandonnée et sans la moindre ressource.

Malgré le persiflage de tous ceux qui eurent connaissance de son projet, Ludwig n'en conduisit pas moins à
l'autel sa fiancée.

Ebba prit la direction du ménage du savant, et bientôt
l'ordre et la propreté, qui se trouvaient bannis du logis
depuis longtemps, si jamais toutefois ils y étaient entrés,
fleurirent et donnèrent à ce logis désolé un air de fête et
de joie.

Ludwig lui-même parut dans la ville avec du linge
blanc, des bas sans trous et des vêtements que ne dia-
praient point des myriades de taches de toutes les couleurs. Son teint hâve et sa maigreur livide firent place

peu à peu à un embonpoint qui donnait à sa mine de la fraîcheur et de la gaieté. On le voyait encore, tous les soirs et bien avant dans la nuit, faire de longues promenades à travers la campagne ; mais, au lieu d'errer au hasard, il était guidé, ou plutôt conduit par Ebba. Les yeux dirigés vers la terre, tandis que son mari tenait les siens levés vers le ciel, elle le soutenait, en quelque sorte, comme les anges dont parle le psaume, pour que ses pieds ne se blessassent pas aux cailloux du chemin.

Peu à peu la taille d'Ebba s'arrondit, et, un matin, Ludwig, les yeux mouillés de larmes et assis près du chevet de sa femme, entendit un petit enfant jeter ce premier cri qui cause tant d'émotion à un cœur paternel. Dès lors, le savant se livra moins exclusivement à la science ; il oubliait jusqu'à son télescope pour bercer sur ses genoux le nouveau-né ; il épiait avec plus de patience et plus de bonheur le sourire de la petite créature que s'il se fût agi de surprendre la conjonction mystérieuse de deux étoiles.

L'enfant grandit : il était beau comme sa mère, et son large front promettait à Ludwig une puissante intelligence. Dire tout ce qu'il se formait de projets autour du berceau où dormait l'ange blanc ne saurait s'exprimer. Ebba le regardait sans cesse, et Ludwig s'embrouillait dans ses calculs au plus léger cri que l'enfant jetait de sa petite bouche rose. Hélas ! une nuit, la respiration de l'enfant s'entrecoupa, son regard s'alluma d'une flamme étrange, ses joues s'empourprèrent. Le croup était là ! Quand le jour se leva, il n'y avait plus sur le sein d'Ebba qu'un cadavre !

La pauvre mère pensa mourir elle-même. Mieux eût assurément valu que Dieu réunit dans la même tombe son corps au corps du petit garçon, comme il avait réuni leurs âmes au ciel. L'âme d'Ebba ne redescendit plus sur la terre. Son corps agissait au hasard; sa voix ne proférait que des mots sans suite. Elle était idiote.

Les amis de Ludwig l'engagèrent à envoyer sa femme dans un hospice d'aliénés, où, moyennant une modique pension, il se débarrasserait du tracas et du triste spectacle qu'occasionnait dans sa maison la présence d'une folle. A ces conseils, Ludwig s'indigna, et il persista à soigner l'insensée avec la tendresse et le dévouement qu'elle lui avait témoignés lorsqu'elle jouissait de sa raison. Il n'y avait plus d'études pour le savant; il prodiguait son intelligence, son temps, ses jours, ses nuits, à complaire aux caprices bizarres de la maniaque. On finit par croire qu'il devenait fou lui-même.

Rien ne découragea Ludwig pendant cinq années; rien ne ralentit son dévouement pour Ebba. Au bout de ce temps, une nouvelle épreuve le frappa. Le négociant de la rue Pallmail, chez lequel il avait placé son capital de huit cents livres de rente, fit banqueroute et s'enfuit. Cet événement laissa Klopstock sans autre ressource que le mince revenu de sa ferme d'Oltenzen. Cela aurait encore suffi, de reste, au savant; mais ces privations auraient atteint la pauvre Ebba : il résolut de se présenter pour obtenir une chaire d'astronomie qui se trouvait précisément vacante au collège d'Altona.

Que l'on se figure ce que dut éprouver d'angoisses, d'ennuis et de degoûts, un pauvre homme timide, qui ne sortait jamais de chez lui, qui n'avait que des relations rares et incomplètes avec deux ou trois amis, lorsqu'il lui fallut solliciter un emploi, exposer sa demande au bourgmestre et subir les dédains des conseillers. Personne ne prit en considération sa requète, et on fit venir un professeur de Drontheim. Quand Ludwig apprit cela, il vendit sa petite maison d'Altona et partit pour sa ferme d'Oltenzen, n'emportant que ses instruments de physique et son télescope. Ebba le suivit machinalement et sans savoir ce qu'elle faisait. Son âme, vous le savez, était toujours au ciel, près de son enfant.

La ferme de Ludwig s'élevait à Oltenzen près de l'église. De la fenêtre, il découvrait le tombeau de son oncle, qu'ombrageait un tilleul planté jadis par le grand poëte. Ludwig renvoya son fermier et se mit à cultiver ses terres avec plus d'intelligence et même de force que l'on n'eût pu en attendre de lui. Les paysans commencèrent à rire de ses tentatives et de ses innovations; ils finirent par les imiter. Le temps que Klopstock ne passait point à herser et à labourer, il le consacrait à l'étude. Le télescope s'empara du toit de la ferme de Ludwig. Ludwig ne dormait guère (car le sommeil est comme les amis, il ne prodigue ses faveurs qu'aux heureux), et passait les nuits à étudier les astres. Ebba, pendant ces veilles consacrées à admirer les merveilles célestes, appuyait sa tête sur les genoux du savant et s'engourdissait d'une torpeur sans rêves qui ressemblait à la mort.

Ludwig, d'ordinaire triste et rêveur, témoigna un matin, en descendant de son observatoire, une joie inusitée et pleine d'exaltation. Ebba eût retrouvé la raison que les manifestations de bonheur du savant n'eussent point été plus énergiques. Il employa six nuits à écrire une longue lettre dont il ne se montrait jamais satisfait; il la recommençait; il la notait, il consultait de nouveau son télescope... Enfin, le travail important achevé, il cacheta soigneusement son Mémoire et le mit à la poste d'Altona, après avoir eu la précaution de l'affranchir et d'en prendre un reçu à la poste. Le paquet était adressé au directeur de l'observatoire de Hambourg, et contenait la découverte de la révolution de Saturne en dix heures trente-deux minutes. Voici la réponse qu'il reçut :

« Si votre lettre n'est point une mystification, monsieur, vous arrivez un peu tard pour réclamer une découverte faite et publiée depuis quinze jours par M. Frédéric-Guillaume Herschell. »

A ce cruel désappointement qui lui enlevait toute la gloire qu'il avait rêvée pour son nom, Ludwig ne témoigna son chagrin que par le sourire triste qui lui était habituel.

Cependant, disons-le, cet homme obscur et timide se sentait dévoré par la soif de la célébrité. Il rêvait nuit et jour à se conquérir un nom. Il sentait en lui une force mystérieuse qui l'élevait au-dessus du vulgaire et qui n'avait besoin que de se manifester pour resplendir à jamais. Mais la misère et le malheur rendaient cette manifestation impossible. Lorsque, deux années après, il annonça qu'il était possible de solidifier l'acide carbonique, on ne voulut pas même lire son Mémoire, ni examiner les dessins qu'il y avait joints pour la construction de la machine nécessaire à l'exécution de l'expérience. L'Académie

de Hambourg se rappela la découverte tardive de la révolution de Saturne, et traita de rêverie la grande opération que devait inventer de nouveau, quelques années
plus tard, en France, Thilorier.

Plusieurs années s'écoulèrent sans que Ludwig sortît
de son village d'Oltenzen et fît de nouvelles tentatives
pour publier les résultats de ses études.

Un jour, tandis que l'aéronaute Bitorff, au milieu d'un
concours immense de spectateurs, s'apprêtait à partir de
Hambourg en ballon et à faire un voyage aérien, il vit
arriver près de lui un petit homme pauvrement vêtu d'un
grand habit noir râpé. Cet homme, sans préambule, lui
proposa de l'accompagner dans l'excursion qu'il allait
faire en ballon. Bitorff crut d'abord avoir affaire à un
fou ; mais, comme l'inconnu insistait et qu'il offrit même
plusieurs poignées d'or à l'aéronaute pour obtenir de lui
ce qu'il désirait, celui-ci finit par consentir, d'autant
plus volontiers que l'étrangeté de la proposition et du
débat excitait vivement la curiosité générale. Seulement,
en bon spéculateur qui voulait faire double recette, il déclara à Ludwig que son ascension avec lui n'aurait lieu
qu'à deux semaines de là, car le ballon, allégua-t-il, n'é-
tait point assez fort pour emporter deux voyageurs. Ludwig
consentit à ce retard, et reprit tranquillement et tout de
suite la route d'Oltenzen, d'où il revint au jour indiqué.

Pendant les deux semaines, on ne s'entretint à Hambourg que du projet de Ludwig Klopstock. On exhuma la
vieille histoire de la révolution de Saturne, découverte un
mois après la publication d'Herschell ; on fit mille plaisanteries bouffonnes, et jamais Bitorff n'avait réuni au-

tant de spectateurs qu'il en compta le jour où devait avoir lieu l'ascension de son compagnon de voyage. Ludwig, intimidé par cette cohue qui tenait les yeux fixés sur lui, s'approcha gauchement de la nacelle et faillit crever le ballon en le heurtant contre des instruments de physique dont il s'était chargé pour faire des expériences durant le trajet. A son grand regret, l'aéronaute l'obligea à laisser à terre une partie de ce bagage ; tous les deux prirent place, on lâcha les cordes et le ballon s'éleva rapidement comme un oiseau.

La première sensation de Ludwig, quand il se sentit emporter par la frêle machine, fut la terreur. L'abîme immense, béant sous ses pieds, serrait le front du savant et l'entourait de vertiges et de tourbillons. A cette commotion succéda une sorte de fascination perfide. Il se pencha vers la terre, attiré par une force mystérieuse, et il allait s'élancer quand son compagnon lui saisit le bras et le retint. Une fois arraché à ce péril, Ludwig revint tout à fait à son sang-froid, s'arma de résolution et se mit à regarder au-dessous de lui avec une liberté d'esprit dont ne pouvait s'étonner assez l'aéronaute. Rien ne saurait donner une idée des sensations qu'éprouvait le savant. A mesure qu'il s'éloignait de la terre, on aurait dit que son âme se séparait, se dégageait du limon originel, et s'affranchissait des liens de son corps. Un bien-être indicible le pénétrait de toutes parts ; une douce chaleur le vivifiait ; sa pensée s'exerçait avec puissance ; il oubliait toutes ses misères, toutes ses souffrances, toutes ses humiliations d'ici-bas. Il était enfin lui-même ! Autour de lui scintillait une sorte de lumière qui ressemblait à des reflets d'opale. Au-dessus de sa tête s'étendait l'immensité de l'azur du ciel. Sous ses pieds s'éloignaient la terre et l'horizon, qui se développait lentement et de plus en plus. Les rivières présentaient à la fois leurs sinuosités; les habitations et les villas semblaient sortir du sein de la terre; la mer s'étendait au loin comme une vaste draperie de soie, agitée par les vents; les champs montraient leurs écussons d'or, écartelés de verdure et de pourpre; les forêts, de leur manteau sombre, couvraient de vastes étendues; les hommes n'étaient plus que des petits points qui se mouvaient çà et là, vaine et imperceptible poussière! Et puis aucun bruit, aucun mouvement, autour des voyageurs aériens! Un silence profond, absolu! non ce silence morne et sombre des solitudes humaines, mais un silence pour ainsi dire mélodieux. Il leur semblait que les harmonies lointaines des mondes célestes allaient arriver jusqu'à leurs oreilles terrestres.

Pendant que Ludwig se recueillait dans ces impressions nouvelles et sublimes, Bitorff, familiarisé avec elles, dirigeait l'aérostat et se livrait à diverses expériences dont il avait réglé le programme avec son compagnon avant de quitter la terre. Quand ses calculs lui eurent appris qu'ils se trouvaient à six cents mètres, il le dit à Ludwig : celui-ci tressaillit, car la voix de l'aéronaute éclatait avec une puissance surnaturelle et n'avait plus rien d'humain. Cependant l'atmosphère commençait à se refroidir. Au bien-être ineffable qu'éprouvait Klopstok succédèrent peu à peu le malaise et les étreintes que l'on éprouve par un temps de vive gelée. La voix de Bitorff perdit sa vibration merveilleuse; des bourdonnements commencèrent à assourdir leurs oreilles : ils étaient à douze cents mètres.

Dix minutes après, Ludwig crut distinguer un murmure presque inintelligible. Il voulut demander à Bitorff si ce dernier ne venait point de lui adresser la parole. A sa grande surprise, il n'entendit point sa propre voix, et il lui fallut de grands efforts qui fatiguaient sa poitrine et son gosier pour proférer sa question.

« Nous sommes à deux mille mètres au-dessus de la terre, parvint enfin à faire comprendre Bitorff. La dilatation du gaz hydrogène contenu dans le ballon et qui s'est développé à mesure que nous quittions le sol, a pris maintenant une telle extension, que je suis obligé d'ouvrir la soupape. Sans cela l'enveloppe de notre véhicule éclaterait brisée par ses efforts. »

Cependant, un voile épais, semblable à un des brouillards lourds qui parfois, aux temps de dégel, obscurcissent de leur suaire infect toute une ville, se répandait sur la terre et finit par la dérober tout à fait aux yeux des voyageurs. Bientôt de sourds rugissements grondèrent au loin sous le ballon. Il éclata des bruits terribles. De larges éclairs jetèrent leurs ailes de feu à travers ce chaos. Les serpents flamboyants de la foudre s'élancèrent de toutes parts. C'était quelque chose d'effroyable que cette révolution des éléments, vue et entendue par deux hommes que seul soutenait dans l'espace un frêle morceau de taffetas gonflé par un peu d'hydrogène. Bitorff sentit la crainte gagner son cœur, Ludwig éprouvait une sorte de joie sauvage. Il riait d'un rire étrange ; il battait des mains ; il s'agitait. On eût dit l'esprit des tempêtes au milieu de ses triomphes maudits !

Le ballon montait toujours, toujours, par un mouvement régulier et complétement imperceptible pour ceux qu'il enlevait. L'orage finit par ne plus être qu'un point noir et muet sous leurs pieds. Ce point peu à peu se dissipa et disparut; la terre se remontra, mais confuse. On distinguait encore, avec une grande attention, les routes, semblables à des fils noirâtres, et les rivières comme des cheveux d'argent et d'or. Au-dessus des aéronautes, le ciel resplendissait d'une sérénité dont on ne peut avoir d'idée, même sur les plus hautes montagnes. Son azur prit une teinte sombre foncée, et qui se dégradait ensuite vers les parties inférieures, en teintes verdâtres.

« Quatre mille mètres ! » cria à son compagnon, transi par un froid violent, Bitorff, dont la voix commençait à reprendre de la force.

Cette voix éclatait en vibrations assourdissantes, lorsqu'un quart d'heure après il annonça :

« Six mille mètres ! »

On ne voyait plus sur la terre que de grandes masses. Bitorff jeta dans l'espace deux oiseaux qu'il avait emportés dans son ballon. Les pauvres bêtes étendirent les ailes pour prendre leur volée, mais elles tombèrent comme une lourde masse de plomb : l'air trop raréfié ne pouvait pas leur donner d'appui. La respiration de Ludwig devenait plus difficile; sa poitrine s'oppressait, le froid le glaçait; et cependant il se sentait excité par une agitation fébrile. Son cœur battait vite, sa respiration se hâtait. Les deux oiseaux et un lapin qui restaient encore dans la nacelle furent pris du râle et ne tardèrent point à mourir faute d'air viable.

« Huit mille mètres, » dit Bitorff.

Sa voix était redevenue sourde, et, d'un geste, il montra à Ludwig qu'il ne restait plus rien sous leurs pieds. La terre et les nuages avaient disparu; l'immensité de l'espace entourait de toutes parts le ballon. Quant au froid, il était intolérable. Leur respiration anhélante pouvait suffire à peine à la conservation de la chaleur animale. Le sang jaillissait des yeux, des narines et des oreilles des deux audacieux; leurs paroles ne s'entendaient plus. Le ballon, seul objet qui restât à leur vue, semblait près de s'anéantir, tant le gaz hydrogène s'en échappait impétueusement. Au-dessous d'eux, le bleu du ciel; au-dessus, des ténèbres étranges et inconnues, à travers lesquelles les astres jetaient une lueur dépouillée de scintillement et qui avait quelque chose de funèbre. Là finissait la nature physique. Là se trouvaient les barrières imposées par Dieu à l'audace de l'homme.

Le gaz se condensa et le ballon cessa de monter.

« Maître, dit Bitorff à Klopstock; si nous ne voulons pas mourir, hâtons-nous de descendre vers la terre ! Vous le voyez, la main divine a écrit ici en lettres terribles : « Tu n'iras point au delà... » Mais que faites-vous? perdez-vous la raison? Eh quoi ! vous jetez notre lest ! vous quittez vos vêtements !

— C'est que je veux aller au delà ! s'écria Ludwig avec enthousiasme. Oui, je veux franchir ces barrières imposées à l'homme. Voyez ! le ballon, débarrassé de tout lest, monte encore; brisons la nacelle, attachons-nous aux cordages du filet, et gagnons le ciel ! »

Il commençait à mettre à exécution ce projet; Bitorff

se précipita vers la soupape et l'ouvrit, malgré les efforts
et le désespoir de son compagnon. Le ballon descendit,
l'air devint moins froid à mesure qu'arrivaient des atmo-
sphères moins élevées. La. terre reparut d'abord sous
l'aspect d'une masse grisâtre et indistincte ; puis elle reprit peu à peu une forme précise. Ses rivières et ses chemins se dessinèrent, les détails reparurent, les hommes
et les animaux grandirent, et le ballon toucha enfin le sol
à deux lieues environ de Hambourg. Bitorff éclatait en
transports de joie ; Ludwig Klopstock pleurait de rage
et de désappointement.

« Nous aurions franchi les ténèbres de l'infini ! répéta-
t-il à son compagnon.

— Nous aurions péri ! » répliquait ce dernier.

Ludwig, sans prêter la plus légère attention aux transports de la foule qui entourait les deux courageux voyageurs et leur prodiguait des applaudissements, sans répondre aux membres de l'Académie de Hambourg, qui le
suppliaient de rédiger un mémoire sur ce qu'il avait ob-
servé et éprouvé, sans même serrer la main à son compagnon de périls, s'éloigna silencieux, remonta à cheval
et regagna sans s'arrêter la ville d'Altona. Là, il fit de
grands achats de toiles gommées, chargea ses emplètes
sur la croupe de son cheval, et s'enferma dans sa petite
maison d'Oltenzen, dont il ne sortit point durant un mois
entier. Personne ne put arriver à lui tant que dura cette
retraite ; personne, ni les garçons de la ferme, ni une dé-
putation de l'Académie de Hambourg, ni même le pasteur
du village. Il ne daigna pas leur répondre même à travers
la porte, qu'il refusa d'ouvrir. Sans la promenade qu'il

faisait avec sa femme vers la nuit tombante, sans quelques achats d'aliments, on l'eût cru mort dans sa maison.

Je n'ai pas besoin de vous dire que cette mystérieuse retraite donna lieu à beaucoup d'étranges suppositions. Les uns voulaient que Ludwig eût perdu la raison dans son excursion aérienne ; les autres, qu'il se livrât à une œuvre de magie. Cette dernière croyance n'était pas tout à fait invraisemblable, car on finit par apprendre que Klopstock construisait une machine de forme étrange, qui ressemblait à un poisson, armée de grandes rames semblables à des nageoires ; elles se mouvaient au moyen d'une combinaison de rouages à la fois simple et admirable. On en put juger lorsqu'un matin les habitants d'Oltenzen aperçurent dans les airs Ludwig assis sur ce gros poisson, et qui le manœuvrait plus aisément qu'un cavalier ne maîtrise un cheval docile. Malgré la violence des vents opposés, il le menait à droite, à gauche, devant, derrière, en haut, en bas. Il finit par redescendre dans sa cour, tellement étroite cependant, que les deux bouts de la machine en touchaient les extrémités.

Le pasteur, homme instruit, dans son admiration et au risque d'être indiscret, alla frapper à la porte de Klopstock, et le supplia si vivement d'ouvrir, que le savant se laissa émouvoir. Il introduisit le prêtre dans sa cour. Du premier coup d'œil il était aisé de voir que Ludwig avait trouvé le secret de diriger les ballons.

« Mon ami, s'écria le ministre, votre nom est immortel ! L'univers entier va le répéter avec enthousiasme ! Quelle gloire sera la vôtre !

— La terre ! la gloire ! répéta Ludwig d'un air dédaigneux. Que m'importe? C'est le ciel que je veux ! A huit mille mètres, nul n'a pu s'élever ; j'irai à vingt mille ! j'irai à deux cent mille ! j'irai près des astres, moi ! j'irai dans les astres ! j'irai au delà ! j'étudierai la nature. L'immensité et l'inconnu m'appartiennent. J'ai trouvé le moyen de diriger mon aérostat. C'était là un problème facile à résoudre. Mais j'ai fait mieux. Le gaz hydrogène que contient ma machine maintenant se dilate ou se concentre à mon gré, sans déperdition. Ces outres contiennent les moyens de me procurer de l'air vital, même là où il devient impossible de respirer. Le froid lui-même, je l'ai vaincu; il ne pourra rien sur moi ! »

Le pasteur restait anéanti devant tant de génie et de démence à la fois.

« Adieu, reprit Ludwig, voici mon testament. Si j'échoue dans mon entreprise, ou si je ne daigne plus revenir sur la terre, je vous lègue le soin de veiller sur cette pauvre femme. Adieu ! »

Sans écouter les remontrances du digne ecclésiastique, il monta dans son ballon et il allait s'enlever, quand tout à coup Ebba, qui le regardait faire d'un œil hagard, courut à lui, se cramponna à la machine et s'écria :

« Pas te quitter ! pas te quitter !

— Tu as raison, dit le savant après un moment de réflexion. Viens ! tu partageras ma fortune et mon bonheur ! »

Il l'a prit ; il l'assit près de lui; il salua le pasteur et s'envola dans les airs.

Le ministre le vit quelque temps manœuvrer avec aisance sa machine, qui finit par s'élever rapidement et qui n'apparut bientôt plus que comme un point noir qui se confondit peu à peu avec l'azur du ciel.

Le digne ecclésiastique attendit avec une grande anxiété le retour de Ludwig Klopstock.

Ludwig Klopstock ne revint jamais.

UNE HISTOIRE DE MADAME SAQUI

Il y a quelque quarante ans, — hélas ! j'ai des souvenirs de quarante ans ! — il se trouvait, boulevard du Temple, le plus étrange salon que l'imagination puisse rêver. Garni de meubles en acajou, roides, incommodes et rehaussés d'ornements en cuivre, comme tous ceux qu'on fabriquait sous l'Empire, ce salon avait pour parquet une série de grosses cordes, tendues à l'aide de petits chevalets. Quand un laquais, en livrée rouge et or, annonçait un visiteur, il plaçait sur ces cordes, en guise de pont, de larges planches, à l'aide desquelles on arrivait jusqu'à la maîtresse de la maison. Celle-ci dédaignait, comme trop vulgaire, un moyen, ce me semble, pourtant fort original de marcher. Les pieds dans des chaussons de danseuse, elle voltigeait de corde en corde, sautait, bondissait, prenait des attitudes et battait des entrechats, tout en causant avec ceux qu'elle recevait.

C'était du reste une excellente femme, charitable comme saint Vincent de Paul lui-même; si charitable, que, devenue plus pauvre que ses pauvres, vous l'avez vue, à l'Hippodrome, il y a peu d'années, vêtue en pèlerin, et, malgré ses quatre-vingts années, gravissant sur la corde roide jusqu'au sommet d'un mât haut de quatre-vingts pieds.

Je vous ai nommé madame Saqui.

Madame Saqui avait beaucoup vu, et par conséquent beaucoup retenu, comme le pigeon de la Fontaine. Elle contait à merveille, et, malgré ses gammes sur les cordes de son salon, on ne pouvait se lasser de l'entendre évoquer les souvenirs de sa longue carrière. Elle avait dansé devant l'empereur Napoléon et devant les impératrices Joséphine et Marie-Louise. L'empereur Alexandre et le farouche Constantin, Louis XVIII et Charles X, tous les souverains, princes et célébrités de l'Europe avaient levé la tête en l'air pour admirer le talent de l'illustre funambule. Puis ensuite une stupide nouveauté était venue frapper à mort ce grand art de l'acrobate, qui datait de l'antiquité. Comme madame Saqui le disait, « le cheval avait tué la corde. » Vers le commencement de la Restauration, le public se passionna pour ce cheval qui tourne éternellement dans un cirque étroit et sur le dos duquel cabriole un clown ou un saltimbanque. On rit au nez des danseurs de corde; on n'en voulut plus même en province, et madame Saqui dut céder pour toujours se place à Auriol.

Si bien que la chute de la danse de corde d'une part, de l'autre une noble et imprudente charité, et par-dessus tout la vieillesse, ruinèrent la pauvre femme et la réduisirent à vendre sa maison et son « salon d'étude, » comme elle l'appelait.

Aujourd'hui elle repose dans le sein de Dieu, au pied du divin Législateur qui prescrit avant tout de donner à manger à ceux qui ont faim et de vêtir ceux qui sont nus ! Lui seul connaît les innombrables créatures qu'elle a rassasiées et souvent couvertes de ses propres vêtements !

Parmi les récits que la digne femme aimait à répéter et que les habitués de son salon n'écoutaient qu'en hochant la tête et en murmurant tout bas le mot de hâblerie, il en est un que je n'ai pas oublié, malgré les quarante ans qui se sont écoulés depuis que je l'ai entendu pour la première fois. Peut-être, je me garde bien toutefois de l'affirmer, se rattachait-il pour madame Saqui un souvenir personnel à ce petit roman.

La scène se passait en Allemagne, dans une baraque de saltimbanques, par un froid de sept à huit degrés. La danse de corde, la danse des œufs, la pyramide humaine, la pantomime, rien n'avait pu amener le public sous la glaciale tente de toile qui servait de salle de spectacle aux pauvres bohémiens. La neige renfermait au plus profond de leurs logis les bourgeois de la petite ville. Ni les parades et leur musique tapageuse, ni des tableaux de huit pieds carrés où se trouvaient peints les exercices de la troupe, ne parvenaient à procurer des recettes même de quelques kreutzers. Il fallait donc passer la nuit entre les murs de toile de la loge, le ventre creux, en plein vent, et littéralement à la belle étoile; car, par le froid qui sévissait, les étoiles brillaient à qui mieux mieux ! Il y avait donc là, serrés les nus contre les autres, affamés et à demi gelés, des hommes, des femmes, des vieillards et une enfant, une petite fille de huit ans !

Un vieux savant, un physicien, alors et à présent encore complétement inconnu de l'Allemagne, vit un soir, du haut de son laboratoire, le navrant spectacle de l'intérieur de la baraque : la petite fille surtout l'émut.

Il descendit aussitôt, alla trouver ses malheureux voisins et les invita à souper.

Ai-je besoin de vous dire avec quelle reconnaissance ils acceptèrent et avec quel appétit ils dévorèrent un bon repas bien substantiel, et servi devant une grande cheminée, où flamboyaient, dans une grille gigantesque, d'énormes morceaux de houille? Une bouteille d'eau-de-vie acheva de rendre même de la gaieté à ces êtres insouciants, habitués à vivre à la grâce de Dieu, comme les petits oiseaux dont parle l'Évangile.

« Écoutez-moi, dit leur hôte, quand il les vit repus et souriants. Ma bourse manque de rondeur, et je trouverais bien difficilement un écu d'or dans son ventre flasque. Comme vous le voyez, je ne puis vous donner à dîner demain, mais je m'invite à souper chez vous. »

Les pauvres gens se regardèrent avec terreur.

« Je le répète, demain vous me donnerez à souper, et un bon souper encore! car votre caisse — si vous en avez une — sera lourde et remplie jusqu'au bord ! Pour cela, il vous suffira d'exécuter ce que je vais vous dire. On se moque de moi dans la ville, on m'appelle le sorcier et le fou... Fou, non ! sorcier, peut-être. Je veux que pas mal de l'argent de ces goguenards passe de leur poche dans la vôtre. Annoncez donc que, demain soir, cette petite fille — et il montrait l'enfant de huit ans, pâle et pensive comme la Mignon de Gœthe, — annoncez, dis-je, que cette enfant, demain, plongera ses mains dans du plomb bouillant, dans de l'eau bouillante, dans de la graisse bouillante, et qu'elle les retirera saines et sauves. »

Cette fois, ils se regardèrent avec terreur, car ils pensaient, comme les bourgeois de la ville, avoir affaire à un fou ou à un sorcier.

« Me croyez-vous assez misérable pour songer à faire mal à un enfant, moi qui pleure depuis vingt ans ma fille unique retournée au ciel à l'âge de cette petite fille? Je vous jure que je tiendrai fidèlement ma promesse. Je ne vous demande, et pour un jour seulement, qu'un de vos costumes, une perruque, un faux nez, et des lunettes qui me déguisent. Je veux surveiller moi-même, la première fois, les opérations fatidiques.

La petite fille suivait du regard tous les mouvements du vieillard et l'écoutait en silence.

« Je ferai demain comme tu le veux, dit-elle en l'embrassant. Je le ferai, parce que tu es bon et que je t'aime. »

Il essuya une larme, prit l'enfant sur ses genoux et but un grand verre d'eau-de-vie pour maîtriser son émotion.

« As-tu encore ta mère? demanda-t-il quand il put parler.

— Non, répondit l'enfant, je suis orpheline, recueillie par charité.

— Écoute-moi donc bien, reprit-il ; le secret que je te donne, je ne le donne qu'à toi seule. Demain je te remettrai une boite de dragées; elle en contiendra plus de mille. J'y joindrai deux bouteilles, chacune pleine d'un certain liquide que moi seul connais. Chaque fois que tu suivras religieusement les conseils que je te donnerai, tu n'auras rien à craindre ni du plomb fondu, ni de la graisse en ébullition, ni de l'eau bouillante. Cependant, si ces bonnes gens qui te servent de famille se livraient à de mauvais traitements envers toi, s'ils ne mettaient point de côté un cinquième de leur recette pour te faire peu à peu une petite dot, tu perdrais à jamais le pouvoir mystérieux et surnaturel que je te donne... Et maintenant, mes amis, bonsoir! Vous pouvez passer la nuit dans cette chambre bien chaude. Demain, avant le jour, retirez-vous sans bruit, et une fois dehors, annoncez à grand fracas de trompettes, de grosse caisse et de tambour, le spectacle de la fille incombustible.

L'annonce faite avec tout le fracas possible et les affiches placées dans les divers quartiers de la ville produisirent leur effet et remplirent, le soir, jusqu'au moindre recoin de la baraque de toile.

A la fin du spectacle, la petite fille, les bras nus jusqu'à l'épaule s'avança d'un pas délibéré vers trois chaudrons en fer, et remplis jusqu'aux bords, l'un d'eau, l'autre de graisse, le troisième de plomb. Dès l'arrivée des premiers spectateurs, on avait allumé sous ces chaudrons un feu violent, constamment alimenté et attisé.

La petite fille jeta un regard confiant sur le vieillard déguisé, qui l'accompagnait, puis, sans hésiter, elle plongea vivement ses mains dans l'eau bouillante, et les en retira intactes, blanches, et sans que ce terrible bain les eût mouillées. Je vous laisse à juger de l'admiration et de l'émotion générales !

Fière de son triomphe, elle sortit quelques instants en compagnie de son protecteur, reparut et recommença avec la graisse en ébullition. Ensuite, sans quitter la place, elle frappa ses mains sous ses aisselles, à la manière des cochers, et pour se réchauffer comme eux, disait-elle gentiment, car cette double immersion lui avait fait froid.

Et elle attaqua résolûment le plomb.

Un mois après, les saltimbanques quittaient la ville, aussi riches qu'ils y étaient arrivés pauvres, et la petite fille, vêtue d'un bon et chaud vêtement d'hiver, vint prendre congé de son bienfaiteur.

« Quand tu n'auras plus de bonbons ni de liqueur, lui dit-il, écris-moi, je t'en enverrai. Et vous autres, mes amis, ajouta-t-il en se tournant vers les bateleurs, souvenez-vous bien qu'un seul coup donné méchamment à cette enfant, qu'une seule infraction aux conditions que je vous ai prescrites pour elle feraient évanouir à jamais le pouvoir qui doit vous rendre riches en peu d'années. »

Deux fois la petite fille, qui parcourait triomphalement l'Allemagne, écrivit au savant et en reçut une nouvelle provision d'eau et de bonbons. Une troisième lettre resta sans réponse. Le savant était mort et son secret avec lui.

Son secret ! il n'en avait pas.

Les bonbons étaient de simples et vulgaires pastilles de chocolat.

Une des bouteilles ne renfermait que de l'eau ordinaire, puisée à la première fontaine venue ; l'autre bouteille contenait de l'éther sulfurique.

Depuis longtemps, M. Boutigny, d'Évreux, l'a démontré à l'Académie des sciences, et aujourd'hui il le démontre encore de nouveau dans la troisième édition de ses *Études sur les corps. à l'état sphéroïdal*, le premier venu peut impunément renouveler les expériences qui firent la fortune de la petite saltimbanque.

Dans la préface de ce livre, il raconte de quelle façon il a été amené à une découverte qui ouvre de nouvelles voies à la physique: c'est encore un petit roman.

Il se servait d'éther, et il jeta par hasard un peu de ce liquide dans sa cheminée, sur des charbons encore chauds. Une belle lueur bleue s'échappait des charbons chaque fois que l'éther les touchait : cette lueur n'offrait rien de commun avec la flamme ordinaire. La curiosité du chimiste se mit en éveil. Il fit chauffer légèrement un creuset de platine et y versa quelques gouttes d'alcool qui s'y arrondirent sans mouiller le creuset. Le creuset, dans l'obscurité, laissa voir ensuite de belles vapeurs bleues. A l'aide du papier de tournesol, M. Boutigny constata que la température intérieure du creuset était très-élevée, et que celle des petits sphéroïdes restait très-basse ; le contact de ce creuset brûlait le papier, sauf l'extrémité plongée dans le sphéroïde ; seulement, cette extrémité virait au rouge.

De ces faits M. Boutigny finit par conclure « qu'un corps projeté sur une surface chaude est à l'état sphéroïdal quand il revêt la forme arrondie, et qu'il se maintient sur cette surface au delà du rayon de sa sphère d'activité physique et chimique ; alors il réfléchit le calorique rayonnant, et ses molécules sont, quant à la chaleur, dans

un état d'équilibre stable, c'est-à-dire à une température invariable, ou qui ne varie que dans des limites
très-étroites, celle de la surface primitivement chaude
pouvant s'élever indéfiniment. »

Cette définition, que nous voudrions plus claire et
plus courte, est basée sur les propriétés caractéristiques
et fondamentales que voici :

1° La forme arrondie que prend la matière sur une
surface chauffée à une certaine température ;

2° Le fait de la distance permanente qui existe entre
le corps à l'état sphéroïdal et le corps spéroïdalisant ;

3° La propriété de réfléchir le calorique rayonnant ;

4° La suspension de l'action chimique ;

5° La fixité de la température des corps à l'état sphéroïdal.

Il suffit, pour plonger la main dans un métal en fusion, d'y amener une légère couche de transpiration : ce
que la petite saltimbanque faisait en se frappant les mains
à la manière des cochers. Pendant la rapide expérience,
la transpiration passe à l'état sphéroïdal, écarte le métal
et isole la main ; il n'y a donc point de contact entre
cette main et la matière incandescente.

« J'ai plongé, dit M. Boutigny, j'ai plongé un doigt ou
les mains à plusieurs reprises dans une poche pleine de
fonte incandescente, effrayante à voir ; j'ai répété cette
expérience avec de l'argent, du bronze et du plomb, et
le résultat a été de tout point identique ; même sensation
et point de brûlure. »

Et il ajoute : « En se mouillant le doigt avec de l'éther
avant de le plonger dans du plomb fondu, on éprouve

une sensation de froid. En se mouillant le doigt avec de l'eau, on peut le plonger impunément dans du suif à 300 degrés. On peut le plonger également dans de l'eau bouillante après l'avoir mouillé dans l'éther.

« M. Cowlet, ayant pris l'initiative, nous avons coupé des jets de fonte avec les doigts, nous avons plongé les mains dans des moules et dans des creusets remplis de la fonte qui venait de couler d'un wilkinson, et dont le rayonnement était même insupportable à une assez grande distance. Nous avons varié les expériences pendant plus de deux heures. Madame Cowlet, qui y assistait, permit à sa fille, enfant de huit à dix ans, de mettre la main dans un creuset plein de fonte incandescente. Cet essai fut fait impunément... Dans la fonte, chacun de nous a encore éprouvé une sensation de froid en se servant d'acide sulfureux. »

Un liquide qui bout se refroidit en passant à l'état sphéroïdal dans une capsule incandescente ; le mercure s'y solidifie. On remplit d'eau un vase rougi sans qu'il se mouille, et on fait bouillir cette eau en refroidissant le vase; on plonge dans l'eau froide un œuf d'argent, rouge de feu, et tant que l'eau ne s'échauffe pas, l'œuf n'y perd rien de son incandescence. C'est l'établissement, puis la cessation de l'état spéroïdal formé dans l'intérieur des chaudières encroûtées des machines à vapeur, qui cause les explosions.

Tels sont les faits qui se déduisent de l'état sphéroïdal, et qu'on trouve à chaque page dans le livre en question.

Citons, pour terminer, deux des expériences dont nous

venons de parler : d'abord, la formation de la glace dans un fourneau chauffé à blanc :

« On fait chauffer à blanc le moufle d'un fourneau ; on y fait rougir une capsule de platine dans laquelle on verse quelques grammes d'acide sulfureux anhydre, puis on repousse la capsule au fond du moufle, dont on ferme l'ouverture en se ménageant un petit espace pour observer l'acide sulfureux et livrer passage à l'air.

« Si le temps est humide, l'eau hygroscopique va se congeler dans l'acide sulfureux au fond du moufle, et, finalement, on *retire de la capsule un petit glaçon d'un froid brûlant.* »

Voici la légende de la solidification du mercure :

« On fait rougir un creuset de platine ; on le maintient à cette haute température, on y introduit de l'éther, puis de l'acide carbonique, et enfin on plonge dans le métal, à l'état sphéroïdal, une capsule métallique contenant environ 31 grammes de mercure. Le mercure s'y solidifie en moins de trois secondes. »

Nous pourrions multiplier nos citations et énumérer encore bien d'autres merveilles du même genre ; elles foisonnent dans les *Études sur les corps à l'état sphéroïdal*. Nous n'irons pas plus loin, satisfaits que nous sommes d'avoir pu, science en mains, attester la véracité d'une pauvre femme qu'on accusait d'inventer plutôt que de raconter. Sa légende merveilleuse est aujourd'hui démontrée littéralement exacte, grâce aux progrès de la physique. L'Institut donne raison pleine et entière à la saltimbanque, et réduit au silence les incrédules qui la raillaient.

Où diable la vérité scientifique va-t-elle se nicher? et devait-on s'attendre à trouver l'Institut en cette affaire. Mais comme dit Montaigne : « Tout se touche en ce monde, petit et grand , clair et obscur, net et confus! »

UN COIN DE LA SCIENCE DU MOYEN AGE

Écoutez de toutes vos oreilles ! Voici la manière de fabriquer la pierre philosophale, c'est-à-dire une substance qui donne les moyens de prolonger la vie au delà des bornes naturelles, de se guérir de toutes les maladies, et de transmuer en or et en diamant les métaux quels qu'ils soient.

Arnaud de Villeneuve, célèbre alchimiste du quatorzième siècle, fabriqua de l'or devant le roi Frédéric de Sicile, devant Jacques II, roi d'Aragon, devant Robert, roi de Naples, devant le pape Clément V, et devant le roi de France Philippe le Bel.

Il professa même publiquement, à Paris, la science hermétique, la théologie, la nécromancie et l'astrologie judiciaire. Il parlait l'hébreu, l'arabe, le latin, le grec et à peu près toutes les langues vivantes de l'Europe. Il prédit deux fois la fin du monde, d'abord pour l'année 1335, car, disait-il, il devait y avoir conjonction de trois planètes dans le signe du Verseau ; puis ensuite pour l'année 1464, où Saturne et Jupiter se heurteraient dans le signe des Poissons. Deux fois, à près d'un siècle de distance, l'Europe épouvantée par la sinistre catastrophe qu'annonçait le plus illustre savant connu, s'alarma et se disposa à mourir. Rassurée de ses terreurs, elle n'en perdit pas néanmoins sa foi en l'astrologie.

Quant à la pierre philosophale, personne, malgré le double démenti donné à la science d'Arnaud, ne mit en doute sa réalité, voici comment l'alchimiste enseigne l'art de la faire :

« Dieu, dit-il, a voulu, comme il inspire qui lui plaît, me révéler l'excellent secret des philosophes, quoique je ne le méritasse pas. Cache, ami lecteur, ce livre dans ton sein, et ne le mets pas entre les mains des impies, car il renferme tout le secret des philosophes. Il ne faut pas jeter cette perle aux pourceaux, car c'est un don de Dieu. Celui qui révèle ce secret est maudit et meurt d'apoplexie. »

Au risque de mourir d'apoplexie, je vais vous le révéler textuellement :

« Sache, mon fils, que dans ce chapitre je vais t'apprendre la préparation de la pierre philosophale.

« Comme le monde a été perdu par la femme, il faut aussi qu'il soit rétabli par elle. Par cette raison, prends la mère, placé-la avec ses huit fils dans son lit ; surveille-la ; qu'elle fasse une stricte pénitence jusqu'à ce qu'elle soit lavée de tous ses péchés. Alors elle mettra au

monde un fils qui péchera. Des signes ont apparu dans le
soleil et dans la lune : saisis-ce fils et châtie-le afin que
l'orgueil ne le perde pas. Cela fait, replace-le en son lit,
et lorsque tu lui verras reprendre ses sens, tu le saisiras
de nouveau pour le doner à crucifier aux juifs. Le soleil
étant ainsi crucifié, on ne verra point la lune, le rideau
du temple se déchirera et il y aura un grand tremblement de terre. Alors il est temps d'employer un grand
feu, et l'on verra s'élever un esprit sur lequel tout le
monde s'est trompé. »

Toutefois, n'allez pas croire que ce pathos n'ait pas de
sens, et qu'il n'enseigne pas des procédés réalisables et
intelligibles, même de nos jours. M. Tamburin a eu la
patience de rechercher et le talent de trouver ce sens.

Voici comment il traduit la recette d'Arnaud de Villeneuve :

« *Prends la mère, place-la avec ses huit fils dans son lit.*

« Prends la mère, c'est-à-dire prends du mercure (*ma-
ter metallorum*), place-la dans son *lit* (creuset), avec ses
huit fils : Saturne ou le plomb, le Bélier ou l'antimoine,
Mars ou le fer, le Diable des métaux ou l'étain, le Volatile pur ou l'ammoniac, le Menganèse, et le sel marin.

« *Surveille-la, qu'elle fasse stricte pénitence jusqu'à ce
qu'elle soit lavée de tous ses péchés.*

« Ne perds pas de vue ton creuset jusqu'à ce que la
fusion soit complète.

« *Alors, elle mettra au monde un fils qui péchera.*

« La masse prendra vers les parties supérieures une
couleur jaune prononcée, mélange d'oxyde plombique
et de chlorure d'oxyde plombique.

« Voilà ce fils qui péchera, c'est-à-dire de l'or qu'il reste à purifier.

« Des signes ont apparu dans le soleil et dans la lune. »

L'or était désigné par les alchimistes sous la dénomination de soleil, et l'argent sous celui de la lune ; en effet, dans l'opération il s'est montré de la couleur de l'or, et l'antimoine en fusion a le reflet et la fulguration de l'argent.

« Saisis le fils et châtie-le, afin que l'orgueil ne le perde pas.

« Retire le fils (l'or) du creuset ; il ne s'agit pas de s'enorgueillir de ces apparences de l'or, car il pourrait disparaître par une fausse manière d'opérer ; retire cette gangue ; il faut la battre, la boccarder.

« Cela fait, replace-le dans son lit.

« Dans son creuset.

« Et lorsque tu lui verras reprendre ses sens.

« Qu'il sera de nouveau en fusion.

« Tu le saisiras de nouveau pour le donner à crucifier aux juifs.

« Tu le traiteras par le nitre et le charbon (flux noir).

« Le soleil étant ainsi crucifié (réduit), *on ne verra plus la lune, le rideau du temple se déchirera et il y aura un grand tremblement de terre.*

« Il y aura une vive déflagration, un grand sursaut se fera sentir dans le creuset, et le rideau du temple, la croûte métallique (*le caput mortuum*) qui recouvrira la masse du creuset, sera déchiré, renversé, projeté au dehors.

« Alors il est temps d'employer grand feu, et l'on verra

s'élever un esprit,—sur lequel tout le monde s'est trompé.

« C'est-à-dire que l'étain et le plomb s'enflammeront comme de la tourbe, et que l'antimoine se volatilisera avec une lumière blanche et scintillante. »

C'est cet esprit qui retenait le soleil (l'or) dont ce dernier se trouve dégagé, et qui forme dès lors, au fond du creuset, un culot métallique d'or pur.

Si cette recette ne vous convient pas et ne vous donne point le fameux culot métallique d'or pur, voici une autre recette du même Arnaud :

« Prends trois parties de limaille d'argent pur; triture-les avec une partie de mercure jusqu'à ce qu'il en résulte une matière pâteuse ; fais digérer avec un mélange de vinaigre et de sel, et sublime le tout. »

Cette fois, vous êtes sûr de votre affaire ; vous obtiendrez tant que vous voudrez du bichlorure de mercure.

J'en suis fâché pour Arnaud de Villeneuve, mais nonobstant la protection du pape Clément V et de tant de rois, ce n'était qu'un indigne charlatan qui faisait, à l'exemple de ses confrères, dissoudre de l'or dans du mercure, et qui, par des tours de passe-passe, des *trucs*, comme l'on dit aujourd'hui, parvenait à tromper les niais qui croyaient à sa science menteuse, et se laissaient prendre à sa hâblerie effrontée.

Cependant on doit à Arnaud, sinon la découverte, du moins l'introduction en Europe de l'alcool, de l'*aqua vitæ*.

L'eau-de-vie, ainsi que son nom l'indique, fut longtemps réputée comme un des remèdes les plus héroïques. Charles le Mauvais, épuisé par la fatigue et les excès, se faisait chaque soir coudre dans un drap imbibé de cette liqueur

sans pareille, et mourut brûlé vif, par l'imprudence
d'une femme qui, au lieu de couper le fil avec lequel
elle cousait le linceul, l'approcha de la flamme d'une tor-
chère.

De la chimie, passons à la botanique et à la médecine
du quatorzième siècle.

« A la Maguelonne, près Aigues-Mortes, il y naît beaucoup d'herbes de mer et d'étang et beaucoup d'autres
menues herbes. Et quelques-unes sont abondamment
cueillies, parce qu'on dit qu'elles sont médicinales.

L'an 1325, M. Sicard de Baupuys, homme expert en
choses difficiles, prevost de Maguelonne, s'était spécialement occupé de la cueillette et de l'étude de ces herbes
susdites. Quand M. ledit prevost habitait Maguelonne, il
marchait toujours avec des herbes ou des fleurs à la main,
et dans sa chambre on voyait plus de cent petites caisses,
différentes avec des herbes arrangées comme les parche-
mins de l'évêché. Tous les noms anciens et nouveaux, M. de
Baupuys les disait. La vérité est qu'il avait une excellente
mémoire et une forte tête. Il parlait de tous les ouvrages
qui traitent des herbes, et tout ce qu'on homme dans ce
monde peut savoir sur cette matière, M. Sicard de Baupuys le connaissait.

« On a perdu le beau livré de M. le susdit, dans lequel
étaient figurées et décrites toutes les bonnes herbes de
Maguelonne. On y voyait spécialement trois herbes renom-
mées qui croissent sur ladite église de Maguelonne, par
la grâce de Dieu, lesquelles saintes herbes sont excellen-
tes pour la guérison de tous les maux du corps et des
membres.

« Et voici ces trois herbes de ce noble toit :

« *Hyosciamos seu Jovis Taba* (herbe Careïade ou jusquiame blanche).

« *Elxine seu Perdiciòn*, herbe de Notre-Dame (parié-
taire commune).

« *Critamon seu Batis*, herbe Criste (fenouil marin). »

« La première herbe, *Jovis Taba* (la jusquiame blanche),
fut donnée en opiat avec la graine de coquelicot, à
M. l'abbé d'Aniane, qui se trouvait dans un bien triste
état, parce qu'il était tombé d'une fenêtre de la tour du
château de Saint-Guilhelm. Tous les habitants d'Aniane
avaient grand'peur pour sa vie ; mais M. l'abbé usa pendant sept matins de la Jovis Taba, et puis il était frais
comme vous et moi.

« La seconde herbe, c'est-à-dire le *Perdicion* (la parié-
taire commune) fut conseillée à une dame, laquelle avait
tant de mal qu'on n'y connaissait rien. Elle était presque
au portail du cimetière. Le prevost de Maguelonne envoya à ladite dame une touffe sèche d'elxine, et elle fut
à l'aide de son infusion subitement guérie.

« Avec la troisième herbe, qui est le *Criste batis* (le fenouil marin), on a entièrement guéri M. l'official de Maguelonne, lequel avait pris l'habitude de boire toute la
journée copieusement de l'hypocras ; il avait le ventre
tendu, gonflé, des douleurs intérieures, les jambes un
peu enflées, et si grand'soif qu'il demandait toujours de
l'hypocras. »

Au mois d'août 1495, le moine Nicolo, médecin du duc
Charles II, administra à ce prince malade un cordial
composé de poudre d'or, de perles et de pierres pré-

cieuses, coûtant six florins, et qui néanmoins ne l'empêcha pas de mourir.

Maintenant il ne s'agit rien moins que de la recette pour
se rendre au sabbat.

« Prenez du vieux oing et un paquet d'herbes de petite et grande vertu, savoir : de la mandragore, de la
pomme épineuse, de la belladone, de la jusquiame, de
l'ivraie, du coquelicot, et du pavot. Réduisez-les en une
poudre impalpable, que vous mêlerez au vieux oing, en y
ajoutant le quart du poids de graisse de pendu, faites cuire
le tout à petit feu, en invoquant Asinodée, Ascaph ou
Achaos, trois fois à voix haute.

« Cet onguent n'a de vertu que le vendredi, encore
a-t-il fallu avoir jeûné pendant les trois jours précédents.
Le vendredi matin, vous mangez un gâteau de millet noir,
sans sel, et du fromage caillé, dans lequel vous remplacecez le sel par de la menthe ou de l'herbe de coq ; le fromage n'est pas indispensable. Au premier coup de onze
heures, vous vous dépouillez de tous vos vêtements, vous
vous frottez d'onguent le corps entier, en ayant soin
d'oindre et de frotter longtemps les tempes, le front, autour des yeux, les aisselles, les poignets et les talons. Vous
vous jetez ensuite sur votre lit, en invoquant Ascaph et en
fermant les yeux jusqu'au premier coup de minuit.

« Alors vous vous levez et vous enfourchez un manche
à balai, lequel doit avoir appartenu en dernier lieu, à une
vieille fille morte en odeur de sainteté. Cela fait, vous
vous envolez par la cheminée, et vous êtes transporté au
lieu du sabbat, où Satan, sous la forme d'un bouc fétide,
vous requiert de lui rendre hommage-lige, et vous donne

pouvoir, en échange de votre âme, de prédire l'avenir, d'arrêter ou de faire tomber la pluie, de découvrir les trésors cachés, et d'inspirer de folles amours à ceux que vous aimez. Vous avez encore le droit de jeter des sorts sur les hommes et sur les troupeaux, et mille autres pouvoirs tournant toujours au détriment du prochain et à la plus grande gloire de l'esprit malin. Le sabbat fini, vous vous retrouvez sur votre lit. »

La mandragore, la belladone, l'ivraie, le coquelicot et le pavot jouissent de propriétés stupéfiantes et hallucinatrices, qui suffisent amplement à expliquer comment les insensés qui recouraient aux frictions prescrites par le rituel diabolique arrivaient à rêver les hideux mystères auxquels aspirait leur imagination dépravée, et qu'ils croyaient avoir vus en réalité.

Aussi, devant les juges qui punissaient infailliblement du feu le crime de sorcellerie, hébétés, abrutis par l'usage abusif de tant de drogues malfaisantes, avouaient-ils toujours leur complicité avec le diable, et donnaient-ils les détails désirables sur leurs fréquentes entrevues avec l'ange déchu.

Quant à l'insensibilité de certaines parties de leurs corps, dans lesquelles on enfonçait des aiguilles sans qu'ils s'en aperçussent, cette merveille se renouvelle chaque jour dans nos hôpitaux, sur des malades qui n'ont point donné leur âme à Satan, mais qui sont atteints de tristes maladies, qu'on nomme hystérie, paraplégie, apoplexie, paralysie, catalepsie et surtout épilepsie. Le peuple a baptisé cette dernière du nom si terriblement significatif de *haut mal*.

Ainsi, les maléfices et la sorcellerie, qui ont coûté la vie à tant d'infortunés, et que le moyen âge, et même, hélas! le dix-septième siècle punissaient du bûcher, s'expliquent aujourd'hui de la manière la plus simple, la plus logique et la plus irréfutable. Ce que nos aïeux regardaient avec effroi, nous le regardons avec compassion, et ce qui les glaçait d'épouvante nous fait sourire.

Il en sera de même pour nos petits-fils, qui se demanderont comment notre siècle pouvait ignorer tant de choses devenues vulgaires pour eux, et qui de leur côté inspireront de pareils sentiments de surprise et de dédain aux générations qui les suivront.

Dieu ne permet à la lumière et au progrès que de luire lentement, successivement, au jour voulu, à l'heure prescrite. Au sommet d'une montagne, un homme paraît presque dans le ciel à ceux qui restent au fond de la vallée ; mais cet homme, lui, a plus que jamais conscience de l'incommensurable distance qui le sépare du firmament, et l'aigle qui plane au-dessus de sa tête, dans les nuages, le regarde en pitié.

Pour réhabiliter un peu ces siècles d'ignorance, disons qu'il résulte d'une note curieuse de M. D. Prier que Henri-Corneille-Agrippa de Nettesheim, alchimiste du seizième siècle, connaissait la chambre obscure, et que cette découverte lui était même de beaucoup antérieure.

Il dit, en effet, dans sa *Philosophie occulte*, publiée en 1531 :

« *Des natures merveilleuses de l'eau, de l'air et des vents.* — Aristote raconte qu'il est arrivé à un homme, pour avoir la vue faible, que l'air prochain lui servait de miroir et que son rayon visuel se réfléchissait sur lui. Il ne le pouvait comprendre et croyait que son ombre marchait devant lui, la voyant marcher la tête la première où il allait : de la même manière il se fait toutes sortes de représentations dans l'air si éloignées que l'on veut par le moyen de certains miroirs, que les ignorants, lorsqu'ils les voient, croient être des figures de démons ou des esprits, quoiqu'elles ne soient que des représentations qui leur sont proches et sans aucune vie. *Et l'on sait que dans un lieu obscur où il n'y a qu'un trou bien petit, par où il puisse entrer quelque rayon de soleil, en mettant à ce trou du papier blanc, ou bien un miroir uni, l'on voit dans ce papier tout ce que le soleil éclaire et fait dehors.* »

Agrippa parle encore de certains miroirs apportés d'Orient à Rome par Pompée, et dans lesquels on voyait des armées.

« On fait, ajoute-t-il plus loin, certains miroirs qui, étant infestés de certains jus d'herbes et brillant d'une lumière artificielle, remplissent tout l'air des environs d'admirables fantômes. »

C'est la fantasmagorie.

« Je sais moi-même faire des miroirs réciproques dans lesquels on voit très-clairement à l'espace de plusieurs lieues, quand le soleil paraît, tout ce qu'il éclaire. »

Ce sont les télescopes.

« Il se fait des miroirs où l'on peut voir seulement la forme d'un autre, et non la sienne.

« Autres miroirs, posés en certains lieux, ne représentent rien ; transportés ailleurs, on voit toutes choses comme ailleurs.

« Je sais la manière de faire certains miroirs, lesquels, exposés au clair soleil, représentent entièrement les cieux, tout ce qui est atteint des rayons d'iceluy, au pays d'alentour et par longue espace et distance, comme d'environ quatre à cinq lieues. »

Terminons par la recette beaucoup moins raisonnable de la *Jarretière de sept lieues par heure.* Nous l'empruntons au *Dragon rouge*, petit livre qui se vend encore sous le manteau dans les campagnes.

« Vous achetez un jeune loup, au-dessous d'un an, que vous égorgerez avec un couteau neuf, à l'heure de Mars, en prononçant ces paroles : *Abhumalis cados ambulabit in fortitudine cibi illius.* Puis vous couperez sa peau en jarretière large d'un pouce, et écrirez dessus les mêmes paroles que vous avez dites en l'égorgeant, savoir : la première lettre de votre sang, la seconde de celui du loup, et immédiatement de même, jusqu'à la fin de la phrase.

« Après qu'elle est écrite et sèche, il faut la doubler avec un padou de fil blanc, et attacher deux rubans violets aux deux bouts pour la nouer du dessous du genou au dessus. Il faut bien prendre garde aussi qu'aucune femme ou fille ne la voie point; comme aussi la quitter avant de passer une rivière, sans quoi elle ne serait plus si forte. »

Je vous fais grâce d'une autre recette que contient le même *Dragon rouge.* Il s'agit, cette fois, de la *composition de l'emplâtre à faire dix lieues à l'heure.*

On n'a plus besoin de ces diaboliques recettes pour faire sept lieues et même douze lieues à l'heure.

Les chemins de fer sont là.

LE CURÉ AUX PETITS POTS

Au fond du département du Pas-de-Calais vivait, dans ma jeunesse, un vieux curé qui, depuis le rétablissement du culte catholique par Napoléon, n'avait jamais voulu consentir à quitter, même pour un siége épiscopal, le village dont il était le pasteur.

On le nommait généralement le *curé aux petits pots*, parce qu'un jour, en chaire, il avait expliqué de la manière suivante, à ses paroissiens peu érudits, et peu versés en théologie, comment Dieu, dans le ciel, comblerait d'ineffables joies les élus, et cependant proportionnerait cette béatitude aux mérites de chacun d'eux.

« Mes enfants, il y a chez vous des grands et des petits pots. Quand vous tirez de la bière à un tonneau, vous remplissez de ce bon breuvage, et à pleine rasade, tous

les pots, qu'ils contiennent peu ou beaucoup; quelles
que soient leurs dimensions, vous ne sauriez y verser une
goutte de plus sans qu'ils débordent. Eh bien! il en sera
de même au Paradis. Dieu nous remplira d'autant de
félicité céleste que nous l'aurons mérité. Tâchez donc
que vos pots, c'est-à-dire vos bonnes actions, soient
grands et puissent contenir beaucoup; c'est ce que je vous
souhaite au nom du Père, du Fils et du Saint-Esprit. »

Durant la Terreur, le curé aux petits pots s'était caché
dans le pays. Allant de chaumière en chaumière, risquant
sa vie, je ne sais combien de fois par semaine, tantôt
pour baptiser un enfant, tantôt pour administrer un
malade, tantôt pour célébrer la messe, dans le coin d'une
grange, devant cinq ou six familles restées fidèles à la
foi de leurs pères, il arriva enfin à des temps meilleurs.

Quand, grâce à Dieu et à Napoléon, l'ordre renaquit en
France, et que chacun put prier, selon ses croyances,
sans exposer sa vie, le curé aux petits pots vint reprendre
possession de sa cure.

Il y trouva chacun plein d'épouvante. Un berger, déjà
sur le retour de l'âge, intimidait les plus braves. Pendant
la Terreur, il avait été, disait-on, l'ami et l'agent du
représentant Joseph Lebon. Enfin, s'il fallait en croire
les bruits populaires, il jetait des sorts à ceux qu'il prenait en haine, et il cherchait à organiser, parmi les pauvres et les besoigneux, une bande de chauffeurs comme
celles qui désolaient les pays avoisinants.

Le curé songea d'abord au plus pressé, c'est-à-dire
aux chauffeurs, qu'il redoutait bien plus que les sorciers.
Par un hasard providentiel, il apprit que le berger devait

se réunir la nuit à quatre des habitants du village pour commencer des pillages et peut-être des assassinats. Il se rendit seul, et sans en parler à personne, au lieu du rendez-vous.

Il y trouva, en effet, cinq hommes, le visage barbouillé de suie et armés de bâtons noueux que, dans la province, on appelait des *crosses*.

Il alla droit à ces hommes. Un d'entre eux s'enfuit à la vue du prêtre : c'était le berger.

La tête levée, calme, sévère et résolu, le curé jeta aux pieds des autres sa bourse et sa montre.

« Tenez, leur dit-il, prenez ! c'est tout ce que je possède. Épargnez-vous du moins aujourd'hui les crimes que vous avez résolu de commettre. »

Stupéfaits, abasourdis, ils restèrent là comme fascinés et attachés à la terre.

« Je vous connais tous, continua-t-il en les désignant chacun par leur nom. Si vous ne voulez pas que je vous livre à la justice, il faut vous amender ou m'assassiner, moi qui, pendant l'hiver, vais frapper chaque jour à la porte des riches pour procurer du pain à vous, à vos femmes et à vos enfants ! moi, votre curé ! moi, votre père »

Et comme ils gardaient le silence :

« J'ai obtenu du gouvernement une somme assez importante pour que tous ceux du village qui manquent d'ouvrage puissent gagner leur vie honnêtement en travaillant aux chemins vicinaux qu'on va commencer dès demain dans le pays. Retournez chez vous ! Tâchez que vos enfants ne vous voient point rentrer, le visage noirci, et qu'ils ne puissent rien soupçonner des criminels desseins qui vous ont fait sortir cette nuit! Que les pauvres petits innocents ne rougissent point de leurs pères ! »

Le lendemain, le curé trouva sa montre et sa bourse sur l'appui de la fenêtre du presbytère, et les quatre paysans arrivèrent des premiers sur le terrain où se commençaient les travaux vicinaux.

Deux ans après, le village était calme, la gendarmerie y jouissait d'une véritable sinécure, et personne ne manquait jamais à la messe, parce que le curé prêchait toujours d'une manière familière et amusante. On y venait même parfois des communes voisines, voire de la ville.

Restait le berger, qui vivait seul au milieu des champs, et qu'on accusait de toutes les maladies qui survenaient dans le village, tant on redoutait les sortiléges de ce coquin. Par une foule de grossiers tours de passe-passe, il se complaisait à entretenir la terreur qu'il inspirait à la ronde, — terreur profitable d'ailleurs, car on lui payait chèrement les moyens mystérieux de lever les sorts qu'on le soupçonnait d'avoir jetés lui-même, et auxquels par conséquent il pouvait remédier mieux que tout autre.

Un jour, le curé, las des fâcheux résultats de tant de stupides superstitions, se rendit après vêpres dans le cabaret le plus fréquenté du village. Comme il s'y attendait, il y trouva le berger, que chacun détestait, mais à qui chacun faisait bonne mine et payait de la bière à bouche que veux-tu, tant il causait de peur, et tant on craignait son pouvoir diabolique.

« Nicolas, dit le curé, chacun parle de ta malice ; m'est avis pourtant que je suis plus malin que toi, et qu'il n'est

personne ici, quand je le voudrai, qui ne puisse t'en remontrer. »

Le berger releva la tête, murmura des paroless fatidiques, tourna lentement son bâton sur l'aire de la
chambre, et dirigea trois fois trois doigts vers la terre.

« Je me moque de tes grimaces et de tes sorts! repar-
tit le curé. Avec toute ta sorcellerie, tu ne saurais même
pas dire, sans le peser, le poids d'un bœuf.

— Ni vous non plus, dit le berger.

— C'est ce que nous verrons. Allons dans l'étable. »

Le curé, après avoir flatté de la main un des plus
beaux bœufs, tira de sa poche un cordon, avec lequel il
mesura obliquement la poitrine de la bête, passant devant l'un des membres inférieurs et derrière l'autre pour
revenir au garot ; puis il dit que le bœuf pesait quatre
cent seize livres et quelque chose.

On noua les quatre pieds du bœuf, on le porta sur la
balance du poids public, et des cris d'admiration s'élevèrent de toutes parts.

Le curé avait dit juste.

« Vous avez vu comme je m'y suis pris, car moi je ne
fais pas mystère de mes secrets. Une circonférence d'un
mètre quatre-vingt-deux centimètres correspond à un
poids net de 175 kilogrammes. A présent que vous savez
cela, nous sommes tous plus sorciers que le sorcier. »

Nicolas continua ses gestes fatidiques contre le curé.

« Maintenant qui veut apprendre comment on peut
conserver du café moulu sans que son bon goût et sa
bonne odeur s'évaporent? Sais-tu ça, Nicolas ? Je donne
encore ma recette gratis, à la condition que l'épicier la

pratiquera fidèlement, pour ne plus nous vendre désormais que du café exquis.

Il tira un livre de sa poche et lut ce qui suit :

« Le café, quand il sort torréfié du brûloir, dégage et perd environ la moitié de son arome; alors, pour limiter cette déperdition, on ajoute, sur une quantité de 25 kilog. de café, 750 gr. de mélasse; le sucre, refroidissant aussitôt le café, arrête spontanément la dilatation et concentre immédiatement l'arome.

« C'est à ce tour de main qu'est due la réputation de certaines maisons de commerce de comestibles des grandes villes, et non point à la supériorité des grains de café soumis à la mouture, qui ne sont trop souvent qu'un mélange de qualités secondaires. Aussi, à moins d'avoir un honnête épicier, comme notre compatriote Watremetz, doit-on préférer acheter le café en grain et apprendre à le torréfier à point, c'est-à-dire au degré qui fait arriver l'huile aromatique à la surface du grain sans qu'elle se volatilise. La torréfaction convenable obtenue, on saupoudre tout de suite le café avec du sucre pilé.

— Ah! quelle bonne idée! s'écrièrent les paysans ; cela se comprend tout net!

— Attendez, ce n'est pas tout ! Pour sucrer son café, il faut du miel, car le sucre est cher et rare ; cher, surtout ! Or, pour récolter du miel, il faut des abeilles. Comment conserver des abeilles pendant l'hiver et les forcer à vivre économiquement ? Nicolas le sorcier n'en sait rien, n'est-ce pas ? ajouta le bon curé en se tournant vers le berger décontenancé. Je vais encore vous apprendre cela.

« On fait, dans la terre, des fosses de 70 centimètres de profondeur, de la largeur d'une ruche, et plus ou moins longues, selon le nombre de ruches que l'on doit y mettre ; on dépose les plateaux le long de cette tranchée, on met chaque ruche sur son plateau, on enveloppe le tout de paille, et on rejette par-dessus toute la terre sortie de la fosse. Enfin, on donne à cette terre la forme d'une tombe, et on y sème du blé ou du vesceau. C'est en novembre qu'on agit de la sorte, c'est-à-dire au moment où les abeilles ont perdu l'habitude de sortir. On exhume les ruches lorsque les fleurs commencent à reparaître. J'ai constaté que les abeilles traitées de la sorte consomment les trois cinquièmes de moins que quand elles sont libres, que la reine pond plus tôt, que les essaims sont meilleurs, et qu'enfin la mortalité est presque nulle.

« Que ceux d'entre vous qui ont des mouches à miel essayent de ce moyen, et ils verront qu'au lieu de mourir, leurs abeilles enterrées s'en porteront beaucoup mieux, prospéreront toujours, et leur coûteront moins à nourrir pendant la saison où elles ne picorent point. »

Nicolas poussa un rugissement, d'autres disent un blasphème, et se leva furibond. Le curé reprit :

« Nous voici dans la saison de conserver les abeilles et de recueillir le miel. Chacun ici ne sait qu'enfumer les ruches et tuer les mouches, ce qui est aussi malin que de couper un pommier et de le détruire pour cueillir ses fruits. Il y a des ruches dans le jardin ; venez ! Je vous montrerai, une fois de plus, comment le bon Dieu a donné à l'homme un pouvoir universel sur tous les animaux.

L'homme n'a rien à en redouter quand il sait se servir de deux présents qu'il a reçu du ciel, à savoir : l'intelligence et l'adresse. Hé ! Nicolas, viens avec moi et fais-en autant... si tu l'oses. »

Il entra dans le jardin, qui contenait sept ruches mères ayant chacune de trente à trente-cinq mille abeilles ; il enleva le capuchon de paille de celle qu'on lui désigna, frappa de sa canne vers le sommet un petit coup d'abord, puis des coups plus forts, et, profitant de l'étonnement, de la panique peut-être que ce bruit insolite avait jetée parmi les ouvrières, il mit le panier sans dessus dessous, posa dessus une ruche vide, et continua ses tapotements sur la ruche habitée jusqu'à ce que l'émigration fût complète.

Or, pendant toute cette opération, les mouches conservaient leur vigueur sans paraître irritées ; car le curé, après les avoir doucement écartées du doigt pour en faire voir la reine, s'en couvrit diverses parties du corps, et quelques spectateurs plus hardis et plus confiants que les autres suivirent son exemple sans inconvénient. La nouvelle ruche ayant été ensuite mise en place, les travaux des émigrantes recommencèrent immédiatement.

Un jeune fermier, guidé par le vieux prêtre, se mit aussitôt à répéter avec succès l'expérience.

On battit des mains et on cria : « Vive monsieur le curé ! »

Au milieu de ces témoignages d'admiration, le curé s'échappa sans dire mot ; il avait vu disparaître dans un petit chemin creux le berger déconcerté ; il pressa le pas et le rejoignit :

« Pas de rancune, Nicolas ! lui dit-il. Renonce à faire

peur; mets-toi à faire le bien, et je te donnerai les moyens d'avoir plus d'influence dans le pays, d'y gagner beaucoup plus d'argent, et de te faire aimer autant qu'on te déteste. Tu ne sais pas lire, et en un quart d'heure on trouve parfois dans les livres, quand ils sont bons, plus de choses que la routine n'en saurait apprendre en soixante ans. Tiens, viens avec moi à mon presbytère, et dès demain tu pourras gagner gros d'argent et de bon accueil, en apprenant aux ménagères une foule de choses curieuses et utiles, par exemple sur les œufs, sur le lait, sur le beurre. Allons, pas de rancune, te dis-je encore! Convertis-toi! Il y a plus de bénéfice à servir le bon Dieu, en qui tu crois, que le diable, en qui tu ne crois pas. »

Moitié de gré, moitié de force, le berger se laissa entraîner au presbytère. Là, le curé alla tirer lui-même, à sa cave et au meilleur tonneau, une bonne canette de bière fraîche et mousseuse, mit sur la table un morceau de lard friand, du pain cuit seulement de l'avant-veille, et dit à Nicolas, quand il l'eut vu rassasié et qu'il eut trinqué avec lui :

« Que diront demain les bonnes femmes du village, quand tu leur apprendras à distinguer sûrement les œufs frais de ceux qui ne le sont pas ; secret dont voici la recette :

« On fait dissoudre 120 grammes de sel de cuisine « (blanc) dans un litre d'eau pure, et, lorsque la disso- « lution est complète, on y plonge l'œuf dont on veut « connaitre l'âge.

« Si l'œuf est du jour, il se précipite au fond du vase ;

« S'il est de la veille, il n'en atteint pas le fond ;

« S'il a trois jours, il flotte dans le liquide ;

. « S'il a plus de cinq jours, il vient à la surface et la coque-ressort d'autant plus qu'il est plus vieux.

« Pour le lait, écoute ce que dit un savant écossais, qui a analysé, à diverses heures de la journée, le lait d'une vache bien portante :

« Le lait dernier tiré est dix fois plus crémeux et plus
« riche en beurre que celui du commencement. Il s'en-
« suit que si, après avoir tiré huit ou dix fois du lait d'une
« vache, on s'arrête en laissant un onzième litre dans le
« pis, on perdra presque la moitié de la crème qu'on aurait
« pu recueillir. » Il est facile de s'assurer de la véracité des résultats obtenus par ce savant : « Il suffit de distri-
« buer le lait à mesure qu'on le tire, dans sept ou huit
« tasses d'égale grandeur, de traire jusqu'à la dernière
« goutte, et on pourra constater de cette façon si en effet
« la quantité de crème que contiendra chaque tasse aug-
« mente en allant de la première à la dernière. Les expé-
« riences constatent aussi que le lait gagne à la fois en
« qualité autant qu'en quantité. Celui de la première tasse
« est d'un blanc bleuâtre et comme s'il était mêlé d'eau,
« tandis que le lait de la fin est onctueux, épais et d'une
« coloration jaunâtre. Il suit de là que les filles de ferme
« qui n'ont pas soin de traire leurs vaches jusqu'à la der-
« nière goutte diminuent assez notablement la qualité et
« la quantité de la crème et du beurre. »

« Je vais encore t'enseigner, compère, les moyens de conserver le beurre. Après quoi, nous nous souhaiterons le bonsoir, et nous nous quitterons amis. D'ici à quin-
zaine, expérimente ce que te rapportera en gain, et en

honneur les recettes que je te donne; songe que j'en ai
ainsi des cents et des mille ; je te les apprendrai pour
rien et par amitié le jour où tu diras, gaiement et en franc
compagnon, que le diable n'a jamais été pour rien dans
ta sorcellerie, et qu'il n'y a point d'autre magie que le travail, le savoir, l'ordre et l'honnêteté. Écoute donc ma
recette pour conserver le beurre ; et répète-la deux fois
dans ta mémoire afin de l'y bien graver :

« Le beurre pris bien frais, c'est-à-dire dans les qua-
rante-huit à soixante heures après sa formation, doit être
fortement malaxé avec un linge de table doublé d'une
étoffe de laine, puis fortement pressé.

« Le but de cette opération est de retirer le petit lait et
l'eau du lavage, tout en donnant au beurre une grande
finesse.

« Lorsqu'il n'y a plus ou presque plus d'eau et de séro-
sité dans le beurre, il doit être enveloppé dans un papier
blanc préparé de manière qu'aucune de ses parties ne se
trouve en contact avec l'air. Le papier destiné à cette
opération est préalablement soumis à une température
aussi élevée que possible, puis trempé des deux côtés
dans de l'albumine, dans laquelle on a fait dissoudre, par
chaque blanc d'œuf battu à l'état de neige, qu'on a laissé
reposer au moins douze heures, un gramme de chlorure
de sodium et un demi-gramme de sel de nitre.

« Le papier ainsi trempé, lorsqu'il sera parfaitement
sec, sera soumis à la chaleur la plus forte qu'il pourra
subir sans trop jaunir ; on se sert pour cela d'un fer à
repasser.

« Après cette opération, on peut se servir de ce papier,

bien que ses propriétés restent les mêmes des mois entiers, à la condition qu'il sera tenu dans un endroit sec.

« Comme l'auteur indique l'emploi du sel de nitre, il croit devoir faire observer qu'il ne l'emploie que dans les cas où le beurre a beaucoup jauni et que l'odeur commence à devenir forte.

« Il faut que l'appartement dans lequel on met le beurre soit bien aéré, surtout dans les fortes chaleurs.

« Maintenant, au revoir, dans quinze jours! à moins que tu ne veuilles assister dimanche à la messe paroissiale que je célébrerai à ton intention. »

Nicolas se trouva des premiers à cette messe paroissiale. Le curé ne s'en étonna guère, car il savait que le berger avait gagné beaucoup d'argent en vendant ses recettes, non-seulement aux fermières du village, mais encore à celles des villages voisins, et même à quinze et vingt lieues à la ronde. On assurait avoir vu le fin matois tirer de sa ceinture de cuir plus de vingt écus de six livres, qu'il comptait, qu'il recomptait et qu'il faisait trébucher et sonner dans ses deux mains.

Je dois avouer que les bonnes femmes qui remplissaient la petite chapelle paroissiale commirent ce jour-là plus d'un péché de distraction en voyant le sorcier, à genoux près du portail, se levant à l'évangile, se prosternant à l'élévation, se frappant la poitrine au *Domine, non sum dignus*, et enfin plongeant ses doigts dans le bénitier et faisant un beau signe de croix.

Le curé rit dans sa barbe, mais n'en fit rien voir toutefois, quand il retrouva Nicolas qui l'attendait sur le seuil du presbytère et qui l'accosta non sans quelque vergogne.

« M'est avis, monsieur le curé, dit-il en faisant une profonde révérence, m'est avis, monsieur le curé, que si le métier que vous m'avez enseigné pouvait durer, au bout d'un an je vendrais mon troupeau, j'achèterais une maisonnette et vivrais bel et bien de mes rentes, ayant de quoi manger tous les dimanches une belle dinde ou un autre morceau fin, en compagnie des amis et de vous, monsieur le curé, si vous vouliez m'en faire l'honneur?

— Nous verrons cela plus tard, Nicolas. Mais je te préviens que je ne veux ni de probité, ni de conversion menteuses. Je hais l'hypocrisie plus que tous les autres vices. Si tu es venu à l'église uniquement pour me complaire et pour obtenir de moi d'autres recettes, je t'en donnerai de nouvelles, mais désormais n'entre plus dans la maison de Dieu comme les marchands du temple qu'il en a chassés. »

Pendant qu'il parlait ainsi, Nicolas se grattait l'oreille et soupirait; il ne répondit point toutefois.

Le curé, sans paraître remarquer l'émotion du berger, lui lut un passage d'un livre sur « l'art de découvrir les sources souterraines. »

Nicolas fit si bien son profit de ce dernier entretien, que, deux ans après, il avait découvert quarante sources qu'on lui avait payées à raison de cinq cents francs chacune, qu'il vendait son troupeau, qu'il achetait une petite maisonnette, enfin qu'il faisait acquisition d'un cheval et d'une carriole, pour colporter plus commodément, de village en village, les nouvelles recettes que l'inépuisable curé ne cessait de lui enseigner. Il joignit à cette industrie quelque petit commerce, acheta bon marché, dans les villes, des étoffes et mille autres choses dont on manque dans les campagnes, et les revendit avec un beau bénéfice au village.

De façon que le pauvre berger devint le plus riche de sa commune. Personne ne riait plus haut que lui des sorciers et des imbéciles qui croyaient aux sorts ; il faisait de belles aumônes, et il ne manquait pas une seule messe du curé, attendu qu'il chantait au lutrin, et que jamais on n'avait entendu, au dire des gens de la paroisse, une voix de basse plus puissante.

Parfois, quand les éclats de cette voix, capable de briser les vitraux de l'église, assourdissaient trop le curé, celui-ci se bouchait les oreilles sans que personne s'en aperçût, souriait et se disait tout bas :

« J'ai exorcisé Satan, comme on peut l'exorciser au dix-neuvième siècle, par le bon sens et par l'intérêt personnel. Qui croirait, à voir et surtout à entendre ce gaillard-là, qu'il m'a fallu recourir au *compelle intrare* de la parabole pour le faire entrer dans le chœur où il se trouve et où il braille si bien à cette heure ? Qu'importent les moyens ? Aujourd'hui, il est à Dieu. Que Dieu soit béni ! »

INDUSTRIE

LES BRODERIES ET LES DENTELLES

Un manuscrit du quinzième siècle, inscrit sous le numéro 16, au catalogue de la bibliothèque de Lille, contient, parmi plusieurs légendes, une histoire que, dans notre enfance, nous avons entendu bien des fois raconter le soir à la veillée, par les fileuses.

Une femme, d'un village voisin de Noyon, faisait de la dentelle au milieu de ses compagnes. Le froid roidissait ses doigts, la lampe vacillante ne jetait que des lueurs douteuses, et la dentellière s'y reprit sept ou huit fois sans pouvoir passer son fil dans l'œil de son fuseau. L'impatience s'en mêla et les choses n'en allèrent que plus mal; plus elle s'irritait, plus sa main travaillait et plus son regard se troublait. Ses amies, voyant son guignon et sa mauvaise humeur, se prirent à rire et à lui décocher des lardons. Si bien que la maladroite, hors d'elle-même, jeta à terre fil et fuseau, les foula sous ses pieds et s'écria : « Maudit soit saint Nicaise, dont c'est aujourd'hui la fête, et qui laisse le diable me jouer d'aussi mauvais tours! »

Puis, éperdue, elle ramassa son fil et en mit l'extrémité dans sa bouche pour le tordre. A peine le fil eut-il touché ses lèvres qu'elle jeta un grand cri de douleur. Ce fil, plus prompt et plus acéré qu'une flèche, avait percé la langue de l'insensée qui avait blasphémé. Comme une vipère, il l'entortillait de ses replis; il la serrait, il la brûlait. Ni efforts, ni ciseaux ne purent délivrer d'un supplice aussi étrange la malheureuse que la fièvre saisit incontinent, et qui, dès le lendemain, allait tout droit à malemort.

Frappée si sévèrement, la coupable se repentit, partit pieds nus pour Reims, y confessa son méfait, et baisa, en pleurant toutes les larmes de ses yeux, les reliques du bienheureux qu'elle avait outragé.

La miséricorde céleste ne punit que pour obtenir la contrition : aussi, le fil tomba-t-il tout à coup, sans effort, sur l'autel.

« Et, ajoute le légendaire lillois, garde-t-on ce fil ensanglanté en ladite église, en mémoire de ce miracle. »

Hélas! de nos jours, la fabrication de dentelles mène encore à malemort ses ouvrières! Mais ce n'est plus en expiation d'un blasphème, c'est en expiation d'une déplorable cupidité. L'industrie du dix-neuvième siècle se montre plus fatale et plus inexorable que le saint du moyen âge... Lui, du moins, il pardonnait; l'industrie ne pardonne pas!

Il y a peu de temps, une jeune fille, âgée de vingt ans, éprouvait de violents maux de tête. Elle entra à l'hôpital, où elle mourut après quatre jours de souffrances atroces.

Le médecin, frappé des symptômes particuliers qu'il avait remarqués pendant la maladie, et qu'il ne pouvait attribuer qu'à un empoisonnement par le plomb, signala le fait à l'attention de l'autorité, et celle-ci ouvrit une enquête.

L'enquête constata un empoisonnement par le plomb.

En effet, l'industrie dentellière fait usage de la céruse, soit pour remettre à neuf les dentelles souillées, soit pour faire disparaître les traces des doigts et dissimuler ainsi le raccordement des dessins, surtout lorsqu'il s'agit de l'*application de Bruxelles*. Dans cette dernière opération, les ouvrières, quand elles ont terminé une application, saupoudrent leur travail avec du carbonate de plomb, dont infailliblement elles respirent une certaine quantité. Cette pratique se répète pour elles à chaque instant, et leur santé s'altère très-promptement.

Ainsi, pour s'épargner un peu de temps et de travail, il y a des gens qui s'empoisonnent ou qui empoisonnent leurs ouvrières ! ils n'hésitent point à exposer aux plus graves dangers les clients qui leur achètent des dentelles ou qui les leur confient à blanchir ! Car une femme ne saurait porter impunément sur les épaules et sur la poitrine des tissus saupoudrés et imprégnés d'un poison actif, et approcher de ses lèvres et de son visage des dentelles, destinées surtout à garnir les mouchoirs.

Une si misérable spéculation doit être signalée et sévèrement réprimée.

D'autant plus que, grâce à Dieu, en révélant le mal, on peut aussi indiquer le remède. Le sulfate de plomb, sans avoir aucun des dangers que présente l'usage de la céruse, où de la *poudre belge*, comme on nomme vulgairement cette substance, peut rendre les mêmes services, procurer les mêmes avantages et satisfaire les exigences les plus minutieuses. Son action sur l'économie animale n'est que très-faible. Ce qui le prouve surabondamment, c'est l'emploi des sulfates de potasse, de soude ou de magnésie, comme contre-poison dans les empoisonnements par les sels de plomb. Enfin, pour prévenir les maladies saturnines, on conseille aux ouvriers qui fabriquent la céruse de se laver les mains et de se rincer la bouche avec de l'eau légèrement acidulée par l'acide sulfurique.

Les dangers que je viens de signaler ont d'autant plus de gravité que l'industrie dentellière n'occupe pas moins de six cent mille personnes.

La fabrication des dentelles est, avec la broderie, le seul travail un peu productif des nombreuses ouvrières des campagnes. Elle fait vivre des femmes âgées, des enfants et même des malades ; elle ne laisse point inutiles les mains débiles, enfin elle utilise le temps que laissent aux villageoises les travaux des champs et du ménage.

La dentelle se façonne au fuseau et à l'aiguille sur un petit métier mobile, rembourré, et qu'on nomme carreau ou coussin.

On emploie, pour la fabrication des dentelles et des blondes, le lin, le coton, la soie, la laine et quelquefois des fils d'or ou d'argent mélangés de soie.

L'industrie des dentelles, importée en Europe lors des

premières croisades, n'est arrivée dans les deux pays qui en ont aujourd'hui le monopole, la France et la Belgique, qu'après avoir passé par l'Espagne et par l'Italie. Grâce à Colbert, elle a pris un développement très-grand, et qui, depuis 1665, époque de la protection accordée par le grand ministre, n'a fait que croître et prendre plus d'importance.

Si la Belgique excelle à produire les points de Bruxelles et les valenciennes d'Ypres, la France reste sans rivale pour ses dentelles de soie noire, pour ses blondes blanches et pour ses dentelles de fantaisie.

La mécanique a cherché à lutter contre les doigts humains pour la fabrication des dentelles, mais jusqu'à présent la victoire est restée au travail manuel.

Bayeux, Alençon, Chantilly, Caen, le Puy, Valenciennes, Bailleul, Cherbourg, Cassel, Aurillac, ont envoyé à l'exposition universelle des produits merveilleux.

On ne sait point du reste par quelle série d'opérations industrielles et par quel nombre de mains différentes passe une dentelle avant d'être achevée et livrée au commerce.

Prenons pour exemple la dentelle de Bruxelles.

On invente et on exécute un dessin. Ce dessin va d'abord aux mains d'un calqueur, qui l'établit sur une feuille transparente de papier.

Le calque obtenu est repris par le piqueur qui *manifeste* le dessin sur du parchemin, par une multitude de trous de diverses forces.

Le parchemin dessiné arrive alors à la première ouvrière, qui conduit un fil au-dessus de toute la piqûre, puis passe un autre fil dans chaque petit trou.

Une deuxième ouvrière fait le mat. Ce mat, soit dit en passant, peut se composer de sept mille trous ou passages de l'aiguille.

La troisième ouvrière, nommée la *gazeuse*, fait alors son office, qui consiste à former un réseau très-fin.

La quatrième ouvrière (*placeuse de fond*) jette les premières bases des petits ornements à jour.

La cinquième ouvrière parfait et ombre les ornements.

Une sixième ouvrière, dite *cordonneuse*, conduit sur le contour du dessin, pour lui donner de l'épaisseur, quinze à vingt-cinq fils, eux-mêmes contenus et serrés par un dernier fil, qui fait un seul et même corps du tout et lui donne enfin cette solidité si recherchée.

Toutes les opérations (ornements et fonds) s'accomplissent à la main au moyen d'une aiguille, et sur un parchemin tenu entre les doigts.

Le point se fait au moyen de bobines ou fuseaux, sur un petit métier portatif très-simple, et qui n'a guère subi de changement depuis la première invention de la dentelle. Ce métier se pose, d'un côté, sur un tabouret élevé, et de l'autre sur les genoux de l'ouvrière.

Des épingles, placées de distance en distance, servent à jalonner et à guider le travail.

C'est avec ces deux formes de point (aiguille et fuseaux) que se fait l'*application de Bruxelles*.

La *valenciennes* se façonne également sur un petit métier portatif avec des bobines. Le travail se produit sous la forme d'une maille d'un millimètre environ, et par un entrecroisement trente-quatre fois répété.

La *malines* est un tissu à mailles plus ou moins rondes,

d'un demi-millimètre environ et où les bobines se croisent seize à vingt fois. Cette dentelle, comme la valenciennes, se fait d'une seule pièce ; c'est-à-dire que les dessins se forment en même temps que les fonds.

Pour la dentelle de Lille, on croise la bobine une fois seulement. Les bobines en soie, pour la dentelle noire de Chantilly, se croisent quatorze fois pour former la maille.

La broderie, comme les dentelles, joue un grand rôle dans l'industrie villageoise.

On estime à sept cent mille le nombre des ouvrières qui travaillent en Europe à broder la mousseline, le jaconas et la batiste.

Cette industrie se concentre particulièrement dans l'Allemagne, la France, la Suisse et l'Angleterre.

Les femmes de quatre départements français s'y consacrent d'une façon presque exclusive : la Meurthe, la Meuse, la Moselle et les Vosges. Ce dernier département compte à lui seul plus de trente mille brodeuses.

Nancy trouve une grande partie de sa prospérité industrielle au commerce des dentelles, et ce commerce, elle le doit à une femme.

L'histoire de cette femme est une des plus touchantes que nous sachions.

A son début, elle ressemble à celle de toutes les pauvres jeunes filles placées tout à coup en face de la pauvreté.

Madeleine Didion avait quinze ans quand des revers imprévus détruisirent brutalement et de fond en comble la modeste aisance de sa famille. Sans perdre courage, elle alla se proposer immédiatement, comme apprentie, dans un magasin de broderies. Active, intelligente, laborieuse, elle passa onze années dans ce magasin, heureuse et ne songeant qu'à s'amasser, à force de travail et d'économie, une modeste dot.

Elle atteignait à peine sa vingt-sixième année, quand elle perdit son père qui léguait à la tendresse de Madeleine une mère infirme et un frère privé de sa raison.

Le salaire de demoiselle de comptoir que recevait Madeleine ne pouvait plus suffire aux besoins des deux malades; ses économies avaient depuis longtemps disparu; elle résolut d'ouvrir un magasin à son propre compte.

Elle vendit donc tout ce qu'elle possédait, déposa au mont-de-piété quelques bijoux qui venaient de son père, et réunit huit cents francs.

A peine fondée, la maison commerciale de Madeleine Didion prit une grande importance. Paris, New-York, Saint-Pétersbourg, Vienne, se disputèrent ses produits. Dix mille femmes qui manquaient naguère de pain trouvèrent un métier lucratif, dans les ateliers créés à la campagne, autour de Nancy, par l'intelligente fabricante. En peu d'années, Madeleine Didion, après avoir doté d'un métier une foule de femmes, jusque-là sans état, se trouva riche de trois cent mille francs.

Elle résolut alors de céder son établissement à un successeur intelligent, car les forces commençaient à lui manquer, et elle sentait sa santé s'altérer plus gravement de jour en jour.

Riche, et bien au delà de ses désirs, elle se disposait à se retirer à la campagne pour y jouir paisiblement des fruits de son travail, et s'y consacrer au service de Dieu et de sa mère infirme, quand tout à coup la mort la frappa presque subitement, mais sans la surprendre toutefois. Madeleine Didion s'était préparée de longue main à cette heure suprême ; son testament l'atteste.

Après plusieurs legs particuliers, accompagnés d'expressions de reconnaissance pour d'anciens et véritables amis, après deux legs de 1,000 fr. chacun pour l'autel de la sainte Vierge, dans l'église de Saint-Epvre et pour les frères de la doctrine chrétienne de Nancy, Madeleine Didion pourvoit au sort de son frère. Elle dispose en faveur de sa mère de l'usufruit du reste de ses biens, dont elle lègue la propriété à sa ville natale. Voici la reproduction littérale de cette partie du testament :

« J'institue la ville de Nancy légataire universelle des immeubles que je possède.

« Comme je dois ma fortune au commerce des broderies, et que mon désir sincère est que cette industrie se perpétue à Nancy, je veux que chaque cinq ans il soit choisi deux jeunes gens de l'âge de quinze à dix-huit ans, un garçon et une fille, l'un pris parmi les enfants de négociants de Nancy qui auraient éprouvé des revers de fortune, ou, à défaut, parmi les enfants de négociants peu fortunés, et l'autre choisi parmi les orphelins de la ville de Nancy, à son hospice. Ces deux enfants seront envoyés deux ans à Lyon, l'un à l'école de dessin, l'autre dans un atelier ou chez un maître enseignant les différents tissages d'étoffes. Après avoir passé deux ans à Lyon, ils iront encore deux ans à Paris pour se perfectionner dans leur industrie, et la cinquième année ils reviendront à Nancy. Pendant ces cinq ans, le revenu des immeubles achetés servira à payer leur apprentissage et leur entretien.

« Si la totalité du revenu laisse encore la facilité de choisir un troisième enfant, le choix sera fait de préférence parmi les enfants des négociants de Nancy. Si enfin les revenus ne sont point épuisés, la remanence, si remanence il y a, sera remise auxdits enfants choisis, à chacun, par partie égale, pour aider à leur établissement. . .

« Le choix de ces enfants est laissé à M. Aimé Parisot, ancien négociant, rentier, demeurant à Nancy, jusqu'à son décès, et après lui, il sera fait par les personnes suivantes, à la majorité des voix : M. le président du tribunal de commerce, M. le président du conseil des prud'hommes, M. le curé de Saint-Epvre et M. le maire de Nancy. Si les jeunes gens dont on aurait fait choix venaient à se mal conduire, les personnes chargées de ce choix, et qui seraient toujours juges d'apprécier s'il y a lieu d'en agir ainsi, pourraient rappeler ces enfants et les priver de l'avantage qu'ils leur auraient accordé, pour en faire jouir immédiatement d'autres pris dans les catégories que j'ai indiquées, et auxquels seraient applicables les dispositions de mon présent testament.

« Généralement, les enfants qui accepteront le bénéfice de cette éducation devront venir, après qu'elle sera terminée, se fixer à Nancy. Ils en prendront, en l'acceptant, l'engagement tacite, et d'honneur, et tromperaient mes intentions formelles en s'établissant ailleurs.

« Si, vingt-cinq ans après mon décès, on remarque que le but que je me suis proposé n'était pas atteint, alors le maire de la ville de Nancy, après en avoir délibéré avec M. Parisot, et après son décès, avec MM. les présidents des tribunaux de commerce et des prud'hommes, et M. le curé de Saint-Epvre, pourraient aliéner les immeubles et employer le prix en provenant, soit à l'établissement d'une salle d'asile, soit à celui d'un dépôt de mendicité à Nancy. »

Vous avez pu remarquer, dans quelques magasins, des festons, des devants de chemise, plissés, et certaines broderies faites, soit sur de la toile de fil, soit sur de la toile de coton.

On obtient ces festons, ces plis et ces broderies sans le secours de l'aiguille.

Savez-vous par quelle substance on a remplacé l'aiguille ?

— Par la potasse.

Pour obtenir ce résultat qui semble, au premier abord, tenir du merveilleux, il suffit d'appliquer une couche de gomme sur les parties du tissu que l'on réserve, c'est-à-dire qu'on veut conserver sans modification. On trempe ensuite le tissu tout entier dans un bain de potasse à 22 degrés.

Le tissu subit, dans une période de temps très-rapide, une sorte de feutrage qui agit exclusivement sur les parties que la gomme n'a point touchées et qui diminuent d'un vingtième environ de ce pastiche.

Il faut un œil exercé pour distinguer l'œuvre de la potasse de l'œuvre d'une habile brodeuse.

C'est ainsi qu'on façonne particulièrement les devants de chemises désignés dans le commerce sous le nom de devants plissés à la mécanique.

HISTOIRE D'UNE BOUGIE

Si la chimie et l'industrie ont opéré une révolution complète dans les habitudes françaises, et surtout apporté un
immense bien-être aux masses, c'est assurément par les
divers systèmes d'éclairage, qui, depuis trente ans, ont
substitué le gaz aux réverbères et fait disparaître, ou peu
s'en faut, les grossiers moyens employés jusqu'alors.

Il n'est guère de contemporains qui n'aient connu les
lanternes vacillantes, accrochées à des cordes et qui jetaient dans les rues plus d'ombre que de clarté ; alors on
regardait une bougie comme un véritable objet de luxe.
Malgré la découverte de Quinquet ou plutôt d'Argant,
malgré les lampes à courant d'air qui portaient injuste-
ment le nom du premier, on voyait partout employés soit
le crasset fumeux, soit la chandelle infecte. L'appareil

d'Argant était lui-même difficile à diriger, capricieux, incomplet, et faisait une dépense d'huile considérable.

Carcel et ceux qui ont modifié son appareil ont inventé des lampes d'un autre système, et ôté à l'emploi de l'huile, comme éclairage, ce que cette substance avait de nuisible et présentait de coûteux. Le gaz éclaire de sa puissante clarté jusqu'à nos plus petites villes de province ; la lumière électrique, encore chère et difficile à diriger, remplacera un jour le gaz lui-même, et substituera aux ténèbres de la nuit un jour véritable. Enfin, l'ignoble et malsaine chandelle devient, quand on le veut, de la bougie, et peut lutter avec la cire par la clarté qu'elle donne.

Le suif forme une des branches considérables du commerce de Paris ; il n'est autre chose, on le sait, que la graisse du bœuf et du mouton. Autrefois, on le fondait indifféremment dans tous les quartiers, et l'odeur que produisait cette opération infectait des rues entières. Aujourd'hui, la fonte des suifs ne se trouve permise que dans des établissements spéciaux appartenant aux abattoirs de la ville.

Le suif brut prend le nom de *suif en branches*. On le prépare dans vingt-huit fondoirs qui approvisionnent en grande partie les fabriques des soixante-dix ou soixante-douze chandeliers, qui exercent encore un genre d'industrie voisin de la décadence.

Ce petit nombre de fondeurs, presque inconnu dans ce qu'on appelle les affaires, n'en fait pas moins un commerce annuel qui s'élève en moyenne à sept ou huit millions de francs. Ils s'approvisionnent de suifs en branches, au moyen des bestiaux abattus pour l'approvisionnement de Paris, et des graisses qu'on leur apporte de la banlieue et même de la province. On évalue leurs approvisionnements à six ou sept millions de kilogrammes[1].

On procède de deux manières à la fonte des suifs.

La première de ces méthodes consiste à fondre le suif en branches à l'aide d'un feu vif, dans de vastes poêles qui contiennent 7 à 8,000 kil. de graisse. Au moyen de gros bâtons, de deux mètres de longueur, on remue cette substance, qui exhale une vapeur nauséabonde. La fusion terminée et amenée à bon point, on coule la couche supérieure du liquide bouillant dans des moules, où il se fige et se transforme en masses solides, connues dans le commerce sous le nom de *pains de suif*.

A cette méthode rudimentaire, on en a substitué une autre, plus intelligente et moins dangereuse. On introduit dans les chaudières, qui contiennent le suif en branches, des acides qui, non-seulement dissolvent les graisses, mais encore les portions de chair qui y demeurent attachées et sur lesquelles le premier mode de préparation

1 Les chandeliers consomment annuellement 500,000 kil. de suif, en tout 10 millions de chandelles, et en retirent une somme de 800,000 fr. environ. On serait disposé à s'étonner du médiocre bénéfice que font ces industriels, surtout lorsqu'on saura que le poids du suif, dans sa refonte, subit une perte de 1 pour 100 sans compter les frais de main-d'œuvre.

Ils compensent ces inconvénients par le poids de la mèche, qui se calcule sur 1 kil. pour 50 kil. de chandelles; souvent encore, et ceci est une fraude, ils mélangent au suif une certaine quantité de graisse de porc, qu'ils désignent sous le nom de *flambert*. Cette graisse moins chère que le suif, donne à la flamme plus de vivacité, mais fait brûler plus rapidement la chandelle. 600,000 kil. de chandelles, à six au demi-kil., sont employées à Paris, c'est une dépense de 17,500 fr. par jour, et une moyenne d'un demi-kilogramme par maison.

restait sans action. Ces portions de chair tombaient au
fond de la chaudière, prenaient le nom de *creton*, et, sou-
mises à une forte pression, servaient à la nourriture des
porcs et à l'engrais des terres. On comprend qu'il est bien
plus avantageux de les assimiler au suif.

Les graisses et les chairs dissoutes, on soumet le suif
liquide à l'action de la vapeur et à une forte ébullition ;
on le décante et on le forme en pains dans des moules,
après y avoir ajouté un kilogramme d'alun par 100 kilog.
de matière, pour lui donner de la blancheur et de la dureté.

Une partie du suif ainsi préparé deviendra de la bougie.
Nous dirons tout à l'heure de quelle façon. Il est, chez les
parfumeurs, la base de toutes ces préparations si chères à
nos Parisiennes, qui ne se doutent guère qu'elles les
doivent au suif.

J'ai dit tout à l'heure que le suif se transformait en
bougie : pour cela, il faut qu'il devienne de la stéarine.

MM. Chevreul et Braconneau conçurent, les premiers,
la pensée d'appliquer à l'éclairage la propriété de combustion qu'ils avaient constatée chez les acides gras.

Cette découverte fut appliquée sur une grande échelle
par MM. Remilly et Motard à la fabrication des acides gras
par la saponification, et bientôt la bougie alcaline fut livrée au commerce et rentra dans la consommation domestique.

Le suif, l'axonge, le vieux beurre, l'huile de palme,
tels sont les éléments qu'on emploie comme base ; on dépose ces substances, avec un peu d'eau, dans une cuve en
sapin. On fait arriver ensuite un courant de vapeur dans

la cuve, et, quand les corps gras sont fondus, on y verse, pour 50 kilogrammes, par exemple, 8 kilos de chaux délitée et réduite en lait, que l'on passe par un crible ; six heures après, le courant de vapeur continue a complété la saponification, comme on le constate par l'aspect granuleux qu'ont pris les matières.

On procède ensuite à la décomposition du savon, au moyen d'une grande écumoire, à l'intérieur d'une cuve placée près de celle où s'est accomplie l'opération, et dans laquelle on a fait un mélange d'acide sulfurique à 66 degrés, double de la quantité de chaux employée, et double du volume d'eau. La vapeur arrive encore dans la cuve ; les acides gras surnagent, tandis que le sulfate de chaux, à mesure qu'il se forme, déchire la surface des grains de savon, agite le bain, et fait rapidement avancer l'opération.

On ferme le robinet de vapeur, on laisse reposer, on enlève les acides gras que l'on verse dans une cuve, on les lave avec de l'eau, toujours au moyen de la vapeur qui nettoie, chauffe et remue à la fois, puis on verse le tout dans un cristallisoir.

Après une nuit de repos, on divise en tourteaux la matière refroidie, on met ces tourteaux dans des sacs de toile ou de crin ; une presse hydraulique en extrait l'acide oléique liquide et les transforme en masses dures et cassantes d'acide stéarique. Déposés, toujours dans leurs sacs, sur des plaques de fer chaud, et soumis à une nouvelle pression, les tourteaux achèvent de rendre le peu d'acide oléique qu'ils contiennent encore.

Alors vous avez une matière d'un blanc éclatant, qu'il

suffit de fondre une dernière fois afin d'en séparer quelques impuretés, et qu'on coule ensuite dans des moules pour en faire des bougies. Les bougies faites, il ne reste plus qu'à les exposer à la lumière et à la rosée, et à les frotter avec un morceau de flanelle, légèrement humectée d'alcool ou d'ammoniaque.

L'acide oléique extrait des tourteaux a une couleur foncée et une odeur âcre. On le purifie par le repos et la filtration à travers des étoffes très-serrées. On l'emploie à la fabrication des savons, à l'alimentation des lampes à souder des orfévres et des fabricants de plaques, enfin à l'ensemage de la laine dans les fabriques de draps.

Le procédé employé pour éviter la nécessité de moucher les bougies consiste dans un tressage ingénieux de la mèche, et dans un bain d'eau mélangée de 5 0/0 d'acide borique. A mesure que la mèche s'use, on la voit se détourner et recourber ses extrémités qui vont se consumer dans le blanc de la flamme. Enfin l'acide borique forme avec la chaux une borate qui se fixe à la mèche et qui se convertit en une perle fusible, qu'on voit briller à l'extrémité de cette mèche, après sa complète combustion.

La bougie stéarique, loyalement préparée, doit avoir la blancheur, la dureté et l'absence complète d'odeur de la bougie de cire. Sa flamme est aussi vive et aussi belle que la sienne ; seulement elle brûle un peu plus vite que la rivale qu'elle a détrônée.

Tout à l'heure je vous disais que le suif plus ou moins purifié composait la base de la plupart des cosmétiques.

Peut-être ai-je un peu étonné mes lectrices en leur révélant l'origine des pommades? Que penseront-elles quand elles connaîtront l'opinion que professe sur ces mêmes pommades le docteur Alphée Cazenave, médecin de l'hôpital Saint-Louis, et auteur d'un livre remarquable, publié sous le titre de *Traité des maladies du cuir chevelu?*

Selon le savant médecin de l'hôpital Saint-Louis, rien n'est funeste comme l'habitude prise par les femmes, pour se conformer aux caprices de la mode, de tordre et de tirailler leur chevelure, de l'enduire de corps gras, ou de la couvrir de toutes ces substances dangereuses qui portent le nom décevant de cosmétiques. Voici en quels termes il résume ses conseils hygiéniques, bien différents de ceux que donnent le charlatanisme ou l'ignorance :

« 1° Si, pour les nécessités de la coiffure ou pour obvier aux inconvénients inhérents à certaines chevelures, il devient nécessaire de se servir de cosmétique, les plus simples, les plus inoffensifs sont toujours les meilleurs ;

« 2° Il faut, à peu d'exceptions près, s'abstenir de l'emploi des préparations actives destinées principalement à faire repousser les cheveux ;

« 3° Toutes les pratiques ayant pour but la teinture des poils sont plus ou moins funestes, et il vaut mieux en tout cas se résigner à ce que l'on regarde comme un déshonneur que de s'exposer aux inconvénients plus ou moins graves qui peuvent résulter de l'emploi de ces cosmétiques ;

« 4° Enfin, le traitement hygiénique de la chevelure, si l'on peut dire ainsi, consiste dans des soins bien entendus de propreté, dans un culte assidu, mais sage et bien réglé, dans un entretien incessant, dont l'emploi prudent de cosmétiques rationnels, dans l'observation rigoureuse de ce principe qui domine toute la matière : que, pour tout ce qui touche à l'organisme humain, il faut toujours suivre et aider la nature ; il ne faut jamais la fausser ni la contraindre. »

Les sages prescriptions de M. Cazenave, que, sans doute la routine empêchera de suivre, me rappellent un fait assez bizarre qui se passa dans les premiers temps du Directoire.

Il n'avait rien moins fallu qu'une révolution pour détruire la ridicule habitude contractée par les hommes et par les femmes de se couvrir la tête de poudre, c'est-à-dire d'amidon pulvérisé et plus ou moins parfumé. Les coiffures grecques avaient succédé, pour les femmes, aux coiffures à la farine, et les beaux cheveux revinrent à la mode. Quelques têtes peu garnies, il est vrai, essayèrent de faire adopter les coiffures à *la victime* et à la *Titus*, qui consistaient à porter les cheveux courts ; mais les femmes qui possédaient de belles chevelures se gardèrent bien d'imiter cette mode. Elles faisaient, au contraire, rechercher dans les musées, par les artistes, les coiffures antiques les plus propres à mettre en évidence la longueur et l'abondance de leurs cheveux.

Un jour, à l'heure adoptée par les élégantes qui s'y promenaient vêtues en statues antiques, on vit arriver dans le jardin des Tuileries une femme pour laquelle eussent été une réalité les vers un peu exagérés d'Alfred de Musset :

> Sa chevelure qui l'inonde,
> Longue comme un manteau de roi.

En effet, les cheveux de cette femme eussent littéralement traîné sur le sol, sans un petit domestique nègre
qui les portait comme sous la royauté les pages portaient
les queues des robes de cour. Ces cheveux, d'un admirable blond cendré, souples, fins, soyeux, appartenaient
à une figure jeune et piquante, grâce à deux grands yeux
noirs, à un petit nez coquettement retroussé, et à une
bouche passablement grande, mais que meublaient des
dents d'une blancheur éblouissante. Quant aux mains et
aux pieds, je dois l'avouer, ils manquaient de race.

Quoi qu'il en soit, la foule entoura cette jeune femme
qui ne se déconcerta point, continua paisiblement sa
promenade à travers les flots des curieux et sut, par sa
retenue et sa présence d'esprit, prévenir toute espèce de
scandale et même d'inconvenance.

Après une heure de triomphe, elle se dirigea vers la
terrasse des Feuillants, monta dans une voiture qui l'attendait et s'éloigna ; cent voitures suivirent la sienne
sans compter les piétons. On la vit descendre dans un
petit hôtel de la rue du Mont-Blanc.

De-temps immémorial, la population parisienne jouit,
à juste titre, d'une grande réputation de badauderie ;
elle la justifia encore cette fois. Non-seulement l'inconnue
aux longs cheveux devint l'objet de toutes les conversa-
tions ; mais encore, chaque jour, des rassemblements
nombreux se formaient dès le matin devant sa porte.

Un homme d'un certain âge, qui l'accompagnait dans
ses promenades aux Tuileries, devint l'objet d'une véritable inquisition ; enfin, un jour qu'on le rencontra seul
au Palais-Royal, un incroyable l'aborda poliment, mais

résolûment, s'excusa de son indiscrétion, et lui avoua avec franchise que tout Paris brûlait du désir de connaître le nom de la mystérieuse et belle inconnue.

L'étranger dont les cheveux d'un blond ardent et coupés en cadenettes, foisonnaient d'une façon presque aussi luxuriante que ceux de la jeune femme, répondit en mauvais français et avec un accent tudesque des plus prononcés, qu'ils arrivaient de Pologne, et que sa sœur la princesse Pzanowska dont une longue maladie avait, il y a quatre ans, altéré la santé, venait demander au climat de la France le terme d'une convalescence trop longue. Du reste, elle va mieux, ajouta-t il, comme vous l'attestent ses cheveux qu'elle avait complétement perdus et que voici à peu près repoussés.

L'incroyable crut d'abord que le Polonais se moquait de lui, mais il n'osa point se fâcher, tant l'étranger s'exprimait avec sérieux et dignité.

« Quatre ans ont suffi pour rendre à madame votre sœur cette chevelure fabuleuse qui met tout Paris en émoi ?

— En Pologne, personne ne s'en étonnerait, répondit l'étranger en souriant. Chacun y sait combien, dans notre famille, il est facile de conserver ou de faire repousser les cheveux. »

En achevant ces mots, il salua en gentilhomme son interlocuteur et s'éloigna.

Ai-je besoin d'ajouter que l'histoire du secret pour la régénérescence des cheveux courut la ville et les faubourgs, et que, dès le lendemain, la maison des étrangers fut assaillie de personnes qui venaient leur offrir d'acheter leur secret?

Ils n'en reçurent pas une seule.

Enfin, après un mois de tentatives sans résultat, une femme que protégeait d'une faveur toute spéciale l'un des membres du Directoire, et qui, bien à contre-cœur, se trouvait réduite à se coiffer à la Titus, déploya tant de ruses et mit en œuvre tant de persévérance, qu'elle pénétra jusqu'à la princesse. Elle la supplia de lui donner son secret, puisqu'elle ne voulait point le vendre.

L'étrangère, dans un français encore plus tudesque que celui de son frère, déclara qu'il fallait bien se rendre au vœu d'un aussi grand peuple que le peuple français, et d'une si charmante personne que celle qui lui parlait ; elle ajouta que, pour composer l'eau philocome, il fallait se procurer des simples, drogues qu'on ne trouve qu'en Pologne, et que la chose ne lui paraissait guère possible. Cependant il y avait un dépôt de ces substances que son frère et elle avaient laissé en Angleterre ; mais comment se les procurer à Paris ?

— Je m'en charge ! s'écria la dame à la Titus ; j'obtiendrai l'autorisation de laisser librement entrer en France le navire qui apportera tous les objets demandés par Votre Altesse pour monseigneur votre frère.

—Il faudrait, ajouta la princesse, que le Directoire consentît à laisser entrer dans le port de Calais ce bâtiment sans l'inquiéter ni surtout sans visiter aucune des caisses qu'il débarquerait. Si nous exigeons qu'on n'ouvre point ces caisses, c'est que le prince Pzanowski, notre père, nous a fait jurer à son lit de mort que nous ne révélerions jamais un secret héréditaire dans notre famille depuis trois siècles.

Ce que femme voulait le Directoire le voulut. Un mois après cette entrevue, un bâtiment arrivait la nuit dans le port de Calais, y déposait cent énormes caisses scellées, et cachetées jusque sur leurs moindres fentes, et repartait sans avoir été inquiété.

On expédia les cent caisses, d'un poids énorme, au prince Pzanowski ; et, peu de temps après, S. A. Pzanowska portait à la protégée du Directoire un flacon de l'eau miraculeuse.

Quand on sut cette nouvelle dans Paris, on assiégea de plus belle l'hôtel du prince. Il déclara dignement qu'il consentait à donner gratis son eau, mais qu'il prélèverait pour les pauvres un droit d'un louis d'or par chaque flacon. En quinze jours, il en distribua plus de cent mille.

Cependant on ne tarda point à remarquer que Paris se trouvait inondé de marchandises de contrebande et un chimiste s'avisa de demander à la science quelles substances composaient le cosmétique si fort en vogue : il n'y constata qu'une forte dissolution de foin.

Enfin, et c'était bien le pire, les cheveux de la dame à la Titus n'avaient point crû d'un millimètre.

Alors la douane et sa sœur la police se mêlèrent de l'affaire ; une nuit on fit une visite domiciliaire chez le prince Pzanowski.

L'hôtel était désert ; on n'y trouva même pas une table pour écrire le procès-verbal.

Les seules choses qu'on y put saisir, furent une paire de moustaches gigantesques et deux perruques, l'une d'homme et l'autre de femme, très-habilement faites,

C'étaient les chevelures fantastiques du prince Pzanowski et de la princesse Pzanowska.

Les mauvais plaisants prétendirent même, qu'à chacune de ces perruques se trouvait attachée cette inscription :

AU DIRECTOIRE ET AUX BADAUX, DEUX PARISIENS ENRICHIS ET RECONNAISSANTS !

De nos jours, que de marchands de cosmétiques pourraient remplacer leur enseigne par une inscription semblable !

HUARD ET VERDURON

I.

LE QUARTIER DU TEMPLE

Pour visiter des lieux inconnus et pour étudier des
mœurs étrangères, il n'est pas de nécessité qu'un Parisien monte sur un bâtiment à trois mâts, se résigne aux
ennuis d'une traversée, et s'assujettisse aux fatigues d'un
voyage de long cours. Un navire l'attend, qui met à la
voile de dix minutes en dix minutes, chargé de passagers, et qui le conduira vers des régions aussi nouvelles,
pour beaucoup d'habitants de la Chaussée-d'Antin ou du
faubourg Saint-Germain, que le seraient les savanes de
l'Amérique ou les plages du Congo. Ce navire, c'est l'om-

nibus ; ces régions, c'est le Jardin des Plantes, la barrière d'Enfer, le faubourg Saint-Antoine, le quartier du Temple et cent autres.

Et pour procéder avec méthode, ne pensez pas que l'intérêt commence seulement alors que le voyageur prend terre ; ne croyez pas que la traversée soit monotone et insignifiante. Non ; chaque voiture à six sous présente une physionomie particulière et caractéristique. De la Villette à la barrière d'Enfer, on fait route avec de gros hommes qui parlent vins et transports, tandis que, près de ces négociants, viennent s'asseoir des ouvriers et des femmes qui portent en eux je ne sais quoi de campagnard. Au contraire, la voiture qui mène de la barrière Blanche à l'Odéon, ne conduit guère que des artistes ou des personnes assez heureuses pour posséder cette *mediocritas aurea* sur laquelle Horace édifiait son *Hoc erat in votis*. La plupart des hommes portent à leur boutonnière le ruban de la Légion d'honneur ; on trouve dans la toilette des femmes une élégance, une distinction qui consistent bien plus dans la manière de disposer les étoffes que dans la valeur des étoffes elles-mêmes ; enfin, là voiture dont je vous parle ressemble à un salon où l'on se reconnaît, où l'on se parle, où l'on échange des politesses, tandis que dans les autres omnibus, celui de Montmartre aux Gobelins, par exemple, on se presse et l'on se coudoie sans égard.

Quelques-uns de ces différents caractères se retrouvent dans les omnibus qui conduisent de la barrière du Roule à la Bastille. Jusqu'à Tortoni, on rencontre un mélange d'habitants de la barrière et d'artistes à qui leurs occu-

pations journalières ne permettent pas d'aller chercher
la campagne plus loin que les Thernes, ou le bois de
Boulogne. Le passage de l'Opéra, les rues Laffite, du
Helder, Taitbout et Grange-Batelière fournissent des
voyageurs fashionables qui descendent ordinairement
vers la porte Saint-Martin, et cèdent la place à des ouvriers et à des gens du peuple. A mesure que l'omnibus
continue sa route, cette nouvelle population augmente
et prend un aspect plus rude ; si bien qu'arrivé au faubourg Saint-Antoine, il ne descend de la voiture que des
gens en blouses ou des femmes en bonnet et chargées
de paniers.

...Aussi, je ne veux point vous laisser aller jusque-là.
Dites au conducteur d'arrêter en face des petits théâ-
tres, dont le groupe réunit le Cirque, les Folies-Drama-
tiques, la Gaîté, les Funambules, le théâtre Saqui et le
Petit-Lazary. Descendez : vous voici devant le passage
Vendôme.

Pour commencer, dites-moi si jamais les tristes résultats d'une spéculation avortée ont apparu d'une manière
plus patente et plus triste ! Des professions manuelles et
qui n'ont aucun besoin de se loger dans un lieu mis sans
cesse en contact avec les passants occupent la plupart
des arcades. Une blanchisseuse de fin en occupe deux à
elle seule. Les volets de plusieurs boutiques restent fermés. Ici, des bandes de papier soutiennent les vitres à
demi brisées ; là, on a substitué des planches grossières
aux pilastres de marbre qui devraient briller le long des
murs ; le silence profond que l'on remarque le soir dans
les églises solitaires règne dans cette galerie ; enfin,

comme sous les voûtes saintes, les échos répètent les grincements des pas qui, de temps à autre, viennent -glisser sur les dalles de marbre.

Qu'une telle solitude ne vous décourage pas cependant; car elle précède un quartier où règnent avant tout l'activité, le commerce et la foule. Traversez donc cette nef glaciale; dirigez-vous à travers la rue Dupuis, et regardez. Vous vous trouvez entre deux bazars immenses : l'un, vaste rotonde de pierre, contient pour plus de deux millions de marchandises; l'autre, sorte de hangar à claire-voie, ne renferme pas des valeurs moins considérables. Dans le premier, demeure l'aristocratie d'un commerce tout particulier, dans l'autre la plèbe du même commerce.

Ces deux hangars se nomment le *Temple;* ce commerce consiste dans l'achat et la vente de la défroque de tout Paris. Il faut infailliblement que viennent au Temple, soit par vente après décès, soit parce que leurs maîtres se lassent de s'en servir, les meubles, les habits, les chaussures, et jusqu'au linge de tout habitant de Paris. C'est une loi à laquelle il ne peut se soustraire, qu'il possède des millions ou qu'il vive au jour le jour; qu'il habite un hôtel ou qu'un escalier roide et de trois cents marches conduise à sa pauvre mansarde. La robe de bal, si fraîche, si voluptueuse, qui laissait à demi-nues les épaules blanches et frissonnantes de la jeune femme d'un ministre, append à côté du jupon grossier de la marchande des rues; l'épée d'un amiral se croise avec le poignard de fer blanc qu'un tragédien de province a vendu dans un jour de misère : vous pouvez reconnaître, avec un peu d'attention, le canapé qui meublait naguère le boudoir d'une actrice célèbre ; et voici votre propre habit qui, des épaules de votre valet de chambre, a passé sur le porte-manteau d'un fripier, où il s'agite au moindre vent. Le cœur se serre devant ces catacombes de chiffons qui parlent du néant aussi haut que pourraient le faire les ossements d'un héros : *vain reste de ce qui n'est plus,* comme dit Bossuet.

Quoi qu'il en soit, nulle part, plus qu'au Temple, on ne témoigne si grande âpreté à la vente ; nulle part on ne met en œuvre plus de persévérance pour faire mordre à l'achat le promeneur. Dès qu'il paraît, un feu de file de voix forme sur son passage une arquebusade bien nourrie de questions, et dans laquelle chaque interlocutrice énumère les objets qu'elle juge pouvoir convenir au survenant.

« Voulez-vous un joli bonnet, une robe toute neuve, mademoiselle ?

— Allons, mon brave, vous cherchez une paire de souliers ! j'ai ce qu'il vous faut : solide comme du fer.

— Monsieur veut-il des rideaux de soie ? j'en ai de magnifiques en gros de Tours, en damas, en étoffe de laine. Préférez-vous de la crépine ? Est-ce des armures ? Est-ce des tapisseries ? J'ai tout cela. »

Si l'on reconnaît dans l'étranger, non pas un acheteur, mais un oisif ou un curieux qui flâne, alors les épigrammes et les facéties pleuvent de toutes parts.

« Ce monsieur veut-il des chemises ? tout ce qu'il y a de plus beau pour trente sous ?

— Vous faut-il un habit ? le vôtre est bien usé.

« — Ne vois-tu pas que ce monsieur désire un chapeau? le sien ressemble à la coiffure de Robert-Macaire.

— Ce sont des bottes, car il marche sur les escarpins du père Adam... »

Chacune de ces attaques provoque l'hilarité des marchandes... Et il ne faudrait pas s'en fâcher, car alors des huées, des cris et peut-être des voies de fait, accueilleraient votre colère. Le mieux est de rire avec elles ou de continuer votre promenade sans avoir l'air de les entendre.

Les boutiques du Temple s'alimentent en grande partie par les marchands de vieux habits qui parcourent les différents quartiers, et dont les voix criardes troublent de si grand matin le repos des citoyens attardés dans leur sommeil; ils choisissent ce moment, parce que, d'ordinaire, personne n'est encore sorti de chez soi. Le nez au vent, l'œil aux aguets, l'oreille attentive, ils épient le moindre grincement de fenêtre qui s'ouvre. Dès que ce bruit se fait entendre, dès qu'une personne se montre, aussitôt les marchands se plantent là, en face, répètent leurs cris, chantent : *Vieux habits, vieux galons ! Avez-vous de vieux habits à vendre?* et n'épargnent ni les signes de tête ni même les questions directes. Si vous les autorisez à monter, ils sont chez vous en un clin d'œil, et, en mettant le pied sur le carré, ils ont déjà vu l'objet que vous voulez vendre; ils l'ont déjà estimé à sa valeur précise. Cependant ils le déploient longuement, il l'examinent avec scrupule et font une longue énumération des parties défectueuses qu'ils y trouvent : « Le drap est usé sans ressource, la doublure ne vaut plus rien, la pluie a gâté ce velours, et voici des traces lamentables laissées par les mites. »

Après avoir déprécié de la sorte les objets proposés à leurs enchères, il mésoffrent sur le prix modique que vous demandez; enfin, après des contestations où ils ne négligent rien pour lasser la patience, ils emportent victorieusement la défroque en la payant au plus le quart de sa valeur réelle.

A deux heures, vous retrouverez tous ces marchands au Temple : les uns, commis-voyageurs des fripiers à domicile, rapportent à leurs patrons ce qu'ils ont recueilli dans leurs courses; les autres, courtiers intelligents, revendent avec bénéfice ce qu'ils ont acheté.

Une fois chez les fripiers, toutes ces guenilles acquièrent une valeur nouvelle, grâce aux préparations qu'on leur fait subir. On enlève les taches du drap, on nettoie et l'on donne du lustre aux soieries; le vieux chapeau retapé devient brillant et solide, et de deux habits défectueux on en fabrique un neuf; surtout, il n'est point d'artiste en mosaïque qui puisse lutter de patience et d'adresse avec l'art d'un rajusteur de tapis, avec l'industrieuse persévérance d'une raccommodeuse de dentelle.

Ainsi transmuées, ces matières sans valeur se vendent cent fois ce qu'elles ont coûté et retournent même parfois aux mains de leurs premiers propriétaires. Tel bouquet de plumes jeté dans un coin par la femme de chambre d'une ambassadrice revient, après avoir passé par le Temple, reprendre sa place sur le chapeau de la noble dame; car c'est au Temple, dans certains magasins renommés pour ce genre de restauration, que les plus célèbres modistes font mystérieusement acheter les plumes d'autruche et de marabout qu'elles emploient. Plus d'un oiseau de paradis rongé par les vers se vend trente sous lorsqu'il entre chez le fripier, et se revend cinq cents francs lorsqu'il en sort.

Le Temple est encore la providence des actrices nomades de province et de toute cette partie de la population parisienne qui préfère un luxe douteux à une simplicité décente.

Allez au Temple vers sept heures du matin, vous y rencontrerez une foule de femmes cachées sous des voiles, qui viennent se procurer au rabais des cachemires à demi usés, du satin d'occasion et du linge, oui, du linge... Une provinciale frémirait de dégoût à l'idée de porter la chemise d'une inconnue; la Parisienne ne se sent pas un pareil scrupule; il lui suffit de trouver à vil prix une toile qui ne soit pas d'apparence grossière; le reste ne fait rien; on ne saura pas qu'elle s'est approvisionnée au Temple, c'est assez; car le luxe parisien consiste seulement dans la forme extérieure. En quelque sorte, on ne se soucie point d'être riche pourvu qu'on le paraisse; tel ménage s'astreint aux plus rudes privations d'intérieur, qui se promène en calèche au Bois et se montre une fois par semaine aux Italiens ou à l'Opéra.

II

IN PRINCIPIO

Je vous ai dit tantôt que, chaque jour, vers deux heures, les marchands de vieux habits se réunissaient au
Temple. Après avoir crié toute la matinée, ces hommes
doivent naturellement éprouver une soif ardente qu'il
leur faut satisfaire. Cependant, jusqu'au mois de juillet
1815, une seule boutique de marchand de vin, tenue par
un vieillard grognon et mal approvisionné, se trouvait
sur la place du Temple, au coin de la rue du Puits.

Ce fut alors qu'un ancien tambour de la garde, mis à
la réforme et nommé Pierre Huard, ne sachant trop que
faire pour vivre, s'avisa d'acheter, à crédit, cinq ou six
bouteilles de vin et de venir s'installer avec trois verres
au beau milieu du Temple, entre la rotonde et le hangar. Le soleil dardait avec violence, le vin n'était pas
trop mauvais, et Pierre Huard ne le faisait payer qu'un
sou le verre. Si bien qu'une heure après son installation
il courait chez le marchand qui lui avait vendu le vin, en
acquittait le prix; et avec ses bénéfices en acquérait quatre autres bouteilles.

Le petit commerce de Pierre Huard prospéra et s'arrondit. Au bout de quinze jours, ce n'était plus seulement des bouteilles de vin, mais encore des flacons
d'eau-de-vie qui se pressaient au milieu de sa petite table

et reflétaient, sur leurs flancs jaunes, les rayons splendides du soleil. Un mois après, une tente abritait le marchand et les buveurs, et il fallait à Pierre Huard quelqu'un pour l'aider à servir ses nombreux chalands. Pierre Huard alors épousa une jolie servante du quartier dont les coquetteries, les beaux yeux noirs et la langue bien affilée ne contribuèrent pas médiocrement à la fortune de son mari.

Quatre ans après, Pierre Huard acheta, sur la place de la Rotonde, au coin de la rue du Forez, une petite maison qu'il paya comptant et dans laquelle il transporta son commerce devenu non-seulement un débit de vin et de liqueurs, mais encore une sorte de restaurant et presque une boutique de fruitier et d'épicier.

Ces merveilles prenaient leur source dans la persévérance et l'esprit d'ordre de Pierre Huard, joints à l'intelligente activité de sa femme, toujours alerte, toujours joyeuse, prompte à la repartie, et qui, les bras nus jusqu'au coude, la taille serrée par un étroit corset et le minois emprisonné dans un petit bonnet de dentelle, faisait le bonheur et le désespoir de chaque habitué de sa maison; c'est-à-dire de tous ceux que leurs affaires amenaient quotidiennement au Temple.

Quels que fussent l'ordre et l'économie du ménage de Pierre Huard, Pierre Huard ne se refusait pourtant rien de ce qui pouvait rendre la vie douce et bonne à lui et à sa femme. Des bagues d'or chargeaient les mains de la jeune marchande, et, le dimanche, il fallait voir le mari, vêtu d'un habit bleu tout neuf, donner le bras à Catherine qu'il conduisait à quelque spectacle après avoir diné au restaurant : non pas que leur ordinaire ne fût pas aussi bon que celui d'un gargotier; loin de là, mais parce que cette habitude débarrassait Catherine de tout soin de ménage.

Dans la semaine, ils avaient presque toujours à souper un ami ou deux; parmi les plus assidus, il convient de citer Jacques Verduron, ancien cocher retiré.

Jacques Verduron devait sa fortune et son oisiveté à l'amour. La veuve d'un épicier s'éprit de belle passion pour le visage coloré fortement et pour les larges épaules du grand garçon qui conduisait avec tant d'habileté les chevaux et le carrosse confiés à ses soins. D'abord la pudeur d'une mésalliance combattit en elle l'amour : car que dirait-on dans le quartier en apprenant la condition du nouvel époux qu'elle choisissait? Mais les paroles emmiellées de Verduron, qui s'était aperçu du tendre penchant de la dame et qui, de son côté, n'en éprouvait pas un moins vif pour « les beaux yeux de sa cassette, » triomphèrent de tous les obstacles. Si bien que madame veuve Rubin trouva le moyen de concilier l'amour et la vanité en réalisant sa fortune par la vente de son fonds d'épicerie. Cela fait, elle changea de quartier, vingt du carrefour Bussi habiter la rue de la Corderie du Temple avec son époux Jacques Verduron, six mille livres de revenus et son amour.

Pendant les six premiers mois de mariage, Jacques Verduron trouva charmant de se voir sans relâche, durant toute la journée, l'objet des tendresses et des petits soins d'une femme qui l'adorait. Habiter un apparte-ment à lui, avec des meubles à lui; se vêtir comme le

plus élégant du quartier et trouver à son dîner de l'excellent vin et trois plats ; au lieu de servir, être servi ;
enfin ne manquer jamais d'argent dans son gousset, lui
paraissait la plus douce des existences. Mais au bout de
ce temps son oisiveté le fatigua, et les caresses et les
jalousies de sa femme, plus âgée que lui de dix ans, commencèrent à lui peser d'une étrange façon. Une vieille
servante, désagréable, secondait merveilleusement madame Verduron dans l'espionnage dont elle entourait
son mari, et c'étaient chaque jour des scènes furibondes
à propos des plus innocentes démarches.

Alors Jacques Verduron regretta ses chevaux, sa vie
de cocher et ses douces causeries à l'office. Mais il était
trop tard, et il lui fallait choisir entre l'esclavage le plus
absolu ou des querelles domestiques. L'esclavage lui parut trop lourd : une guerre de tous les instants commença donc entre lui et madame Verduron. Quand celle-
ci, lasse de crier et de pleurer, s'aperçut que ses récri-
minations ne servaient qu'à éloigner son mari de la
maison, elle céda peu à peu à la persistance de Jacques
et finit par lui accorder une honnête liberté dont il ne se
servait guère, du reste, que pour aller passer la soirée
et souper chez Pierre Huard.

Dame Catherine entrait-elle pour quelque chose dans
les assiduités de Jacques chez le marchand de la rue du
Forez ? Madame Verduron le craignait parfois, mais à
tort. Ce qui charmait le cocher, c'était, premièrement, de
ne point sentir là sans cesse sa femme à ses côtés. Ensuite,
la conversation amusante de Pierre et une sincère admiration pour l'ami qui, seul et sans un sou, était parvenu

à se créer une petite fortune, l'attiraient chez Pierre dont il devint peu à peu l'ami dévoué. Sa propre fortune lui coûtait si cher, qu'il prisait au-dessus de tout l'homme qui par sa seule habileté était arrivé à des résultats à peu près semblables.

Si Jacques aimait Pierre et lui portait envie, ce dernier ne professait pas pour son ami une estime et une affection moins grandes. Quand Jacques, par hasard, ne venait point passer la soirée rue du Forez, on ne savait que faire au logis, et Catherine pouvait s'attendre à quelque bourrade de son mari. En effet, personne ne savait, comme le rentier de la rue de la Corderie, écouter les propos de Pierre, l'encourager et l'applaudir dans les projets qu'il méditait pour accroître sa fortune.

« Je veux devenir tout à fait riche, disait Pierre, et me retirer à soixante ans dans un hôtel à moi et avec deux bons chevaux dans mon écurie; je veux avoir des domestiques pour me servir; je veux passer l'été dans une maison de campagne et l'hiver ne pas manquer un spectacle. Et tout cela, Verduron, se réaliserait deux ans plus tôt si je possédais une soixantaine de mille francs de plus. Il y a des spéculations sûres à faire sur les sucres. Si j'avais eu, la semaine dernière, la somme nécessaire pour en acheter cinquante mille pains, je gagnais vingt mille francs d'un seul coup. Je n'ai pu par malheur opérer que sur trois mille. »

Ces paroles enflammaient l'imagination de Jacques, à qui d'ailleurs pesaient étrangement son oisiveté et le remords qu'il avait de ne devoir sa fortune qu'à sa femme. « Si je doublais cette fortune, pensait-il, elle n'aurait plus le droit de me faire le moindre reproche ; je pourrais aller près d'elle la tête haute. » Si bien que peu à peu cette idée s'empara de lui à un tel point qu'elle ne lui laissait plus aucune relâche, et qu'un soir il glissa à sa femme quelques paroles d'un projet d'association entre lui et Pierre Huard.

D'abord madame Verduron frémit à l'idée d'exposer à des chances commerciales sa fortune solidement établie sur le grand-livre et d'un revenu net, sûr et régulier. Mais elle aimait si follement son mari, que l'idée de le savoir près d'elle, du matin au soir, occupé, et ne pensant pas à mal par désœuvrement, l'emportèrent sur toute autre considération. Elle revint elle-même à l'idée de son mari et se mit à en poursuivre l'accomplissement avec une ardeur qui surpassait l'impatience de Jacques. D'ailleurs, ne deviendrait-elle pas d'une grande importance dans cette association? Ses connaissances et sa longue habitude du commerce d'épiceries ne seraient-elles pas les chances principales de l'entreprise que formeraient les deux amis ?... Ainsi donc elle reprendrait encore sa place dans un beau comptoir ; elle tiendrait encore de nombreux garçons sous ses ordres ; ainsi Jacques ne pourrait même pas franchir le seuil du magasin sans qu'elle le sût, sans qu'elle le vît!... Et puis devenir riche, réellement riche cette fois ! Il en fallait moins pour lui tourner la tête.

Restait à proposer l'association à Pierre Huard et à la lui faire accepter. Les époux Verduron attachaient tellement d'importance à leur projet, qu'ils s'exagéraient les difficultés de la réussite et qu'ils se créaient mille obstacles imaginaires. En effet, Pierre Huard convoitait depuis bien longtemps les capitaux importants que Verduron pouvait apporter dans son commerce par une association. De même que tous ceux qui sont fils de leurs œuvres, il rêvait sans cesse une position plus brillante ; c'était moins un accroissement de fortune qu'un accroissement de commerce qu'il ambitionnait. Mais, comme il ne pouvait supposer que le paisible rentier Verduron songeât le moins du monde à prendre la vie agitée d'un industriel, il traitait ces projets d'association en des châteaux en Espagne sans consistance.

Ainsi, tous les deux préoccupés d'un pareil désir, ces hommes, par la passion même avec laquelle ils apprêtaient leurs projets, en retardaient, en rendaient même presque impossible l'accomplissement. Leurs relations néanmoins se resserraient davantage, et les femmes qui, jusqu'alors en étaient restées aux plus vagues démonstrations de politesse, se rapprochèrent peu à peu et devinrent intimes. Madame Verduron donna plusieurs dîners splendides. Madame Huard y fut invitée avec son mari, et toutes les attentions et tous les honneurs du repas s'adressèrent à elle. Catherine ne mit pas moins de faste et de coquetterie à traiter chez elle madame Verduron. Enfin il ne se faisait plus, dans les deux ménages, une partie de spectacle ou de campagne qu'elle ne leur devînt commune.

III

ASSOCIATION

On le comprend, l'association découla enfin d'une si grande intimité. Personne ne la proposa directement ; de part et d'autre, elle se trouva conclue et arrêtée comme chose naturelle et toute simple. Pierre Huard fit l'inventaire de sa boutique, évalué à cinquante mille francs ; les époux Verduron apportèrent une somme égale ; on résolut en outre qu'ils viendraient loger dans la maison de la rue du Forez, et qu'ils y occuperaient l'appartement du premier, mis en location jusque-là. Un grand dîner célébra la réunion des deux familles, et l'on y convia les plus riches clients de l'établissement désormais commun. Enfin une enseigne en lettres d'or surmonta le fronton de la boutique et montra l'inscription suivante aux passants :

AU TONNEAU D'OR

HUARD ET VERDURON

COMMERCE

D'ÉPICERIES, VINS ET LIQUEURS.

Les premières semaines de l'association ne furent que satisfactions et joies, Mesdames Verduron et Huard parlaient de ne faire qu'un seul ménage, de prendre leurs repas en commun, et, à défaut d'enfant, formaient des projets de mariage entre une petite nièce de quatre ans qu'avait la première et un filleul de sept que Catherine aimait comme son propre fils. Enfin, mettant de côté les froides formules de la politesse, elles n'employèrent bientôt plus que le langage du *tu*, s'appelèrent entre elles de leurs petits noms et finirent par ne plus pouvoir se quitter.

Quant aux maris, c'était une union bien plus étroite et bien plus complète encore. Levés tous les matins au point du jour, il fallait les voir dans leur magasin, les bras nus jusqu'aux coudes, remuant les tonneaux et préparant les marchandises ; car ce n'était plus à vendre du vin, de l'eau-de-vie et quelques épiceries usuelles que se bornait leur commerce. Non, ma foi ! ils spéculaient en gros sur les denrées coloniales, et il avait fallu que Huard reprît, pour mettre ses marchandises, un immense magasin situé en face de sa maison ; magasin qu'il avait loué jusqu'alors à un marchand du Temple, et qui ne pouvait suffire aujourd'hui à tous les approvisionnements qu'achetaient les deux associés.

Il est inutile de vous dire que la boutique elle-même n'avait pas gardé son aspect modeste et enfumé ; qu'elle avait participé à l'amélioration générale, et qu'on avait placé la glorieuse enseigne dont je vous parlais tout à l'heure sur une façade recrépie à neuf. Les boiseries intérieures, les rayons et les deux comptoirs de chêne, restaurés également, étincelaient de propreté. Dans celui de droite se tenait madame Huard, qui continuait de débiter les boissons aux innombrables pratiques habituées depuis dix ans à recevoir de sa petite main potelée le canon de vin ou le petit verre d'eau-de-vie ! A gauche, en face d'elle, on voyait madame Verduron, qui, forte de son expérience en épiceries, faisait servir les chalands par deux garçons, et ne dédaignait pas elle-même, parfois, de peser une once de café et d'avancer une livre de chandelles.

Arrivait-il quelque instant de relâche, on entendait aussitôt la voix doucereuse de madame Verduron adresser des paroles d'amitié à sa chère Catherine, qui lui répondait sur le même ton ; enfin, pendant la durée des repas, si l'arrivée d'un acheteur exigeait que l'une d'elles se dérangeât, elles se disputaient à qui ferait pour l'autre cette corvée : souvent elles quittaient la table toutes les deux plutôt que de céder.

Un bonheur si complet, une union si parfaite, valaient trop de bonheur à ces quatre personnes pour que le diable ne se mêlât point de les troubler. Hélas ! il n'y réussit que trop !

Charmés de la bonne intelligence de leurs femmes, Huard et Verduron redoublaient de soins et d'attentions pour elles ; il ne se passait guère de jour sans qu'ils ne rapportassent au logis quelques bagatelles qu'ils offraient, Huard à madame Verduron, Verduron à madame Huard. Le caractère de ces deux hommes se retrouvait dans les cadeaux qu'ils faisaient. Il y avait toujours un peu de parcimonie dans les emplettes de l'ex-tambour, qui devait sa fortune à la plus sévère économie ; l'autre, au contraire, comme tous les enrichis par hasard, tranchait du grand seigneur et faisait les choses largement. Ajoutez que, fort de la pureté de ses intentions, il ne songeait point à cacher le plaisir qu'il trouvait à la conversation de la joyeuse Catherine, conversation que rehaussaient avec tant de charme un minois piquant et deux grands yeux noirs.

Or madame Verduron avait beau empanacher ses bonnets de tous les rubans possibles, elle avait beau se pincer les lèvres et chercher à imiter les tours de tête de Catherine, son miroir ne lui disait que trop la position secondaire que gardaient ses quarante-cinq ans devant les vingt-huit de son amie ; en outre, une voix secrète ajoutait que, plus jeune et plus jolie, elle recevrait de Huard des présents moins mesquins. Du sentiment de son infériorité personnelle et du dépit des attentions que prodiguait son mari à la jeune femme, elle arriva bientôt à une double jalousie contre Catherine.

Humiliée dans sa vanité de femme, blessée dans sa tendresse d'épouse, vous pouvez savoir quel ferment de haine se développa dès lors au fond de son cœur. Il ne fallait que la voir pour le comprendre. Pourtant, en apparence, rien n'était changé dans ses paroles à l'égard de Catherine ; elle multipliait toujours près d'elle les mêmes attentions carressantes ; mais sans cesse une nouvelle aversion venait accroître la rage sourde couvée dans son cœur et devait éclater au moindre choc.

De son côté, Catherine n'était point dupe des cajoleries de madame Verduron. Les femmes ont un instinct merveilleux pour saisir entre elles les mystères de la pensée et des sentiments secrets.

Une lutte commença donc, une lutte à mort, avec des

redoublements de courtoisie; elles s'embrassaient, quand leurs mains se crispaient pour s'étouffer.

Les deux associés tout entiers à leurs affaires, ne se doutaient en aucune façon de l'orage terrible amassé au-dessus d'eux, et qui devait éclater d'une manière inattendue.

Madame Verduron, en quittant son appartement de la rue de la Corderie, avait amené avec elle, rue du Forez, une domestique qui la servait depuis quinze ans et dont elle avait fait sa confidente. Grosse, ignoble, hypocrite et flagorneuse, Fannie trouvait trop son profit aux ridicules de sa maîtresse pour ne point les flatter de toutes les manières. Son allure fausse et sa personne graisseuse avaient inspiré à la franche Catherine un dégoût qu'elle ne songeait point à dissimuler; d'autant plus que, n'ayant pas de servante, elle ne voyait pas, sans une sorte de jalousie, madame Verduron plus avantagée qu'elle sous ce rapport. Donc, toutes les fois qu'elle pouvait trouver Fannie en faute, elle ne manquait pas de signaler énergiquement à madame Verduron le méfait commis; celle-ci, dans les premiers temps de l'association, vaincue par l'évidence des larcins que faisait à ses dépens Fannie, avait failli céder et la renvoyer ; mais bientôt elle aima cette créature de toute l'aversion que lui témoignait madame Huard, et le rouge de la colère montait au visage de l'épicière chaque fois que son ennemie attaquait la servante.

Cependant elles en restaient encore aux paroles et aux formes bienveillantes, et, si mille querelles avaient eu lieu entre elles, c'était sous des apparences courtoises; à peu près comme un volcan qui brûle sous quelques pieds de terre qu'il n'a point encore brisés.

" Surveillée, espionnée, harcelée et souvent prise en défaut par madame Huard, Fannie résolut de s'en débarrasser une bonne fois et de se faire accuser par cette femme d'un délit dont elle paraîtrait innocente. Pour cela, elle prit dans la chambre de sa maîtresse une boucle d'oreille d'or, et la jeta, le matin, pendant le déjeuner, sous le comptoir de son antagoniste, et près d'un petit chien qu'idolâtrait madame Huard. Quand madame Verduron voulut mettre ses boucles d'oreille, elle n'en trouva plus qu'une; on chercha dans tout l'appartement; on visita la maison de la cave au grenier, les perquisitions restèrent inutiles; madame Huard, triomphante, ne manqua pas de dire que Fannie devenait responsable des bijoux perdus, et qu'en cette occasion elle était au moins coupable de négligence. A ces mots, la grosse servante fondit en larmes et prit le ciel à témoin de son innocence.

« Ce n'est point la première fois que vous perdez les bijoux de votre maîtresse; il en est peut-être de cette boucle d'oreille comme du mouchoir brodé qui sortait hier de votre poche.

— Quel mouchoir ? fit madame Verduron.

— Celui-ci, répliqua madame Huard, en montrant un mouchoir qui appartenait en effet à madame Verduron ; celui-ci ! je l'ai tiré doucement de sa poche, et sans qu'elle s'en aperçût. Qu'elle me démente, si elle l'ose ! »

Fannie restait atterrée, quand tout à coup, le petit chien de madame Huard sortit du comptoir en jouant avec quelque chose de brillant qu'il traîna au milieu de l'arrière-boutique ; c'était la boucle d'oreille.

« Vous voulez perdre une pauvre fille ! s'écria la servante ; vous avez pris le mouchoir et la boucle d'oreille pour m'accuser, par de fausses preuves. Que vous ai-je fait, madame ? »

Disant cela, elle fondit en larmes.

Madame Verduron, tremblante et pâle, s'avança vers madame Huard ; les traits crispés par les plus effroyables contractions qu'ait jamais jetées la haine sur un visage de femme... Toute la rage amassée depuis si longtemps sur son cœur allait enfin éclater librement.

Elle promena ses yeux gris et flambloyants sur madame Huard ; elle agita les lèvres pendant quelques secondes avant de pouvoir parler ; enfin elle lui jeta au visage d'une voix sèche et saccadée :

« Allez, cela est indigne ! Vous devriez vous rappeler que vous avez été, vous aussi, une servante. »

IV

DISCORDE

Lorsque Verduron et Huard, sortis ensemble le matin pour une affaire importante, rentrèrent au logis, ils trouvèrent toute la maison dans le plus grand trouble. Chacune des deux femmes exposa à son mari, non sans larmes, l'indigne conduite de son ennemie. Madame Verduron montrait madame Huard sous l'aspect d'une vile calomniatrice à laquelle tous les moyens étaient bons pour perdre une pauvre fille ; tandis que l'autre, pâle de rage, demandait vengeance de l'insulte que lui avait crachée au visage l'indigne madame Verduron. L'ex-tambour aimait sa femme, l'ex-cocher craignait la sienne ; ils adoptèrent donc chaudement les querelles des deux exaspérées créatures, et s'en plaignirent mutuellement avec violence ; car le bon accord des associés commençait à s'altérer aussi d'une façon sensible. Le premier motif de ce germe de désunion provenait du peu de réussite qu'obtenaient les affaires de la nouvelle raison sociale ; les bénéfices étaient loin d'atteindre au taux espéré, et plusieurs pertes considérables les diminuaient encore. Ces pertes, Verduron en accusait Huard ; Huard, de son côté, les attribuait au laisser-aller vaniteux de Verduron qui tranchait toujours du grand seigneur et qui ne savait rien refuser, pouvu que l'on flattât son amour-propre et que l'on s'adressât secrètement à lui, sans prendre garde à son associé. Car, peut-être parce qu'il avait le sentiment de son infériorité, l'ex-cocher avait la prétention de tout diriger et laissait entendre que sans ses conseils, et surtout sans les sommes considérables qu'il avait apportées à la société, Huard serait demeuré un pauvre petit marchand de vin et d'épiceries.

Ces manières d'agir froissaient Huard, homme brusque, actif et qui, devant tout à lui-même, avait de lui une estime exagérée. Enfin Verduron, beau parleur, aimait à faire des phrases et à s'étendre en digressions ; Pierre

Huard savait au contraire le prix du temps et n'aimait à perdre et à voir perdre en paroles que juste ce qu'il fallait pour arriver au résultat désiré : de sorte qu'à toute minute, Huard interrompait brusquement, même en présence de tiers, les fleurs de rhétorique de son associé; et ne ménageait pas la vanité du bavard, si ce dernier se donnait des airs de maître.

Donc Verduron humilié se tenait à l'affût des moindres déconvenues qui survenaient dans les moyens mis en œuvre par son associé, et ne manquait jamais de rabâcher dix fois par jour, « que ce ne serait point arrivé en suivant ses propres avis; » de sorte qu'à la contrariété du non-succès, si douloureuse déjà pour les intérêts et pour l'amour-propre de Huard, se joignait l'irritation de ces reproches, d'autant plus cuisants qu'ils frappaient juste. Il en éprouvait une telle colère, que souvent elle le faisait persister à suivre des idées que lui-même reconnaissait mauvaises, et qu'il eût abandonnées de suite sans les criailleries de Verduron. Mais l'entêtement et le désir de contrarier ce parleur acharné l'emportaient sur toute autre considération; de là, maint échec amèrement reproché; de là, un ferment de haine non moins âcre que celui des deux femmes.

Ce fut donc, Verduron, la face empourprée de colère, et Huard pâle et le visage contracté par la rage, qu'ils se demandèrent mutuellement justice de leurs femmes.

Verduron, qui tant de fois avant de s'associer avec Huard, s'était plaint à lui du caractère tracassier de son épouse surannée, ne voulut point en cette occasion la re-

connaître coupable du plus léger tort ; Huard riposta par
une égale opiniâtreté ; des mots hostiles s'échangèrent, et,
sans l'intervention des garçons de magasin, ils en seraient venus aux coups. Heureusement on parvint à les
séparer, et des amis, des voisins accourus au bruit de la
querelle opérèrent entre eux une réconciliation qui n'en
laissa pas moins dans le cœur de ces deux hommes une
amertume avec laquelle tout bon accord restait désormais
impossible.

La maison de la rue du Forez devint donc un enfer,
véritable séjour de pleurs, de grincements de dents, de
haines, de querelles et de perfidies atroces. Les deux
femmes attisaient sans relâche les mauvais sentiments
réciproques de leurs maris, et l'on ne peut imaginer avec
quelle infernale ivresse elles interprétaient d'une façon
odieuse les faits les plus innocents. Tout fournissait donc
matière à discussion, et souvent à rixe. Bientôt les chalands redoutèrent de venir faire quelque acquisition à
l'enseigne du *Tonneau d'Or*, car on n'y trouvait plus
que des visages désagréables et des paroles bourrues ;
souvent même, il fallait attendre un quart d'heure ce
que l'on demandait et subir une altercation des deux
femmes qui se renvoyaient tour à tour le soin de servir
l'acheteur.

Un tel état ne pouvait durer longtemps, et chacun des
associés devait désirer avec impatience de le voir se terminer. Mais dans l'acte d'association une clause imposait
un dédit de vingt mille francs à celui qui demanderait la
résiliation du traité. Donc, ni l'un ni l'autre ne voulaient
faire la première proposition, moins dans la crainte de

payer le dédit que par le désir de le faire payer à son antagoniste.

Si quelque ami voulait s'interposer entre eux et les amener à dissoudre amiablement une association dont les conséquences les conduisaient à une ruine infaillible et complète, ils répondaient chacun de leur côté qu'ils ne songeaient point à désunir leurs affaires. « Mon associé veut me quitter, disaient-ils avec une fausse indifférence, alors qu'il paye le dédit ; pour moi je n'en ferai rien. »

Cependant les bénéfices non-seulement avaient cessé, mais encore des pertes considérables survenaient tous les jours ; car chacun des deux marchands ne poursuivait qu'un seul but, celui de mettre son associé dans la nécessité de quitter la partie et de payer vingt mille francs. En vain leur démontrait-on que leurs retards à prendre une décision amenaient des pertes plus considérables, rien ne pouvait les arracher à leur aveugle entêtement.

On va voir comment cette crise se termina ; mais, pour bien comprendre ce qui va suivre, quelques explications deviennent nécessaires.

Huard était sans doute un habile marchand et un homme d'intelligence peu commune ; mais néanmoins il n'avait appris à lire couramment qu'avec une difficulté inouïe, et c'est à peine s'il savait signer son nom ; encore ne le faisait-il que bien lentement et en caractères peu lisibles ; sa femme, plus heureuse dans son éducation première, lui servait de commis, tenait les livres et s'acquittait convenablement de cet emploi ; quant à la signature commerciale, elle appartenait exclusivement à Vérduron. La mauvaise écriture de Huard et le besoin qu'il éprouvait de laisser quelque occupation à l'ex-cocher furent le motif de cette clause de leur acte de société. « Une pareille mesure, se disait-il, flattera sa vanité et l'empêchera de me gêner dans la direction de mes affaires. J'agirai, il approuvera. Par ce moyen, les pouvoirs se trouveront compensés en apparence, lorsque dans le fait j'en disposerai seul ; car Verduron ne voit et ne verra jamais que par mes yeux, sans compter que je me trouve débarrassé des ennuis de tenir la plume. »

Donc les deux parties acceptèrent avec une satisfaction égale ces deux paragraphes de l'acte d'association :

« La signature sociale est *Huard et Verduron.*

« Notre sieur Verduron aura seul la signature sociale. »

Les choses en effet se passèrent d'abord, comme les avait prévues Huard ; Verduron ne se sentait pas de joie lorsqu'on le poursuivait pour donner sa signature, et laissait son associé agir librement sans jamais songer même à la plus légère question.

Mais, lorsque la division surgit entre les deux amis, lorsqu'un sentiment de malveillance s'établit entre eux, Huard reconnut alors combien il avait été imprudent, et de quelles armes pouvait disposer contre lui son antagoniste.

En effet, Verduron ne donnait plus une signature sans mauvaise grâce et sans une foule d'observations ; heureux encore s'il ne la faisait point attendre des jours entiers. Vous comprenez donc toute l'inquiétude d'Huard, quand assis un soir dans son arrière-boutique, et com-

pulsant avec angoisse ses livres de commerce, il reconnut que plus de vingt mille francs restaient à payer
à la fin du mois, et que les rentrées ne devaient pas s'élever à la moitié de cette somme. Il fallait recourir à des
emprunts nouveaux, créer des lettres de change et les
présenter à l'escompte; le temps pressait... Catherine
écrivit donc sur papier timbré les formules sacramentelles, et Huard, pâle et le cœur serré, frappa à la porte
de Verduron afin de lui demander sa signature. Mais,
dès que la porte s'ouvrit, dès qu'il eut mis le pied sur le
seuil, il comprit le refus qui l'attendait, et ce fut en bal-
butiant et en sentant combien elle était inutile qu'il fit
cette demande.

« Verduron, signez, je vous prie ces billets? »

Verduron s'assit plus carrément dans son fauteuil, mit
ses besicles, et, après avoir lu et relu longuement, posa
les papiers sur le bureau. Puis il renforça sa voix et dit
avec une expression amère, victorieuse, et en pesant
chaque syllabe :

« Je ne signerai pas.

— Pourquoi? s'écria douloureusement Huard.

— Parce que je ne signerai point.

— Mais c'est perdre tout notre crédit, c'est laisser
protester des billets, c'est nous réduire à la faillite!

— C'est précisément où j'en veux arriver.

— Au déshonneur?

— Non, à mettre fin à une mauvaise affaire. Tout le
monde sait bien que je n'ai fait dans cette stupide association qu'apporter et que perdre mon argent; une faillite me débarrasse de tracas et d'ennuis dont je suis las

depuis longtemps ; j'y perdrai cinquante mille francs, mais un nouvel héritage que vient de faire ma femme réparera cette perte : je vais donc reprendre ma vie tranquille et je vous promets de ne plus faire le commerçant.

— Mais moi, toute ma fortune se trouve dans cette affaire ! C'est mon pain ! c'est le pain de ma femme ! C'est le fruit de quinze années de travail et de privations ! C'est mon honneur, c'est ma vie ! Notre position n'est pas désespérée. Il nous faut dix mille francs ce mois-ci, pour faire face à nos obligations ; le mois prochain il nous en rentre dix-huit mille !... Ne me perdez pas, ne me déshonorez pas.

— Je ne donnerai point de signature.

— Au nom de notre ancienne amitié !

— Non.

— Je vous le demande à genoux !

— Écoutez : je signerai, mais à une condition ; c'est qu'au préalable vous signerez, vous, l'acte de dissolution de notre société. Vous resterez chargé de la liquidation, et en échange, vous me rembourserez dans le terme de dix-huit mois les cinquante mille francs que j'ai apportés. De plus vous parerez au déficit.

— De telles conditions.....

— Alors point de signature, alors la faillite. »

Huard frissonna comme un loup pris au piége. Puis, avec la même résignation que montre cette bête fauve quand le chasseur vient la museler, il signa l'acte de dissolution et l'engagement de rembourser avant dix-huit mois les cinquante mille francs et le dédit.

Rentré chez lui, morne, livide, étouffé, il ne répondit point aux questions que lui adressait sa femme alarmée.

Tout à coup il saisit une chaise, la brisa violemment et s'écria :

« Je me vengerai ! »

V

LE MAGASIN VENDU

Huit mois après la rupture des deux associés, dame Catherine Huard, assise tristement dans son comptoir, se laissait aller à des pensers mélancoliques dont ne parvenait point toujours à la tirer même la venue d'un chaland. Au lieu de se lever aussitôt, comme elle en avait l'habitude ; au lieu de s'informer, d'une voix claire et joyeuse, de ce qu'il venait acheter ; au lieu de le servir de ses propres mains, elle abandonnait ces soins aux garçons de boutique ; puis la tête penchée, les mains enveloppées dans son tablier, elle restait là rêveuse et sans bouger.

C'est que, depuis huit mois, la nécessité de rembourser une partie des cinquante mille francs de Verduron, jointe aux autres engagements commerciaux de Huard, avaient banni de la maison de ce dernier le repos et le bien-être. Il avait fallu recourir d'abord aux emprunts hypothécaires, puis ensuite acheter les secours que l'usure vend à des conditions si funestes. Au lieu d'espérer encore dans l'avenir, les pauvres marchands du Temple se débattaient avec désespoir pour empêcher le présent de s'écrouler et de les ensevelir sous ses ruines. Constamment rongé par de si cruelles pensées, ce n'était plus qu'avec brusquerie que Huard parlait à ses garçons et à Catherine elle-même. La moindre négligence excitait sa colère ; souvent même cette colère tonnait sans motif et avec une amertume dont l'injustice augmentait encore la violence. Oh ! qu'étaient devenus pour la triste Catherine les jours paisibles et doux de sa médiocrité ! Que ne se trouve-t-elle encore au temps où, dans une modeste boutique, elle voyait s'accroitre chaque jour peu à peu la petite fortune de son mari ! L'ambition a détruit tout cela. Maintenant, au milieu des apparences de la richesse, ils souffrent toutes les angoisses de la pauvreté... Et bientôt ces apparences de fortune s'évanouiront elles-mêmes au souffle de la médisance ! Trop de personnes sont dans la confidence de leur malheur pour que tout le quartier ne le sache point... Une seule chose l'étonne ; c'est que Verduron, leur ennemi mortel, Verduron, auteur de toutes ces catastrophes, garde le silence et ne paraisse pas à la tête des plus acharnés. Il faut que cet homme couve quelque sourde machination, plus fatale que tout le reste ; car sa haine, et surtout la haine de sa femme ne sauraient ainsi s'engourdir !

Tout à coup Huard entra brusquement dans la boutique. Huit mois l'avaient bien changé ! On avait peine à reconnaître, dans la face osseuse du pauvre marchand, dans son regard à la fois ardent et sombre, dans sa taille

courbée et dans sa démarche saccadée, les manières dé-
cidées, la face épanouie et les allures militaires de l'ancien tambour. Néanmoins une grande joie tempérait
alors l'énergie de ces ravages produits par le chagrin,
car dès le seuil il se mit à crier à Catherine :

« Nous sommes sauvés !

—Sauvez ? répéta Catherine effrayée de la joie étrange
de son mari ; sauvés !

— Passe dans l'arrière-boutique, femme, » reprit
Huard en ouvrant lui-même la petite porte du comptoir.

Puis il entoura de son bras la taille de Catherine et
l'entraîna dans la pièce qui précédait le magasin.

« Nous sommes sauvés ! fit-il encore de nouveau. Je
viens de chez mon notaire : il a vendu le magasin qui se
trouve en face de notre boutique, au coin de la rue, que
nous avons acheté il y a quatre ans, et dans lequel nous
avions établi nos magasins de réserve. »

Catherine regarda son mari avec douleur ; car l'achat
de ce magasin, il l'avait rêvé dix ans ; dix ans il s'était
imposé les plus rudes privations pour parvenir à s'en
rendre propriétaire... Et aujourd'hui il se réjouissait de
le vendre !

« Il est vendu ! vendu cinquante mille francs, dit-il
encore une fois. C'est de quoi rembourser les cinq mille
francs dont l'échéance arrive demain ; c'est de quoi
payer les huit mille francs de la fin du mois. Enfin, le
reste suffira pour nous libérer envers ce scélérat de Verduron. »

En prononçant le nom de son ex-associé, Huard devint tour à tour pâle et rouge ; ses poings se crispèrent,

et ses lèvres convulsives ne purent achever la dernière syllabe.

« Qui donc est l'acquéreur de notre maison? demanda Catherine, pour donner un autre cours aux pensées de son mari.

— Un brocanteur d'affaires. Il se nomme Dubois, et m'a payé comptant; voilà tout ce que je sais. Seulement il tient à ce que la maison lui soit livrée sous huit jours. Il faudra nous évertuer, d'ici là, pour en ôter toutes nos marchandises. Mais qu'importe? puisque notre salut, notre honneur dépendaient de cette affaire. Si nous en sommes un peu plus pauvres, du moins nous voilà hors de péril. Maintenant, avec deux ans de travail, nous nous libérerons entièrement et notre position deviendra plus belle que jamais. Oui, Catherine, on nous portera encore envie! oui, nous serons encore les plus riches du quartier! oui, femme, notre fortune fera damner encore les Verduron. Oh! je te le promets, ils enrageront, les misérables! Car notre établissement est le seul du quartier, et ses revenus ne peuvent qu'augmenter au lieu de diminuer. Ce sont des rentes, mon enfant; de vraies rentes! Je chiffrerais, à cent écus près, je le parie, les bénéfices de l'année que nous allons commencer. Je ne veux plus faire d'autres affaires. Au diable les spéculations chanceuses! Ma boutique du quartier du Temple, mon riche détail, rien de plus; fasse des affaires en gros qui voudra! »

En effet, débarrassé comme par miracle des soucis qui l'accablaient et des malheurs sous lesquels il allait inévitablement succomber, Huard reprit peu à peu sa gaieté.

A huit jours de là, on ne l'aurait plus reconnu tant il avait repris bonne mine ; tant sa liberté d'esprit lui était douce après huit mois d'inquiètes préoccupations. Il dirigea soigneusement les ouvriers qui enlevaient les marchandises logées dans la maison vendue, et, s'il poussa quelques soupirs en portant les clefs chez le notaire, il oublia bientôt cette tristesse de propriétaire, dans un diner où il réunit tous ses garçons de magasin. La soirée se termina au théâtre de l'Ambigu, moyennant deux loges à moitié prix et à la grande joie de Catherine, dont le mélodrame, vous le savez, faisait les délices.

Pour la première fois depuis huit mois, Huard avait passé toute une soirée sans penser à Verduron.

VI

RECHUTE

Le bien-être d'esprit de Pierre Huard ressemblait aux ineffables caresses de la convalescence, ou bien aux sensations d'un prisonnier qui, longtemps retenu dans un cachot, se retrouve en face de la lumière et parmi des flots d'air pur. Aussi, levé dès le point du jour et après une longue nuit d'un sommeil paisible, il descendit en chantant, dirigea les travaux de ses garçons de boutique et donna deux gros baisers à Catherine lorsqu'elle vint prendre place au comptoir. Joignez à cela qu'une joyeuse

journée d'automne semblait s'apprêter, et que les rayons
du soleil levant illuminaient la façade de la boutique et
donnaient au *Tonneau d'Or* de l'enseigne un éclat mystérieux et qui semblait à Huard le présage d'une prospérité infaillible. Donc, il allait, il venait, chantant, riant,
badinant; en un mot, gai « comme un pinson, » disait
Catherine.

Hélas! vers huit heures du matin, le ciel s'assombrit
tout à coup, et le ciel, naguère plein de lumière, se chargea de nuages pluvieux. La gaieté d'Huard se ressentit de
ce changement d'atmosphère et devint moins vive. Catherine elle-même quitta le seuil de la porte et reprit sa place
dans le comptoir, où, peu à peu, des pressentiments sinistres s'emparèrent de son imagination. Huard, pour se
distraire et retrouver sa belle humeur, eut fantaisie d'aller
visiter les travaux que faisait commencer le nouvel acquéreur de son magasin. Il se dirigea donc, en veste, et
les mains insoucieusement croisées derrière le dos, vers
les maçons qui s'évertuaient au milieu de tourbillons de
poussière... Il s'arrêta tout à coup, pâle et haletant...
L'homme qui leur donnait des ordres, c'était Verduron!...
Verduron acquéreur de cette maison? Oh! cela cache
quelque piége infâme! Pourquoi cet achat mystérieux
par l'entremise d'un inconnu? qu'en veut-il faire? « Catherine, Catherine! c'est Verduron qui devient notre
voisin. Verduron! comprends-tu combien de malheurs
cela pronostique! Le scélérat! »

Hors de lui, il courut vers son ennemi, la rage au
cœur; mais Verduron, comme s'il n'eût point aperçu son
ancien associé, ferma paisiblement la porte de sa nouvelle

maison, et sans s'inquiéter davantage, fit continuer les travaux à huis clos.

Dès lors commencèrent pour Huard et pour sa femme les angoisses d'une attente funeste et dont les incertitudes ne tombaient sur leur cœur qu'une à une et lentement. Ainsi, les travaux intérieurs terminés après une semaine, on vit les menuisiers enlever la grande porte massive du magasin, que remplaça une devanture élégante. Alors on put apercevoir encore qu'un plancher recouvrait le sol du magasin, et que tout se disposait pour l'établissement d'une boutique.

En effet, des comptoirs s'élevèrent, des casiers et des tiroirs tapissèrent les murs intérieurs, et un escadron de peintres vint recouvrir tout cela de couleurs tranchantes. Mais le coup le plus terrible et le plus inattendu fut, un matin, l'apparition d'une enseigne élevée pendant la nuit ; elle portait une suscription à peu près pareille à celle de Huard ; elle était surmontée du même tonneau d'or ; seulement la légende de cet emblème parlant avait subi une légère et perfide modification.

AU TONNEAU D'OR

VERDURON, EX-ASSOCIÉ D'HUARD

COMMERCE D'ÉPICERIES, VINS ET LIQUEURS.

Ainsi Verduron, l'infâme ! vient établir une effrontée concurrence en face de leur propre maison ! Il fait plus, il leur vole leur enseigne ; il leur vole leur clientèle ! Heureusement qu'il y a des lois ! Heureusement que les tribunaux sont là ; car il ne peut être permis à un misérable coquin de ruiner ainsi un honnête homme! « Mon chapeau, femme; il faut que je coure chez un avocat ; il faut que ce drôle soit assigné dès demain et que son enseigne dégringole avant huit jours. Ah! ah! nous verrons bien, mons Verduron, qui de nous deux l'emportera. Vous avez ma maison, oui, mais mon enseigne, c'est ce qu'il faudra voir !... Et si les lois ne me vengent pas, moi, Huard, pensa-t-il en se dirigeant comme un forcené vers le Palais de Justice , si mon bon droit ne me sert à rien, malheur à toi, Verduron, malheur à toi! »

Une heure après, Huart revint chez lui toujours dans la même agitation, mais cette fois avec l'espoir d'une prompte vengeance. En passant vis-à-vis l'enseigne de Verduron, il brandit le bras en signe de menace et de malédiction ; puis, haletant, baigné de sueur et le cœur brisé de palpitations, il s'assit sur un tonneau de sa boutique. Mais le moindre repos n'était point compatible avec son exaspération; il lui fallut se lever et marcher de droite et de gauche sans but, pour obéir à la fièvre qui lui brûlait le-sang, aux pensers qui lui mordaient le cerveau.

« Leur enseigne tombera ! dit-il enfin d'une voix qu'enrouaient l'ardeur de ses lèvres et la sécheresse de son gosier. Leur enseigne tombera, Catherine ! Ils seront condamnés ! L'avocat répond du gain de mon procès. Ah! ah! l'honnête homme de Verduron, vouloir me voler mon enseigne et mes pratiques !... Le coquin va recevoir de mes nouvelles... Regarde ! mon huissier tient parole, et les vingt francs que j'ai donnés à son petit clerc font déjà leur effet. Vois ! Ris !·Il entre dans la boutique ; il remet son papier timbré à la Verduron ; elle en devient rouge de colère ; elle appelle son mari. Oui, oui, appelle-le, vieille coquine, c'est une assignation en bonne forme, une assignation à ôter sur-le-champ ton enseigne, ou à comparaître dans quinze jours par-devant la deuxième chambre du tribunal de première instance. Et vous y viendrez, Verduron ! Et vous serez condamné comme fripon, pour mauvaise foi et escroquerie d'enseigne. Ah ! ah ! ah ! ah ! il me tarde de te voir sur le banc d'infamie, avec des gendarmes à tes côtés, gueux, escroc ! »

VII

LE PROCÈS.

Et il gesticulait, et une écume blanche couvrait ses lèvres, et ses yeux allumés roulaient sanglants et furieux.

Pendant les éternels quinze jours qui les séparaient encore du procès, Huard ne put ni dormir, ni s'occuper d'affaires, ni même demeurer chez lui. Une main invisible et brûlante semblait le pousser devant elle ; un souffle infernal semblait l'enivrer de vertige et de rage ; rien ne calmait un état si alarmant ; les plus douces cajoleries de Catherine y perdaient leurs efforts.

De son côté, Verduron et sa femme ne gardaient pas une tranquillité plus grande. Ils avaient refusé de faire disparaître leur enseigne, à la première sommation de l'huissier, mais c'était par entêtement pur et non par la conscience de leur bon droit. Une voix secrète leur faisait pressentir la perte du procès; ils avaient beau cherché à se tromper eux-mêmes à cet égard en alléguant la réputation de leur avocat et les chances que présente toujours un procès. Quoi qu'il en soit, ils allaient de l'un à l'autre, visitaient les juges, cherchaient, par des cadeaux à intéresser les personnes qui approchaient de ces derniers, et enfin multipliaient les probabilités de réussite, quelque puériles et vaines qu'elles parussent.

Un autre soin qu'ils ne prenaient pas avec moins de ferveur, c'était d'écraser Huard par le luxe de leur boutique, par les énormes quantités de marchandises qu'ils y faisaient entasser et par le grand nombre de leurs garçons.

Huard, dès qu'il vit cette manœuvre, dépensa chez lui deux mille francs en améliorations, et prit en plus huit garçons de boutique. De son côté, toujours sur le seuil de son magasin, Catherine comptait avec anxiété le nombre des chalands que l'attrait de la nouveauté conduisait chez sa rivale. Là, elle proférait tout bas des anathèmes contre chacune de ses anciennes pratiques qui lui devenaient infidèles, et le cœur brisé détournait la tête pour cacher ses larmes. D'autre part, madame Verduron, la tête chargée d'un bonnet de dentelle qui valait au moins trois cents francs, étalait à sa porte le faste d'une robe en gros de Naples et de boucles d'oreilles de diamants? enfin ses gros doigts courts disparaissaient sous les bagues. Rien n'était triste et plaisant comme de les voir toutes les deux, l'œil en feu et le cœur pantelant d'attente, à la vue d'une personne du voisinage qui se dirigeait de leur côté, avec l'intention d'acheter quelques épiceries. C'étaient des sourires alléchants, des minauderies sans fin, et parfois même les séductions plus directes de la parole :

« Bonjour, voisin ; il y a longtemps qu'on ne vous a vu !

— Voulez-vous de l'huile ? voisine, j'en ai reçu d'Aix qui n'est que pure olive.

— Venez m'acheter mon café, vrai parfum Moka. »

Le chaland se décidait-il pour l'une ou l'autre boutique, alors la désappointée changeait de ton :

« Une belle affaire, ma foi ! deux sous de fromage de gruyère ou bien une demi-livre de pruneaux. Il m'en dira des nouvelles, du reste ; voilà quinze jours qu'ils sèchent là au soleil.

— Va, va donc, imbécile, on t'en donnera pour ton argent. »

Enfin, durant de telles hostilités et de telles jalousies le jour du procès arriva.

Vous dire tout ce que les deux parties souffrirent d'attente et d'angoisses jusqu'à l'heure de l'audience n'est point possible à des paroles humaines. Huard et son antagoniste arrivèrent au palais longtemps avant l'ouverture du tribunal, et se promenèrent en compagnie de leurs avocats, dans cette immense et triste galerie que l'on nomme la *Salle des Pas perdus*. Les hommes de loi, chargés de la cause, écoutaient avec distraction les paroles passionnées de leurs clients, qui, chaque fois qu'ils se rencontraient, c'est-à-dire de trois minutes en trois minutes, échangeaient des regards furieux.

L'audience s'ouvrit enfin et l'on appela la cause « Huard contre Verduron. » Après quelques lectures faites d'une voix nasillarde par le greffier, l'avocat du demandeur eut la parole.

C'était un jeune homme riche de rhétorique et qui devait à une éloquence chaude sa réputation brillante et précoce; il prit donc au sérieux l'affaire de son client. Après avoir exposé les droits de la propriété, cette base sacrée et inviolable de l'existence sociale, il s'éleva vigoureusement contre ceux qui ne craignent point de violer indirectement ces droits. Selon son plaidoyer, l'homme qui sans détours, en face, brutalement attaquait la propriété, méritait moins la rigueur des lois que le traître dont les manœuvres ténébreuses cherchaient les mêmes résultats avec des chances d'impunité. « Messieurs, s'écria-t-il, si Verduron nous avait volé mille francs arrachés en plein jour dans notre caisse brisée par lui, la loi courberait sa tête sous le carcan du forçat. Eh bien ! ce n'est pas mille francs que nous dérobe cet homme; c'est toute notre fortune, c'est toute notre clientèle, c'est le fruit de vingt ans de travail; c'est notre sang, c'est notre existence! Oui, messieurs, sans l'arrêt que nous attendons de votre justice, notre fortune passe dans les mains de cet homme; ce que nous avons gagné par tant de sueurs, tout enfin jusqu'à notre nom lui appartient. Mais vous ne consacrerez pas une pareille injustice, oh ! non, vous ne la consacrerez pas ! »

Vieux plaideur émérite, l'avocat de Verduron le prit sur un ton complétement opposé. Il s'étonna d'abord de l'importance attachée à de si mesquins débats. Son client

n'a fait qu'user d'un droit insignifiant et sans importance; mais puisque c'est un droit, il le défend contre
des prétentions injustes. Il le défend, parce que pour
tout citoyen défendre ses droits est un devoir. Verduron
a-t-il été, oui ou non, l'associé de Huard? S'il l'a été,
pourquoi ne le dirait-il pas sur son enseigne ? Quand il est
venu verser une partie de sa fortune dans l'entreprise de
l'épicier, n'acquérait-il pas la propriété de la clientèle
avec la propriété de l'établissement? Donc rien au monde
ne peut l'empêcher d'avoir été associé de Huard, et, par
conséquent, rien au monde ne peut l'empêcher de recueillir les bénéfices de ce titre, si bénéfices il y a. On
parle du *Tonneau d'or ;* mais le Tonneau d'or, emblème
parlant d'épicerie, appartient à tout le monde. Il y a
dans Paris trente enseignes du Tonneau d'or. Huard fera
donc à ces trente épiciers le procès qu'il intente à Verduron ?... Mais c'est trop longtemps occuper d'une cause si
simple le tribunal qui renverra Verduron de la plainte et
condamnera le demandeur aux dépens.

Pendant les plaidoyers, mille émotions passaient sur
les physionomies pâles et contractées des deux antago-
nistes. Ils s'agitaient sur leurs siéges ; ils voulaient interrompre l'orateur ; ils lui répondaient par des interpella-
tions que contenaient à grand'peine les huissiers; la sueur
leur ruisselait en grosses gouttes, du front sur le visage.

Après de nouvelles répliques des avocats, le procureur
du roi prit la parole et se montra favorable à Huard. Puis
le tribunal se retira pour délibérer.

Les deux avocats qui venaient de plaider l'un contre
l'autre se rapprochèrent et se mirent à deviser de choses

indifférentes. Huard et Verduron souffraient comme souf-
friront les hommes au jour du dernier jugement, avant
qu'un geste du terrible juge les fasse passer à sa droite ou
à sa gauche pour l'éternité.

Enfin, après cinq minutes qui durèrent cinq années,
les juges rentrèrent dans la salle d'audience. Les deux
plaideurs ne purent rien lire de leur sort sur le visage
impassible de ces quatre hommes qu'ils dévoraient du
regard.

Le président prit place, et, lorsqu'il se fut établi bien
carrément et bien commodément dans son fauteuil, il lut
l'arrêt en ces termes :

« Attendu qu'une enseigne est l'indication d'une industrie, et par conséquent, d'une propriété particulière ;

« Attendu que tout ce qui peut porter atteinte à cette
propriété doit-être empêché. »

Ici Huard respira fortement et Verduron faillit être
étouffé par le sang qui lui montait au visage.

« Attendu qu'il peut être facultatif aux ex-associés de
Huard de s'établir dans les différents quartiers de Paris
et de prendre ce titre. »

Ce fut au tour de Huard a souffrir et à celui de Verduron à triompher.

« Mais qu'en venant former un établissement près de
celui de Huard, ancien associé de Verduron, ce dernier
peut induire le public en erreur et porter préjudice à
Huard ;

« Le tribunal ordonne que Verduron supprimera dans
la huitaine les mots *ancien associé de Huard*, lui maintient son enseigne du Tonneau, à la charge de ne pas y

laisser l'inscription y placée et d'en faire enlever la dorure; condamne Verduron aux dépens. »

Huard jeta des exclamations de triomphe qu'eut bien de la peine à comprimer un huissier ; Verduron se retira lentement, et jeta, en passant vis-à-vis de son adversaire, un regard de haine si terrible que les avocats ne purent s'empêcher d'en frissonner.

VIII

REPRÉSAILLES

Pendant ce temps-là, madame Verduron et Catherine attendaient chez elles, avec quelles émotions et quelle impatience, vous le savez, le dénoûment d'un procès si plein de drame pour elles. Dans leurs agitations elles venaient souvent regarder au seuil de leur porte si leurs maris n'apparaissaient point à l'extrémité de la rue, et de la sorte il leur arriva plusieurs fois de se trouver face à face pour ainsi dire. L'homme le plus indifférent n'aurait pu sans terreur voir l'expression de haine empreinte sur leurs visages. Le regard jeté tout à l'heure par Verduron à Huard n'était rien auprès de cette rage silencieuse, mais implacable, mais sans fin.

Tout à coup deux cabriolets accourent et s'arrêtent devant chacune des deux boutiques. De l'un saute Huard, qui jette cinq francs au cocher et crie à Catherine.

« Gagné! A bas l'enseigne du gueux! A bas l'enseigne du voleur! Vivent les juges! Sous huit jours il faut que le fripon fasse enlever tout cela. »

De la seconde voiture, descendit Verduron, pâle, brisé, désespéré.

« Poule mouillée, lui dit sa femme, est-ce que pour un échec, tu vas quitter la partie? Tu as perdu la première, mais je vais t'en faire gagner une seconde qui vaudra mieux. » En achevant ces paroles, elle marcha droit à la porte de Huard, et, interpellant trois voisins accourus près de l'épicier pour lui entendre conter son procès gagné, elle les emmena à l'écart :

« Messieurs, leur dit-elle, cet homme vient d'appeler mon mari fripon, gueux et voleur. Vous allez venir en faire avec moi la déposition chez le commissaire. Le procès-verbal dressé, vous dinerez avec mon mari pour tâcher de le distraire un peu. »

Les voisins suivirent madame Verduron, qui, sans même prendre le soin d'envelopper d'un châle ses épaules, emmena les témoins chez le commissaire, où elle établit les bases d'un procès en diffamation.

Huard, qui ne soupçonnait point le coup dont ses ennemis le menaçaient, se livra, sans ménagement comme sans réserve, aux transports de joie que lui causait sa victoire. Il y eut grand festin chez lui, et le soir, lorsque les convives quittèrent la table pour regagner leur logis, plus d'une parole agressive, plus d'une injure apostrophèrent le rival de Huard, imprudences auxquelles par malheur Catherine et son mari mêlèrent leur voix. Madame Verduron recueillit précieusement ces nouveaux

griefs, constatés par de nombreux témoins, et le lendemain elle en grossit la plainte en diffamation déjà dépo-
sée chez le procureur du roi.

Quatre jours après, des ouvriers dressèrent leurs
échelles contre la façade de Verduron et commencèrent
à effacer de l'enseigne les mots réprouvés par arrêt. Cette
exécution terminée, ils couvrirent le Tonneau d'or d'une
couche de jaune éclatant, tandis que Huard et sa femme,
accourus à cette vue, sur le seuil de leur boutique, s'é-
tonnaient d'une si prompte résignation au jugement
rendu, puisque l'arrêt accordait huit jours à Verduron.

Sur ces entrefaites, un homme entra dans la boutique
et demanda :

« Monsieur Huard ?

— C'est moi, monsieur.

— En ce cas, je vous prie de recevoir et de signer le
reçu de la présente assignation à comparoir le 28 courant par-devant le tribunal correctionnel de Paris,
deuxième chambre, pour y répondre à une plainte en
diffamation portée contre vous par le sieur Verduron,
dont exploit, » etc.

Nous ne suivrons point les deux anciens associés dans
les agitations de ce nouveau procès qui dura huit mois,
alla jusqu'en cassation et coûta près de dix mille francs
à chacun des plaideurs. Nous dirons seulement que Huard
et Catherine furent condamnés à cinquante francs de
dommages et intérêts envers la partie civile, aux frais du
procès, à l'impression de cinquante affiches du jugement
et à huit jours de prison.

Huit jours de prison à un vieux soldat de l'Empereur !

huit jours de prison à sa femme! sa femme, son orgueil et sa joie! Et une double affiche placardée à sa porte qui les déclare diffamateurs!. La mort ne serait-elle pas préférable? Oh! il se vengera! Si Verduron n'est pas un lâche, l'un des deux payera de sa vie tant de malheurs et tant d'humiliations. Il faut du sang, il en faut!

Il courut à son bureau et écrivit de sa grosse écriture incorrecte le billet suivant:

« Si le sieur Verduron n'est pas un lâche, je l'attends
« demain à six heures du matin au bois de Vincennes
« avec deux témoins. Je lui laisse le choix des armes.

« PIERRE HUARD. »

Il envoya cette lettre à son ex-associé; au bout d'une heure il reçut la réponse suivante:

« Après avoir consulté mes témoins, anciens militaires
« et qui signent avec moi cette lettre, je déclare que je
« ne me battrai point avec un repris de justice et un dif-
« famateur.

« CÉSAR VERDURON.
« JACQUES CORMANT, ancien militaire.
« FRANÇOIS LAMBELIN, ancien militaire. »

A la lecture de cette lettre, Huard tomba sans connaissance, et il fallut le transporter dans son lit, où le retint durant un mois une fièvre violente, accompagnée de délire.

IX

LA PRISON

Catherine, durant cette longue maladie, ne quitta point le chevet de son mari ; Catherine elle-même, frappée à mort par l'arrêt qui la condamnait à la prison ; Catherine, devenue pâle et chétive ; Catherine, qui ne gardait plus de sa beauté d'autrefois que deux grands yeux noirs, brillants de je ne sais quelle étrange et sinistre clarté. Jamais un sourire n'entr'ouvrait ses lèvres ; jamais une parole qui ne fût pas indispensable ne sortait de sa bouche, jadis joyeusement bavarde. Toujours plongée dans un abattement profond, on aurait dit d'un cadavre qui se mouvait par des moyens factices, et non pas une créature vivante. Parfois elle tressaillait de tous ses membres sans qu'aucun bruit causât ces soubressauts ; parfois une toux âcre sortait en sifflant de ses lèvres qu'elle ensanglantait. Huard attribuait de tels symptômes à la fatigue qu'il lui avait causée durant sa maladie ; mais, quand il disait cela, Catherine levait les yeux au ciel, et secouait doucement la tête : car, elle ne le sentait que trop, l'arrêt fatal l'avait frappée à mort.

Comment voudriez-vous qu'elle survécût à un pareil malheur ? Peut-elle mettre le pied dehors sans qu'on la regarde d'une manière étrange ; sans que l'on répète tout

bas, autour d'elle, avec des sourires plus funestes que le
poignard le plus acéré : « Condamnée à la prison! » Elle
ne peut plus ni paraître dans sa boutique ni même respirer l'air à sa fenêtre ; car aussitôt elle a devant les yeux
l'affiche qui proclame son déshonneur ; l'affiche placardée à la porte de Verduron, et sur laquelle ce dernier
veille nuit et jour ; l'affiche où chaque passant lit :

JUGEMENT

QUI CONDAMNE A HUIT JOURS DE PRISON,

AUX-FRAIS DU PROCÈS

Et à cinquante francs de dommages-intérêts, envers le sieur Verduron,

PIERRE HUARD et CATHERINE LABLÉE, SA FEMME,

COMME DIFFAMATEURS.

Heureusement Dieu l'a prise en pitié ! Elle le sent, il
l'appellera bientôt vers lui ! Le jour où elle mourra sera
un jour trois fois béni, car il n'y a plus pour elle sur
la terre que honte et désespoir.

Depuis quelques jours Huard avançait dans sa convalescence et se livrait machinalement à ce bien-être animal que l'on éprouve lorsque la nature régénère un
corps longtemps affaibli et brûlé par une maladie grave.
Manger, respirer un air pur, se chauffer au soleil, deviennent alors des joies mystérieuses et infinies devant
lesquelles s'effacent les regrets du passé et les soucis de
l'avenir. On vit ou plutôt on végète dans l'instant présent, rien de plus.

Huard, assis près d'une fenêtre que dorait joyeusement
un chaud rayon du soleil, commençait à déjeuner et con-

voitait une aile de poulet, aile blanche et alléchante s'il
en fût, que Catherine détachait trop lentement au gré du
convalescent. Son œil brillait, ses lèvres s'entr'ouvraient
par un mouvement d'impatience, et ses narines humaient
en se dilatant les parfums voluptueux de l'exquise vo-
laille. Il ne prenait point garde à la pâleur et au dépérissement de sa femme; il ne se souvenait plus ni de Verduron ni de rien au monde. Son unique pensée ou plutôt son
unique sensation, c'était de manger, c'était de satisfaire la
faim qui le chatouillait, c'était de porter à sa bouche ces
mets vers lesquels il tendait une main tremblante et que
Catherine plaçait enfin devant lui. Il dévorait les premiers
morceaux ; il s'épanouissait au bien-être qui parcourait
tous ses membres.... : quand un homme de loi, suivi de
quatre gendarmes, entra tout droit dans la chambre.

« Monsieur, dit cet homme, je suis chargé d'exécuter
l'arrêt qui vous condamne à huit jours de prison, ainsi
que Catherine Lablée, votre femme. J'espère que vous
me suivrez sans résistance tous les deux, et que par là
vous adoucirez ce que ma mission a de pénible. »

A la vue de l'huissier et des gendarmes, Huard laissa
retomber le morceau qu'il portait à sa bouche; il écouta
stupidement ce qu'on lui disait et ne répondit point.

Catherine était tombée sur un fauteuil qui se trouvait
derrière elle.

« Monsieur, reprit l'huissier ému de cette scène, pour
donner l'exemple du courage et de la résignation à madame, venez, suivez-moi ; soyez sûr que l'on aura pour
elle tous les égards possibles. »

Huard se leva machinalement et suivit l'homme de

justice; ce dernier le fit monter dans une voiture qui l'attendait à la porte. Deux gendarmes se placèrent à côté du pauvre convalescent, et le fiacre se dirigea vers la Conciergerie sans que Huard eût pris garde à la foule assemblée devant sa porte, et même à Verduron, accouru pour jouir de la honte de son ennemi.

L'huissier remonta dans la chambre, où il avait laissé Catherine. Il la trouva dans la même attitude que tout à l'heure, c'est-à-dire affaissée sur elle-même et la tête penchée.

« Madame, lui dit-il, montrez un peu de force et de courage ! »

Elle ne répondit point.

« Au nom du ciel! ne vous exagérez pas l'importance de tout ceci. »

Elle ne répondit point.

Alors il voulut lui prendre la main. Cette main était froide, et, au léger mouvement qu'il lui imprima, Catherine tomba du fauteuil et vint rouler aux pieds de l'huissier.

« Que veut dire ceci ? s'écria-t-il. Mon Dieu ! elle reste sans mouvement. On dirait un cadavre ! Vite, un médecin ! allez chercher un médecin ? »

Le médecin arriva un quart d'heure après.

« Cette femme est morte ! » dit-il.

X

RUINE COMPLÈTE

Silencieusement assis près d'une fenêtre de la prison, Huard regardait sans voir à travers cette fenêtre sombre et garnie de fer. Son esprit, malade et stupéfié par tant de secousses brusques, n'en était point encore venu, depuis trois ou quatre heures, à la perception nette de ce qui lui était arrivé. Il restait là, plongé dans l'engourdissement produit par la faiblesse de son cerveau et le vide de son estomac ; engourdissement inquiet et semblable à ces rêves fiévreux auxquels viennent se confondre des bruits véritables. Réunissant ainsi les agitations de la réalité aux prestiges du sommeil, les gendarmes, les huissiers, Verduron, Catherine évanouie, les murs noirs qui le tenaient prisonnier, tout cela tournoyait pesamment autour de son cerveau sans ne lui laisser jamais entrevoir que des formes indécises et confuses. C'était une fatigue douloureuse, c'était ce malaise accompagné de battements irréguliers du cœur et qui causent une souffrance à chaque fibre nerveuse du corps entier.

Vers le milieu de la journée, la porte de la prison s'ouvrit et l'huissier chargé de l'arrestation de Huard entra pâle et avec une de ces expressions de physionomie qui ne présagent que de sinistres nouvelles.

« Monsieur Huard, dit-il, voici un ordre de M. le procureur général qui vous autorise à retourner provisoirement chez vous. »

Huard leva la tête et regarda l'huissier, qui reprit :

« Il vous faudra du courage, car de grands chagrins vous attendent à votre retour. »

Huard ricana.

« Votre femme, continua l'huissier, est fort malade, et l'on éprouve de graves inquiétudes pour elle. Venez, monsieur Huard, venez. »

Huard ne comprenait pas encore.

« Votre femme — montrez-vous fort et résigné comme un ancien militaire que vous êtes — votre femme n'est plus, elle est morte depuis ce matin... »

Huard se leva, marcha jusqu'à l'huissier et passa son bras autour de celui de l'homme de justice. Il descendit de la prison, donna les signatures qu'on lui demandait au greffe, prit place dans le fiacre avec l'huissier, qui n'eut point le courage de l'abandonner dans une crise si terrible, et arriva chez lui sans avoir proféré une syllabe.

Vous savez le désordre qu'amène la mort d'une personne dans la maison où elle rend le dernier soupir. Une désorganisation complète se fait autour du cadavre ; décomposition presque aussi terrible à voir que celle de la mort elle-même. Pas un objet ne reste en place ; tout se mêle et se confond ; chacun va et vient sans but ; l'ange du trépas en s'envolant semble avoir frappé chaque chose d'un coup de son aile. Aussi le pauvre Huard ne semblait-il pas reconnaître sa propre habitation. Néanmoins, après avoir hésité quelques moments, il marcha droit vers le lit de Catherine, qui gisait là, le visage recouvert d'un drap.

Arrivé au lit, il tira doucement le linceul; et considéra sans émotion apparente les traits immobilés de sa femme. Ensuite il prit une chaise, s'assit, et fit signe à chacun de s'éloigner.

Lorsque l'inquiétude, après deux longues heures, ramena dans la chambre mortuaire ceux que Huard en avait fait sortir, ils le trouvèrent accoudé sur une table chargée de bouteilles : il était complétement ivre. C'était la première fois de sa vie que pareille chose lui arrivait, et chacun s'en étonna. Mais ce qui produisit une surprise bien plus grande encore, ce fut de le voir, le lendemain matin, paraître à l'enterrement de sa femme dans le même état d'ivresse ; en effet, depuis ce jour fatal, Huard ne cessa de se soustraire à lui-même en s'enivrant. Les efforts et les soins de ses amis les plus dévoués ne purent obtenir de lui qu'il renonçât à ce funeste moyen d'oublier ses douleurs ; en vain lui représentèrent-ils combien, par une telle conduite, il compromettait ses affaires ; Huard les écoutait attentivement ; deux larmes coulaient sur ses joues ; puis, un instant après, il recommençait à boire.

Le commerce d'Huard se vit donc abandonné sans direction et sans surveillance au gaspillage de cinq ou six garçons qui trouvaient fort commode de s'approprier une partie du produit des ventes qu'ils faisaient dans la journée et que ne constatait aucun contrôle. Verduron saisit avec habileté les moyens de s'attirer la clientèle d'Huard, moyens que ce dernier fournissait lui-même d'ailleurs à

son ennemi. A mesure que le magasin de son ancien associé s'appauvrissait, Verduron approvisionnait le sien avec
plus d'abondance, et l'on trouvait chez sa femme tant de
politesse et de cajolerie, elle savait si bien gagner la
bienveillance par de légères concessions de prix faites à
propos, que personne n'hésitait à venir chez elle et à
quitter la boutique de Huard, où l'on ne trouvait que des
garçons malhonnêtes et insoucieux.

Aussi, vous le comprenez, la ruine de Huard marcha
vite, et il lui fallut déposer son bilan huit mois après la
mort de Catherine. Il subit ce malheur et cette honte sans
une plainte, sans une souffrance apparente. Un matin il
sortit de chez lui pour n'y plus rentrer, ivre comme de
coutume, et une bouteille d'eau-de-vie dans sa poche.
La justice put dès lors s'emparer de la maison et du magasin ; elle put afficher en toute liberté les annonces d'expropriation forcée ; rien ne troubla la vente à l'encan du
mobilier et des marchandises saisies « chez le banqueroutier, » comme disaient Verduron et sa femme.

Car Verduron et sa femme triomphaient hautement de
tous les malheurs de Huard et s'en réjouissaient sans pitié
comme sans retenue. Loin de respecter ce malheureux
brisé à leurs pieds et par leurs pieds, ils insultaient à sa
chute et mettaient une cruelle ostentation à s'approprier
ses dépouilles. Ainsi, non-seulement ils achetèrent la maison de Huard pour en faire une succursale de leur magasin, mais encore ils voulurent acquérir la plupart de ses
meubles, afin de s'en ériger d'odieux trophées. « Ce n'est
point pour notre propre usage, disait madame Verduron
en faisant briller les diamants de ses bagues ; à Dieu ne

plaise que nous nous servions de pareilles guenilles! Nous mettrons tout cela dans les chambres de nos domestiques et de nos garçons ; encore faudra-t-il les faire nettoyer longuement. Quant aux marchandises d'épiceries, que diriez-vous, mes voisins, si vous trouviez chez moi des fournitures de si mauvaise qualité? Mon Dieu! peut-on voler le monde comme le faisaient ces gens-là! »

Et l'on riait de ces infâmes propos, car madame Verduron était riche et heureuse, tandis que le pauvre Huard, sans asile, sans pain peut-être, errait dans son état d'ivresse habituelle, si toutefois il lui restait encore quelques sous pour acheter de l'eau-de-vie et s'enivrer.

XI

LA CAVE

Quand la vente à l'encan fut terminée et la nuit close, chacun rentra chez soi, les uns pour faire toilette et venir souper chez Verduron, qui réunissait à sa table la plupart de ses voisins; les autres pour deviser au coin de leur feu des événements de la journée et de la grande fortune de l'ex-associé de Huard.

Alors parut un homme qui semblait avoir épié le départ de la foule pour venir errer dans cette partie du Temple. Il semblait craindre qu'on ne le reconnût; mais, certes, personne n'aurait pu reconnaître dans un misérable si déguenille l'ancien propriétaire du *Tonneau d'or*, dont les vêtements étaient jadis toujours disposés avec une tenue militairement sévère. Sa tête sans chapeau faisait voir des cheveux en désordre ; il ne lui restait plus que des débris mal ajustés de redingote et de pantalon ; enfin, sans argent depuis le matin, il n'avait point bu depuis le matin. Alors le remords, le désespoir, le sentiment de son malheur, étaient venus l'assaillir avec d'autant plus de violence que longtemps il avait lutté contre eux à force d'ivresse et d'abrutissement. Jugez des idées affreuses qui sifflaient autour de sa tête !

Il s'arrêta devant la maison qui naguère était encore à lui, devant cette maison acquise au prix de tant de privations et de sueurs. Là, tremblant, le cœur brisé, les genoux défaillants, il souffrit tout ce qu'un homme peut souffrir sur la terre.

Des cris de joie le tirèrent subitement de cette contemplation douloureuse : les cris partaient de la maison de Verduron ; car, on le sait, Verduron réunissait à souper chez lui un grand nombre de convives, et il avait fait dresser les tables dans sa boutique même. De la sorte, l'infortuné Huard ne perdit ni la moindre de leurs paroles ni la moindre de leurs gaietés.

C'était Verduron qui parlait.

« Mes amis, disait-il, il nous faut boire à ma nouvelle acquisition. Il faut arroser ma nouvelle enseigne ; car à présent le *Tonneau d'or* m'appartient ; il n'y a plus de procès qui puisse m'empêcher de dresser fièrement le *Tonneau d'or* au-dessus de ma porte.

— *Vive le Tonneau d'or !* crièrent les convives.

—César, reprit madame Verduron, César, écoute : pour boire au *Tonneau d'or*, il faut du vin du *Tonneau d'or*. L'ivrogne se connaissait en bon vin, tu le sais !... Prends un panier et va toi-même nous chercher ce que cette canaille de Huard avait de meilleur.

— Bravo, ma femme !

—Bravo ! bravo ! répétèrent les convives.

— Il faut obéir à son capitaine ! fit Verduron saluant sa femme à la manière des soldats ; il faut obéir à son capitaine, répéta-t-il avec complaisance, d'autant plus que l'idée me paraît bonne. — Par le flanc droit, droit ! par file à gauche, pas accéléré, marche ! »

C'était une horrible parodie des plaisanteries militaires que faisait jadis Huard quand-il-était riche et dans ses jours de belle humeur.

« Voulez-vous que j'aille avec vous, maître ? je rapporterai le panier, demanda l'un des garçons de Verduron.

—Pour me secouer le vin, n'est-ce pas ? Non, je ne veux m'en rapporter qu'à moi seul d'un soin si important! Femme, donne-moi les clefs, et toi, Charles, une lanterne. »

Il sortit, traversa la rue, ouvrit la porte de l'ancienne maison du *Tonneau d'or* et se dirigea vers la cave.

Tout à coup la porte de la rue, qu'il avait laissée ouverte derrière lui, se referma brusquement.

A ce bruit inattendu, qui le fit tressaillir, Verduron éprouva une vague terreur et se sentit prêt à retourner sur ses pas ; mais, rassuré bientôt par un moment de réflexion, il continua son chemin en souriant de sa courte émotion.

« Tiens, dit-il, cela est drôle... La porte se referme

toute seule!... il ne faisait pourtant point de vent quand j'ai passé dans la rue. »

Donc, sans s'arrêter davantage à cet incident, il descendit les marches de la cave et se mit à chercher les vins les plus exquis pour en remplir son panier.

Quand il eut fini et qu'il releva la tête, il se trouva face à face avec Huard, debout devant lui et une bouteille dans chaque main.

Verduron ne put s'empêcher de pâlir.

« Diable ! voisin, fit-il en affectant une gaieté bien loin de lui, il paraît que vous n'avez point oublié la bonne route. Allons, allons, soyez sans crainte, je ne me fâcherai point pour cette fois ; mais ne recommencez plus. Emportez les bouteilles que vous tenez... Demain je ferai changer les serrures. »

Huard, sans lui répondre, mit à ses lèvres l'une des bouteilles qu'il tenait et but longuement et tant qu'il le put. Puis il se reprit à regarder fixement Verduron.

Celui-ci mal à l'aise et qui ne voyait aucun autre moyen de se soustraire à un tête-à-tête peu rassurant, fit un geste pour repousser Huard. A la vue de la sinistre face de cet homme, les forces lui manquèrent.

Huard reprit sa bouteille et acheva de la vider.

« Mon ami, balbutia l'autre, ma femme et mes convives m'attendent ; laissez-moi partir. Inquiet de mon absence, ils vont arriver, et, s'ils vous trouvent ici, l'affaire peut devenir mauvaise pour vous. »

Huard, dont l'ivresse empourprait déjà le visage naguère si pâle, vida d'un seul trait la seconde bouteille qu'il tenait.

Alors ses yeux s'allumèrent et un mouvement nerveux tourmenta tout ses membres.

Verduron fasciné se mourait d'effroi, et pourtant il ne pouvait détacher ses yeux de dessus les yeux de Huard.

« Ah! ah! dit enfin le terrible ivrogne; ah! ah! votre femme vous attend! La mienne aussi m'attend, Verduron; elle m'attend où tu l'as envoyée. Viens-y avec moi!

— Au secours! à l'aide! » cria le malheureux.

Un bruit de pas et de voix se fit entendre dans la rue.

Huard alla tirer les triples verrous de l'énorme porte qui fermait la cave, puis il revint se placer devant Verduron.

« Catherine nous attend; partons, mon associé!

— Grâce, Huard! grâce! »

A cet instant l'on entendit grincer dans la serrure de la porte intérieure les crochets qu'y introduisait un serrurier. Cette porte s'ouvrit bientôt, et ceux qui cherchaient Verduron se précipitèrent dans la maison et accoururent vers la cave.

« Catherine nous attend! » répéta Huard. Et il asséna sur la tête de Verduron un coup si violent de la bouteille qu'il tenait, que l'autre tomba de son long.

Mais le désespoir et l'imminence du péril lui rendirent de la force. Il se releva avec impétuosité, se jeta sur Huard, le saisit à bras-le-corps, et une lutte commença entre ces deux hommes. On les entendait hurler des imprécations, pousser des cris de douleur, se jeter sur les monceaux de bouteilles qu'ils brisaient et dont les débris tranchants couvraient leur corps de blessures. Pour ceux qui s'efforçaient au dehors d'enfoncer la porte, c'était quelque chose d'épouvantable que ces clameurs étranges, que ces flots de vin et de sang qui coulaient sous la porte et venaient baigner leurs pieds...

Après cinq ou six minutes le bruit cessa.

Puis on entendit un des combattants se relever avec effort et se traîner vers la porte, dont il tira les verrous.

« César ! César ! s'écria madame Verduron ; César ! »

Et, courant au-devant de celui qui sortait, elle se trouva dans les bras de Huart, sanglant, qui se mit à rire comme doivent rire les démons.

Livré à la justice, Huart fut trouvé mort le lendemain dans son cachot. Le médecin chargé de constater le décès du prisonnier déclara que cet homme était mort d'une fièvre cérébrale.

TABLE

PHYSIQUE ET CHIMIE

INDUSTRIE

FIN DE LA TABLE.

PARIS. — IMP. SIMON RAÇON ET COMP., RUE D'ERFURTH, 1.